全国电子信息优秀教材

卓越工程师培养计划"十二五"规划计算机教材

工业和信息产业科技与教育专著出版资金立项出版

大学 C/C++语言

程序设计基础

（第 2 版）

阳小华　马淑萍　主　编

刘志明　主　审

电子工业出版社

Publishing House of Electronics Industry

北京·BEIJING

内 容 简 介

本书在第 1 版的基础上修订而成，以计算思维为主线重新组织内容；同时强调掌握科学计算工具和培养科学计算能力对理工类学生的重要性；系统地介绍了 C/C++ 语言及科学计算软件 MATLAB 的基本概念和语法规则。

全书共 12 章，主要内容包括：计算思维与程序设计，C 语言与 MATLAB 基础，数据的输入/输出，选择结构程序设计，循环结构程序设计，函数与编译预处理，数组，指针，构造数据类型，文件，C++ 面向对象程序设计基础，C/C++ 与 MATLAB 混合编程。附录中列出了 C 语言及 MATLAB 常用库函数。为了提高学生的编程兴趣，本书将工程计算综合实例贯穿于全书各章节，增强了教材的实用性和可读性。

本书在编写时兼顾了全国计算机等级考试的要求。书中例题丰富，注重实用。为方便教学，本书配有电子课件和相关程序源代码，任课教师可以登录华信教育资源网（www.hxedu.com.cn）免费注册下载。

本书可作为高等学校理工类非计算机专业的程序设计教材，也可作为全国计算机等级考试的辅助教材，还可供程序设计爱好者参考。

图书在版编目（CIP）数据

大学 C/C++ 语言程序设计基础 / 阳小华，马淑萍主编. —2 版. —北京：电子工业出版社，2013.8

卓越工程师培养计划"十二五"规划计算机教材

ISBN 978-7-121-21244-4

Ⅰ. ①大…　Ⅱ. ①阳…②马…　Ⅲ. ①C 语言－程序设计－高等学校－教材　Ⅳ. ①TP312

中国版本图书馆 CIP 数据核字（2013）第 186658 号

策划编辑：索蓉霞
责任编辑：索蓉霞
印　　刷：三河市鑫金马印装有限公司
装　　订：三河市鑫金马印装有限公司
出版发行：电子工业出版社
　　　　　北京市海淀区万寿路 173 信箱　邮编：100036
开　　本：787×1092　1/16　印张：21.5　字数：550 千字
印　　次：2013 年 8 月第 1 次印刷
定　　价：39.00 元

凡所购买电子工业出版社图书有缺损问题，请向购买书店调换。若书店售缺，请与本社发行部联系，联系及邮购电话：(010)88254888。

质量投诉请发邮件至 zlts@phei.com.cn，盗版侵权举报请发邮件至 dbqq@phei.com.cn。

服务热线：(010)88258888。

前　言

中国高等学校计算机基础课教学指导委员会 2010 年 7 月在西安会议上发表了《九校联盟 (C9)计算机基础教学发展战略联合声明》，确定了以计算思维为核心的计算机基础课程教学改革，2012 年 7 月又在西安召开了第一届"计算思维与大学计算机课程教学改革研讨会"。由教育部教育司组织申报的教研教改课题，从理论层面、系统层面、操作层面分别研究计算思维的内涵、表现形式、科学规划大学计算机课程的知识结构和课程体系、探索培养计算思维能力的有效途径，并从实践层面推动一批高校按照不同层次培养目标、不同专业应用需求开展大学计算机课程的改革探索。

为了把"计算思维能力的培养"作为计算机基础教育的核心任务，本书较第 1 版结构上进行了调整，以计算思维为主线重新组织内容；同时强调掌握科学计算工具和培养科学计算能力对理工类学生的重要性；系统地介绍了 C/C++语言及科学计算软件 MATLAB 的基本概念和语法规则。

我们在"大学计算机基础"后续课程中选择了 C/C++语言作为理工类非计算机专业学习程序设计的第一门语言和计算机专业必修的编程语言。这不仅是因为 C 语言结构严谨、数据类型完整、语句简练灵活、运算符丰富，更因为很多高级语言（如 C++、Java、C#）都是在 C 语言的基础上发展起来的。学好 C 语言对于开发底层程序及高效的程序都很有帮助。"面向对象程序设计"思想是目前最为流行、极为实用的一种程序设计方法，但是让学生直接接触"面向对象程序设计"，不利于给程序设计打下牢固的基础。"结构化与面向对象并举"是现代计算机程序设计的发展趋势，值得认真探索和研究。

鉴于理工类学生许多后续课程的需要及今后的工作中涉及大量的运算，其中包括矩阵运算、曲线拟合、数据分析等，本书除讲解传统 C 语言程序设计外，还介绍了代表当今国际科学计算软件先进水平的 MATLAB 软件，并增加了工程计算实例，让读者通过 C/C++语言编程来对这类大型软件中的某些功能进行实现，意在提醒学生掌握科学计算工具和培养科学计算能力的重要性。开设 C/C++语言程序设计课的目的不是单纯教会学生利用一种计算机语言编程，而是培养学生科学地获取、分析、解决问题的计算思维能力。

全书共 12 章，主要内容包括：计算思维与程序设计，C 语言与 MATLAD 基础，数据的输入/输出，选择结构程序设计，循环结构程序设计，函数与编译预处理，数组，指针，构造数据类型，文件，C++面向对象程序设计基础，C/C++与 MATLAB 混合编程。附录中列出了 C 语言及 MATLAB 常用库函数。

本书在编写时兼顾了全国计算机等级考试的要求。书中例题丰富，注重实用，所有源程序Visual C++ 6.0 平台上运行通过。

本书与《大学 C/C++语言程序设计实验教程（第 2 版）》（阳小华，罗晨晖主编，电子工业出版社出版，ISBN：978-7-121-21245-1）配套使用。为方便教师和学生的教学和学习，本套书主、辅教材提供电子课件和程序源代码，读者可以登录华信教育资源网（www.hxedu.com.cn）免费注册下载。

本书由阳小华，马淑萍主编；全书由刘志明主审；熊东平、邹腊梅、胡义香、汪凤麟、刘立、罗晨晖参加了编写。由于编写时间仓促，加之作者水平有限，书中难免有错误和不妥之处，恳请各位读者和专家批评指正，以便再版时及时修正。

编　者

目　录

第 1 章　计算思维与程序设计

1.1　计算思维

　　计算是人类文明最古老而又最时新的成就之一。从远古的手指计数、结绳计数，到中国古代的算筹计算、算盘计算，到近代西方的骨牌计算及计算器等机械计算，直至现代的电子计算机计算，计算方法及计算工具不断地发展，对推动社会进步发挥了巨大作用，现在已经进入到一个普适计算时代。

　　计算的本质就是基于规则的符号串变换。自然界的事件都是在自然规律作用下发展变化的。如果把特定的自然规律看作是特定的变换规则（称为"算法"），那么，特定的自然过程实际上就可以看作是执行特定自然"算法"的一种"计算"。例如，把一个小球扔到地上，小球又弹起来了，那么大地就完成了一次对小球的计算。计算可作为一种广义的思维方式，通过这种广义的计算（涉及信息处理、执行算法、关注复杂度）来描述各类自然过程和社会过程。

　　当代著名的未来学家尼葛洛庞帝（Negroponte）在他的《数字化生存》一书中写道"计算不再只和计算机有关，它决定我们的生存"。世界是被计算的，世界充满了计算。计算让不同领域的科学家找到新难题的解决办法，美国生物学家克雷格·文特尔采用让计算机实现海量计算的"基因测序霰弹枪算法"，使得基因测序工程比预计提前 3 年完成。我国数学家吴文俊利用计算让几何证明实现了机械化。纵观世界环境，计算正改变着我们的工作方式和生活方式。

　　计算依赖思维，思维也是与时俱进的，1972 年图灵奖获得者 Edsger Dijkstra 说："我们所使用的工具影响着我们的思维方式和思维习惯，从而也将深刻地影响着我们的思维能力。"

　　2006 年 3 月，美国卡内基·梅隆大学计算机系主任周以真教授首次较系统地定义了计算思维：计算思维是指运用计算机科学的思想、方法和技术进行问题求解、系统设计、以及人类行为理解等涵盖计算机科学之广度的一系列思维活动。它属于三大科学思维（理论思维、实验思维与计算思维）之一，不仅仅属于计算机科学家，应当是每个人的基本技能，等同 3R（Reading、wRiting、aRithmetic）。

　　从计算科学的角度来看，计算思维包括 6 个方面的特征：抽象性、数字化、构造性、系统化、虚拟化和网络化。

　　抽象性：计算思维是一种抽象思维，它是基于符号化的、有层次性的。

　　数字化：计算思维最终要用计算机完成表达，这种表达方式的基础是二进制数，包括编码与存储。可以把这种二进制符号化的特征理解为数字化。

　　构造性：计算思维的本质特征是基于计算模型（环境）和约束的问题求解，其核心方法就是"构造法"。

　　系统化：从系统本体论的角度来看，人类思维的对象世界是由各种各样的系统构成的。世界是系统的集合体，系统思维是一种综合性的思维，是整体思维与分析思维相结合的一种思维。

　　虚拟化：实践决定了思维，思维来源于实践并指导实践。既然现在处在一个广泛的虚拟实践的时代，自然也就产生了虚拟的思维。如果说虚拟实践是把客观世界虚拟化，那么虚拟思维就是把我们的主观世界虚拟化，从与现实的关系这个角度来看，任何的思维方式都具有虚拟性。

网络化：从狭义（形式）上讲，网络化思维是指利用以计算机为核心的信息网络作支撑的人机结合的思维方式。从广义（本质特征）上讲，网络化思维是指思维的一种状态和方式，它比喻思维空间的一种广度和深度，恰似网络的一种结构和空间分布，其思维特征往往体现着网络特征，是系统思维在信息时代的具体体现。

上述这些特征使得计算思维成为一种独立的思维方式。

1.2　算　　法

1.2.1　算法概念

美国分析哲学家鲁道夫·卡尔纳普（Rudolf Carnap）在《世界的逻辑构造》一书中认为：事物既不是"被产生的"，也不是"被认识的"，而是"被构造的"。构造的过程从计算科学的角度看就是算法实施的过程，也就是计算的过程，自然界这本大书是用算法语言写的! 宇宙是一个巨大的计算系统! 对于自然（人工）现象的物理抽象是将问题单纯化，成为一个验证体系；数学抽象是将问题逻辑化，成为一个推理系统；而计算抽象是将问题符号化，成为一个计算系统。计算思维之魂就是算法，计算思维的核心是算法思维。

采用算法思维求解问题可分为以下几个基本步骤：

（1）问题的抽象；

（2）问题的符号化表示；

（3）问题求解的算法；

（4）算法的实现。

以著名的哥尼斯堡七桥问题为例，数学家欧拉将它抽象为一个数学问题，即经过图中每条边一次且仅一次的回路即欧拉回路（路径）问题。这种抽象分为两个阶段：

（1）简化：七桥——点、线、图；

（2）泛化：无向图的欧拉路径。

计算机科学家会怎么解决这个问题呢？首先把它抽象成一个符号系统：一个图是一个顶点集和一个边集组成的偶对。判断这个图中是否存在欧拉路径，首先要构造一个算法，再用这个算法去找欧拉路径，如果算法成功了，就能找出欧拉路径。否则，这个图中不存在欧拉路径。在这里我们可以看到数学思维与计算抽象存在一个极大的不同，数学抽象给了我们一个判断的规则，我们自己去推有没有。计算思维给了我们一个算法去找，如果有就能把它找出来了，如果没找出来就说明没有。

算法（Algorithm）是在有限步骤内求解某一问题所使用的一组定义明确的规则。通俗地讲，就是计算机解题的步骤。

一个算法应该具有以下五个重要特征。

（1）有穷性：一个算法必须保证执行有限步之后结束。

（2）确定性：算法的每一步骤必须有确定的定义。

（3）输入：一个算法有 0 个或多个输入，以刻画运算对象的初始情况。0 个输入是指算法本身给定了初始条件。

（4）输出：一个算法有一个或多个输出，以反映对输入数据加工后的结果。

（5）可行性：算法上描述的操作在计算机上都是可以实现的。

虽然设计一个好的求解算法更像是一门艺术，而不像是一项技术，但仍然存在一些行之有效的能够用于解决许多问题的算法设计方法，可以使用这些方法来设计算法，并观察这些算法是如何工作的。在一般情况下，为了获得较好的性能，必须对算法进行细致的调整和优化。但是在某些情况下，调整和优化之后算法的性能仍无法满足要求，这时就必须寻求其他的方法来求解。

算法的复杂性用复杂度来说明，分为时间复杂度和空间复杂度。

时间复杂度：执行该算法所需要的计算工作量，一般用所需基本运算的执行次数来度量。

空间复杂度：执行该算法所需的内存空间，一般用算法程序本身占的空间+输入的初始数据占的空间+算法执行过程中所需的额外空间的总和来表示。

1.2.2　算法效率

先看一个例子。学校教务中心有一个学生数据库，可以从中检索学生的各种信息。假设现在要打印自动化专业 31 班学生的花名册，并且假定班上有 50 名学生，要求花名册按照学生姓名的拼音顺序排列。下面看一下不同的程序设计（算法实现）所得到的不同的检索效率。

一个直接的算法是将 50 名学生所有可能排列的表都打出来，然后从中挑选一张符合拼音顺序的表。我们知道，50 个人的不同排列有 50! 种，即这样的表有 50! 张，这个数目之大，用每秒 100 万次的计算机不停地运算需要 9.6×1048 个世纪，显然，用排列组合方式构造的检索方法是不能实施的。

因此，需要设计一个算法来提高程序的检索效率，也就是常用的排序算法。

随机地将 50 名同学的名字排列在一起，也就是说初始无序。

取第二位同学的名字依拼音顺序和第一位的名字比较一次，如果顺序，则仍然放在第二的位置，否则交换它们的位置，使之顺序。

现在开始比较第三位，第三位则需要和前两位的名字至多比较两次，至多交换两次。

依次类推，第 k 位至多要比较 $k-1$ 次，第 50 位至多需要比较 49 次，至多交换 49 次。于是，比较和交换次数最多都是 $1+2+\cdots+49 = 49 \times 50 / 2 = 1225$ 次，这样就完成了排序过程。

当参加排序的个数是 n 时，第一种算法需要运算 $n!$（当 $n>25$ 时，$n!>10^n$）次，第二种算法至多需要运算 $(n-1)n/2$ 次，约是 n^2 数量级。前者的次数随 n 的增加，按照 10^n 的指数方式增加，后者则只按 n 的二次多项式的方式增加。一般地，假如在一个问题中有 n 个数据需要处理，而处理的算法的计算次数以指数 n 方式增加，则称为指数算法；若按 n 的多项式方式增加，则称为多项式算法。显然，寻找各种问题的多项式算法，是数学发展的一个重大的关键点。

因此，算法的优劣程度决定了程序执行效率的高低。

1.3　程序设计

由于计算思维的核心是算法，而学习算法的最佳途径就是程序设计，因此计算机程序设计课程就当仁不让地成为非计算机专业学生获得计算思维能力的最重要课程。那么，如何让学生在学习过程中最大可能地收获计算思维呢？

计算思维，笼统地讲，是像计算机科学家一样思维，即像计算机科学家一样发现问题、分析问题并最终解决问题。而完成这一系列从发现问题到解决问题的活动，最好的办法莫过于用程序表达自己的思维以获取最终结果。

程序（Program）是为实现特定目标或解决特定问题而用计算机语言编写的指令序列。平常所说的各种软件就是由程序和数据构成的。编制程序就是用计算机语言描述一个特定的任务，程序的运行就是让计算机完成该任务。例如，计算函数 $y = ax^2 + bx + c$，首先告诉计算机函数的求解方法（即在计算机上编制一段程序），再由计算机进行数据运算处理（即运行程序）。因为有通用的高级程序设计语言（如 C、C++、Java 等），所以计算机能正确地理解程序，人们也可以读懂计算机在显示器屏幕上输出的结果信息，这就是人与计算机之间的交流。

1.3.1　程序设计语言

什么是语言？语言就广义而言，是一套共同采用的沟通符号、表达方式与处理规则。符号会以视觉、声音或者触觉方式来传递，它的核心是符号和规则。

什么是计算机语言？计算机语言是人与计算机之间传递信息的媒介。为了使电子计算机进行各种工作，就需要有一套用以编写计算机程序的数字、字符和语法规则，由这些字符和语法规则组成的计算机各种指令（或各种语句）就构成了计算机能接受的语言。

计算机程序设计语言从最初的机器代码到今天接近自然语言的表达，经过了四代演变。一般认为机器语言是第一代，符号语言即汇编语言为第二代，面向过程的高级语言为第三代，面向对象的高级语言为第四代。

实际上人们把机器语言称为"低级语言"，把汇编语言称为"中级语言"，把面向过程或对象的语言称为"高级语言"。的确，语言的级别就是根据它们和机器的密切程度划分的：越接近机器的语言越"低级"，越远离机器的语言越"高级"。

1. 机器语言

机器语言实际上就是以二进制代码形式表示的机器指令。指令必须明确 CPU 做什么、怎么做。CPU 执行指令时需要产生完成规定操作的各种信号，使计算机中的许多部件协调完成操作。例如，在计算机的算术运算指令中，就必须指明要进行何种运算、数据的来源、运算结果的去向等。

机器指令的一般格式如下：

操作码	操作数或地址码

2. 汇编语言

增加了助记符的指令集合及使用规则构成了汇编语言。例如，"ADD　A，B"就是一条汇编语言指令的例子。它使用英文单词 ADD 代表机器语言中的"加"操作码，用字符 A、B 分别表示加法所需要的两个操作数。它的意思是将存储地址为 A 和 B 的内容相加，并将结果存储在 A 中。

3. 高级语言

20 世纪 60 年代起，出现了高级语言，这是一种与机器指令系统无关、表达形式更接近于被描述问题、更接近于自然语言和数学语言的计算机语言。高级语言分为面向过程的语言和面向对象的语言两种类型。

　　初学者可能会问，为什么不能直接使用机器码（机器语言代码）编制程序，这样就可以省略编译与链接过程，事情当然不会这样简单。早期确实是使用机器码编程的，它要求程序编制工程师具有非常专业的计算机硬件系统知识，熟悉指令系统的寻址方式、CPU 内部工作原理、机器动作时序等复杂工作背景，这样编制的程序才能最大限度地发挥机器性能。当时的计算机主要应用在工业控制和科学计算领域，不涉及数据结构和算法研究方面的问题。

　　随着计算机在商业领域的大规模应用，以及在知识管理、智能研究领域的深入，计算机的主要工作逐渐变为数据的分析与处理、知识推理与求解等内容。这时，程序设计主要考虑的是数据结构设计、算法分析等内容，要求软件设计工程师从硬件系统背景中分离出来，而无须记忆大量的二进制机器码，把代码优化问题交给编译程序处理，专心研究算法与数据结构。这就需要一种面向程序设计的计算机语言，而不是面向机器的指令代码。这种计算机语言更近似于自然语言规则，容易理解，无须记忆，称为高级程序设计语言。

　　根据高级语言的发展过程，主要有大众化的 BASIC 语言，面向科学计算的 FORTRAN 语言，面向商业数据处理的 COBOL 语言、Pascal 语言，以及当今最流行的结构化程序设计语言——C 语言，面向对象的程序设计语言 C++、Visual C++、Java 等。

　　计算机高级语言的发展，为设计算法提供了有力工具。但是，在很多场合，如工业控制领域、操作系统对处理器实时管理等方面，需要最大限度地发挥计算机 CPU 的处理能力，编制高效率的程序，设计紧凑的程序代码段，具有快速的响应处理时间。这时，需要对某一类型的CPU 提供专门的语言工具，它比机器码容易记忆，而编译效率优于高级语言，是面向机器硬件环境的编程语言，称为汇编语言。计算机语言的种类很多，适合各种不同的应用领域。

　　在基于计算思维的程序语言教学中，应该以思维为主导，应该在思考问题、分析出问题的解决方案之后才考虑程序语言的实施，语言只是服务于思维的一个工具。其语法规范、语义差异不该成为课程追求的目标，计算思维的表达能力应该放在第一位。

1.3.2　程序的编译与执行

　　如果想让计算机工作，就得先把程序编写出来，然后通过输入设备送到存储器中保存起来，即程序存储，接着就是执行程序的问题了。根据冯·诺依曼的设计，计算机应能自动执行程序，因为计算机语言（如 C、FORTRAN 等）是为了让计算机和人沟通，以人们容易理解的语法形式设计的，而计算机内部的 CPU 系统根据数字电路设计的不同，具有自己特殊的命令系统，在程序语言和 CPU 指令系统之间需要一个翻译步骤，所以，一条程序语句对应着多条 CPU 的指令，因此，执行程序又可以理解为 CPU 逐条执行指令，图 1.1 所示是 CPU 内部结构图（8086系列）。

　　计算机执行动作的操作指令是二进制代码，称为机器码（机器语言代码）。

　　已经知道了计算机用二进制编码描述外部信息的方法，那么控制计算机内部运行的指令是如何实现的呢？计算机的指令系统按功能可以分为：数据传送、算术运算、逻辑运算与移位、控制转移及处理器控制。执行一条指令又分为以下三步基本操作：

　　（1）取出指令：从存储器某个地址中取出要执行的指令并送到 CPU 内部的指令寄存器暂存。

　　（2）分析指令：把保存在指令寄存器中的指令送到指令译码器，译出该指令对应的微操作。

　　（3）执行指令：根据指令译码，向各个部件发出相应的控制信号，完成指令规定的各种操作。

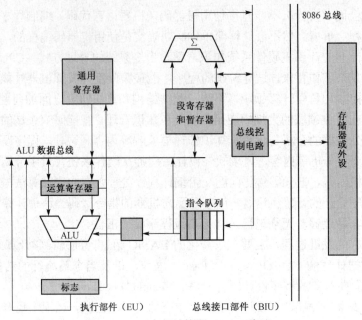

图 1.1　CPU 内部结构图（8086 系列）

因此，需要执行的程序和数据首先必须翻译成计算机的机器码形式；其次，程序代码存储在计算机存储器的某一地址区域内；最后，CPU 从那个地址开始，逐条读入程序的指令，执行相应的操作。

把某种计算机语言翻译成机器码的过程称为编译，任何一种计算机语言都有特定的编译器进行这一工作，如 C 语言编译器。不同的厂商生产的计算机或不同类型的计算机，有不同的编译器。例如，同是 C 语言编译器，面向大型机的和小型机的编译器就不同，当然，也不同于个人计算机的 C 语言编译器，因为它们的机器码不同。另外，基于计算机的操作系统不同，编译器也不同。Windows 平台下的编译器都是集成开发环境的，是便于编程人员操作的视窗形式。而 UNIX 环境是字符界面的，它的语言编译器相应地就是命令行启动的。

图 1.2 是计算机语言的源程序转换成计算机最终可执行的指令码程序的过程。其中，编译只是机器码翻译，还需要经过链接器（Link），将程序中使用的标准库函数（如输入/输出函数、数学运算函数等）插入到程序中，并且给定启动代码（应用程序和操作系统之间的接口），最终才形成计算机可执行的程序文件。

在 Windows 操作系统环境下，编译器和链接器被集成在一个窗口内，包括源程序编辑器（书写源程序的工具），称为集成开发环境（IDE）。

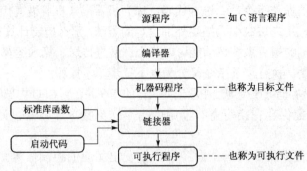

图 1.2　源程序转换为可执行程序的过程

1.4 小 结

1．计算的本质就是基于规则的符号串变换，计算依赖思维，思维与时俱进。

2．计算思维是指运用计算机科学的思想、方法和技术进行问题求解、系统设计，以及人类行为理解等涵盖计算机科学之广度的一系列思维活动。它应当是每个人的基本技能，等同 3R（Reading、wRiting、aRithmetic）。

从计算科学的角度分析，计算思维包括 6 个方面的特征：抽象性、数字化、构造性、系统化、虚拟化和网络化。计算思维的核心是算法思维，算法的复杂性要从时间和空间两方面考虑。

3．程序是为了实现特定目标或解决特定问题而用计算机语言编写的指令序列，它由算法和数据结构组成。程序设计语言的种类主要有机器语言、汇编语言、高级语言。高级语言分为面向过程和面向对象的两种类型。算法与程序的区别：计算机程序是算法的一个实例，同一个算法可以用不同的计算机语言来表达。

习 题 1

1．计算的本质是什么？

2．三大科学思维是指什么？

3．什么是计算思维？计算思维的基本特征有哪些？

4．什么是算法？算法的基本特征有哪些？

5．算法的复杂度分为哪两种？

6．什么是程序？程序与算法的区别是什么？

7．简述程序设计语言发展的过程。

8．程序执行过程中，有哪些基本步骤？

第2章 C语言与MATLAB基础

2.1 C语言概述

2.1.1 C语言简介

C语言是当今最为重要的计算机程序设计语言，它几乎适用于任何一种工业、商业应用领域。它的编程效率高于一般的计算机程序设计语言，在不同种类的计算机上具有很好的移植性，是C++、Visual C++、Java等语言的基础。

20世纪50～60年代，出现了很多优秀的计算机语言，但这些语言都不适合用于编写操作系统、编译程序等系统软件，系统软件的设计主要还依赖于汇编语言，因此，研制编写系统软件的高级语言势在必行。1969年，Martin Richards研制了BCPL（Basic Combined Programming Language），后来Ken Thompson在BCPL的基础上推出了B语言，并用B语言编写了第一个UNIX操作系统。1973年，D. M. Ritchie在B语言的基础上研制开发出了一种更新的语言，并用它重新编写了UNIX操作系统，这种语言被称为C语言。

目前最著名、最有影响、应用最广泛的Windows、Linux和UNIX三个操作系统都是用C语言编写的。

1983年，美国国家标准协会（ANSI）在各种版本的基础上制定了一个C语言标准草案（83 ANSI C）。1987年ANSI又推出了87ANSI C标准，这些标准对于C语言的统一、推广和普及起了很大的作用，尽管C语言的版本很多，但它们都参照了这一标准。C语言以其目标代码质量高、数据类型丰富、使用灵活，特别是便于同机器硬件打交道而备受用户的青睐，因而很快就成为一种在系统软件开发、科学计算、自动控制等领域最为重要的语言。

2.1.2 C语言程序结构

C语言之所以成为目前最受欢迎的语言之一，这主要取决于它良好的语言特点，现简述如下。

（1）C语言非常紧凑、简洁，使用方便、灵活，有32个关键字，有9种流程控制语句。

（2）C语言运算符丰富，共有45个标准运算符，具有很强的表达式功能，同一功能表达式往往可以采用多种形式来实现。

（3）数据类型丰富。C语言的数据类型有整型、实型、字符型、数组类型、结构类型、共用类型和指针类型，而且还可以用它们来组成更复杂的数据结构，加之C语言提供了功能强大的控制结构，因而使用C语言能非常方便地进行结构化和模块化程序设计，适合于大型程序的编写、调试。

（4）用C语言可直接访问物理地址，能进行二进制位运算等操作，即可直接同机器硬件打交道。它具有"高级语言"和"低级语言"的双重特征，既能用于系统软件程序设计，又能用于应用软件程序设计。

（5）C 语言生成的目标代码质量高、程序执行速度快。一般只比用汇编语言生成的目标代码的效率低 20％左右。

（6）可移植性好。

（7）C 语言语法松散，程序设计自由度大。例如，C 语言运算符的优先级和结合性比较复杂；对数组下标越界不做检查；对变量的类型使用也比较灵活，整型、字符型、逻辑型数据可以通用，表达式形式多样等。但同时，这些都增加了初学者犯错误的机会和学习的难度。

【例 2.1】　通过一个简单的 C 语言程序 pro02_01.c，分析理解 C 程序的结构。

【源程序】

```
/*pro02_01.c*/
#include <stdio.h>
int main(void)                          //一个简单的 C 程序
{
    int num1，num2;                     //定义 num1，num2 两个变量
    num1=1;num2=2;                      //为 num1，num2 赋值
    printf("num1+num2=%d", num1+num2);  //输出 num1 与 num2 的和
}
```

运行结果：

```
num1+num2=3
```

一个完整的 C 语言程序，是由头文件、一个名称为 main() 的主函数和若干个其他函数构成的，简单的程序可以仅由一个 main() 函数构成。下面仔细阅读这个程序。

（1）头文件

#include 语句是预处理指令，并不是 C 语言的可执行语句，它只是指定了程序引用的头文件。头文件的作用是：通过头文件来调用库功能。头文件是 C 语言中使用的标准库函数文件的计算机目标码，例如，输入函数 printf() 需要使用 I/O 库函数文件 stdio.h，三角函数 sin() 需要使用数学库函数文件 math.h 等。头文件由 #include 预处理指令指定后，在链接时被嵌入到程序的目标码中。

（2）主函数

源程序中包括一个名为 main() 的函数。int 表示 main() 返回一个整数，void 表示 main() 不接受任何参数。这是美国国家标准化协会（ANSI）制定的 ANSI C 标准中规定的格式。

函数是 C 语言程序的基本单位。main() 函数是程序执行的入口和结构主体，可以理解成一篇文章的标题索引，在主函数中给出程序的各工作环节，具体的做法由其他子函数描述，可以把子函数的作用看成相当于文章的各章节，具体叙述工作的方法。

一个 C 语言程序必须要有一个主函数。程序一定是从 main() 函数开始执行的，无论主函数在程序中的何种位置，当主函数执行完毕时，程序即执行完毕。习惯上，将主函数 main() 放在最前面。

（3）函数结构

任何函数，包括主函数 main()，都是由函数说明和函数体两部分组成的。其一般结构如下：

```
函数类型　函数名（参数表）
{
    函数体（执行语句）
}
```

花括弧"{"表示函数开始，花括弧"}"表示函数结束，括弧中间包含的 C 语言语句称为函数体。函数体一般由若干条可执行的 C 语句构成。一个程序按任务分解，可以由若干个函数构成，每个函数完成一个特定的功能。

读解程序需要一些必要的辅助信息。符号"//"之后是程序的注释信息，这是为了便于读程序，它仅在一行内有效。另一种注释方法是用符号对"/*"和"*/"，其中，"/*"表示注释开始，"*/"表示注释结束，它能跨越多行对程序进行注释，但是必须配对应用，否则编译出错。

2.1.3　C 语言编译系统

（1）Turbo C：DOS 时代 C 语言开发的经典工具，目前适合两类人使用：C 语言的初学者和具有怀旧情节的专业开发人员。

（2）WIN-TC：WIN-TC 是一个 TC2 Windows 平台开发工具，该软件使用 TC2 为内核，提供 Windows 平台的开发界面，它实际上是对 TC2.0 的一个封装。

（3）Visual C++ 6.0：Microsoft 的经典之作，稳定而强大的集成开发环境（IDE），具有丰富的调试功能，定制宏的功能也是其一大特色。附带的一些工具也很不错，比如 Spy++等。但编译器较之同类对 C++标准的支持程度不够好。

（4）Borland C++ Builder：是可以与 Visual C++匹敌的另一个功能强大的 IDE，相比之下速度和稳定性稍逊，但对 C++标准支持的程度较好。

（5）GCC：GCC（GNU Compiler Collection，GNU 编译器集合）是一套由GNU 工程开发的支持多种编程语言的编译器。GCC 是自由软件发展过程中的著名例子，由自由软件基金会以 GPL 协议发布。GCC 是大多数类 Unix操作系统（如Linux、BSD、Mac OS X等）的标准的编译器，GCC 同样适用于微软的Windows。

（6）Dev-C++：是在 Windows 平台下一个类似 Visual C++、Borland C++ Builder 的 C++ IDE 开发环境，属于共享软件。该软件界面较为友好，编译器基于 GCC，完全支持 STL，但是对于规模较大的软件项目难以胜任。

（7）Intel C++ Compiler：Intel C++ Compiler（也称为 icc 或 icl）是美国 Intel 公司开发的 C/C++ 编译器，适用于 Linux、Microsoft Windows 和 Mac OS X 操作系统，是在 Intel 平台上效率最好的 C、C++编译器。

2.2　C 语言语法基础

2.2.1　字符集

C 语言利用字符集中的字符，根据语法规则，组成各种不同的语句，最后形成具有某种功能的程序。

C 语言的字符集可分为以下 4 类。

（1）英文字母：大小写各 26 个，共计 52 个。

（2）阿拉伯数字：0、1、2、3、4、5、6、7、8、9 共 10 个。

（3）下画线：_　。

（4）特殊符号：通常由 1~2 个符号组成，主要用来表示运算符。例如：

　　　　+　　-　　*　　/　　%　　++　　--

<	>	=	>=	<=	==	!=
&&	||	!	&	|	~	^
>>	<<	()	[ ]	{ }		
?:	.	,	;			

除字符串和注释外，C 语言程序只能用字符集中的字符来书写。

2.2.2　标识符

标识符就是用来标识变量名、符号常量名、函数名、类型名、文件名等的有效字符序列。简单地说，标识符就是标识名称的。

C 语言规定标识符只能由字母、数字和下画线三种字符组成，且第一个字符必须为字母或下画线。下面列出的是合法的标识符：

year, month, Day, student_name, myFile, _123

下面是一些不合法的标识符：

M.D.Jones, \$123, #a, 3b, ?c, −aa, A Lot

注意：在 C 语言中，大写字母和小写字母被认为是两个不同的字符。在命名时，一般建议采用"见名知义"的命名方式，以便于程序的阅读。

2.2.3　关键字

所谓关键字（关键字又称保留字或保留关键字），就是一种语言中具有特定含义的标识符。C 语言中的关键字用来命名 C 语言中的语句、数据类型和变量属性等。用户只能按系统定义来使用，不能另做它用。C 语言中的所有关键字都是用小写字母表示的，初学者要特别注意。由 ANSI 标准推荐的关键字只有如下 32 个：

auto	break	case	char	const
continue	default	do	double	else
enum	extern	float	for	goto
if	int	long	register	return
short	signed	sizeof	static	struct
switch	typedef	union	unsigned	void
volatile	while			

2.2.4　常量

常量是指在程序运行过程中，其值不能被改变的量。常量也有类型之分，但这是由常量本身隐含决定的，如 15、1.414 等；也可以用一个名字来代表一个常量，这样的常量被称为符号常量。

2.2.5　变量

变量：在程序运行过程中，其值可以被改变的量。变量在内存中占据一定的存储单元，其类型决定所占据的存储空间的大小。

合法变量名示例：

sum, average, class, day, month, student_name, _above, lotus_1_2_3, basic

不合法的变量名示例：

D.M.Ritchie, @123, #33, 3D64, a>b

C 语言中，未统一规定变量名的长度，可以随不同开发系统而变化。

C 语言对变量的要求是先定义、后使用，这是因为：

（1）编译程序不能翻译未定义变量；

（2）编译程序在编译时根据变量类型确定存储单元的数量；

（3）编译程序在编译时根据变量类型进行语法检查，例如，可以对整型变量 a、b 进行"求余"运算：a % b，若把 a、b 定义为实数，则上述运算非法。

2.3　C 语言的数据类型

C 语言的数据类型非常丰富，图 2.1 是 C 语言数据类型描述。

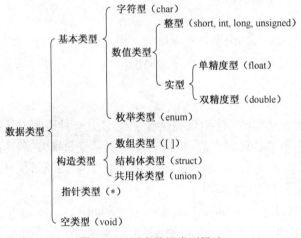

图 2.1　C 语言数据类型描述

本章只介绍 C 语言的基本数据类型（枚举类型除外），以及运算符和表达式，其他数据类型将在后续章节中陆续介绍。

2.3.1　整型数据

1. 整型变量

整型数据是一种不含小数部分的数值型数据。与数学中的整数不同，C 语言中整型数据的值域（即取值范围）由机器中数据的存储长度决定。整型变量可根据数据所占的二进制位数分为：基本整型（int）、短整型（short）和长整型（long）。同样存储长度的数据又分无符号（unsigned）数和有符号（signed）数。定义格式如下：

```
int i1, i2, i3;
long int lv;
short int sv;
unsigned int uv;
```

其中，long int、short int、unsigned int 中的关键字 int 可以省略。

在 Visual C++ 6.0 中，基本整型（int）数据在内存中占 4 字节，如表 2.1 所示。

表 2.1　Visual C++ 6.0 所支持的整型数据

关 键 字	字 节 数	取 值 范 围	
char	1	−128～127	即−2^7～(2^7−1)
unsigned char	1	0～255	即 0～(2^8−1)
short[int]	2	−32768～32767	即−2^{15}～(2^{15}−1)
unsigned short[int]	2	0～65535	即 0～(2^{16}−1)
int	4	−2147483648～2147483647	即−2^{31}～(2^{31}−1)
unsigned [int]	4	0～4294967295	即 0～(2^{32}−1)
long[int]	4	−2147483648～2147483647	即−2^{31}～(2^{31}−1)
unsigned long [int]	4	0～4294967295	即 0～(2^{32}−1)

2．整型常量

C 语言中整型常量通常用十进制、八进制或十六进制三种数制来表示。

（1）十进制数形式：十进制整数表示方法与数学上的整数表示方法相同，每个数字位可以是 0～9。例如：

　　200,　−100,　0

（2）八进制数形式：八进制整数在数码前加数字 0（注意不是字母 o）。例如：

　　0144（对应十进制数为：$1 \times 8^2 + 4 \times 8^1 + 4 \times 8^0 = 100$）

（3）十六进制数形式：十六进制整数在数码前加 0x（注意 x 前的 0 是数字 0，不是字母 o）。数码除了数字 0～9 外，还使用英文字母 a～f（或 A～F）表示 10～15。例如：

　　0xFFFF（对应十进制数为：$15 \times 16^3 + 15 \times 16^2 + 15 \times 16^1 + 15 \times 16^0 = 65535$）

另外，在整型常量的末尾加上字母 L 或 l，就组成了长整型常量，如 981016L、0L 等。

2.3.2　实型数据

1．实型变量

C 语言中，带有小数点的数称为实型数，也称为浮点数。实型数的值域也受机器中的存储长度的限制，它只是数学中实数的一个子集。实型数据有：单精度实数（float）、双精度实数（double）和长双精度实数类型（long double）。它们在内存中所占的字节数及取值范围如表 2.2 所示。因而，实型变量也分为单精度实型变量和双精度实型变量。

表 2.2　Visual C++ 6.0 所支持的实型数据

关 键 字	字 节 数	取 值 范 围	精度（有效位）
float	4	$−3.4 \times 10^{-38} \sim 3.4 \times 10^{38}$	6～7
double	8	$−1.7 \times 10^{-308} \sim 1.7 \times 10^{308}$	15～16
long double	16	$−1.2 \times 10^{-4932} \sim 1.2 \times 10^{4932}$	18～19

单精度实型变量的定义格式如下：

　　float f1, f2;

双精度实型变量的定义格式如下：

　　double d1, d2;

单精度实型变量和双精度实型变量之间的差异表现在数据精度上。一般来讲，在同一系统中，double 型变量的值的最大有效位数通常是 float 型的两倍。

2．实型常量

实型常量一般不分 float 型和 double 型，任何一个实型常量，既可以赋给 float 变量，又可赋给 double 型变量，它会根据变量的类型来截取相应的有效位数。

实型数据有如下两种表示形式。

（1）十进制小数形式：由数字和小数点组成，如 3.14159，4.，.3，−6.5。

（2）指数法形式：指数法又称为科学计数法，它由"十进制小数"＋"e（或 E）"＋"十进制数整数"三部分组成。例如：

　　　　3.12E−6 表示 3.12×10^{-6}

　　　　4E+3 表示 4×10^{3}

　　　　.05E6 表示 0.05×10^{6}

　　　　123.e−6 表示 123×10^{-6}

注意：

（1）e 或 E 之前（即尾数部分）必须有数字，e 或 E 后面的指数部分必须是整数。例如，6E0.2、E−2、1.25e1.5、e3 都是不合法的实型常量。

（2）精度又称有效位。例如，若输入数据为 12345678，由于 float 类型的精度是 7，故只前 7 位有效，因而所接受的数据用指数形式表示为：0.1234567e＋8。

如果要求的精确度高，就要使用 double 型数据。

计算机浮点数，在内部是用二进制表示的，但在将一个十进制数转换为二进制浮点数时，会造成误差，原因是，不是所有的数都能转换成有限长度的二进制数。在编程中应尽量避免做浮点数的比较，否则可能会导致一些潜在的问题。

2.3.3　字符型数据

C 语言字符型数据包括 ASCII 字符表中的所有字符，字符数据包括可显示字符和非可显示字符。每个字符型数据在内存中占 1 字节，分为一般字符类型 char 和无符号字符类型 unsigned char。

1．字符型变量

字符型变量用来存放一个字符。定义的一般格式如下：

```
char    c1, c2;
```

c1，c2 即为字符型变量。

2．字符型常量

C 语言中字符型常量的表示形式有如下两种。

一种是用一对单引号括起来的一个字符（注意：一定要是英文的单引号，不能是中文状态的单引号'　'）。例如，'A'表示大写字母 A；'a'表示小写的字母 a；'9'表示字符 9；' '表示空格符。

另一种是用单引号括起来的由反斜杠（\）引导的一个字符或一个数字序列。

反斜杠引导的是转义字符，即反斜杠后面的字符转变成另外的意义。例如，'\n'表示"回车换行"控制。转义字符表如表 2.3 所示。

表 2.3　转义字符表

字 符 形 式	功　　能
\n	换行
\t	制表字符，也称横向跳格字符
\v	竖向跳格
\b	退格
\r	回车
\f	走纸换页
\\	反斜杠字符
\'	单引号字符
\"	双引号字符
\ddd	1～3 位八进制数表示的字符
\xhh	1～2 位十六进制数表示的字符

反斜杠引导的一个数字序列也表示转义，即反斜杠后面的数值不是整数，而是用 ASCII 码数值表示的字符。即在"\"后面紧跟 1～3 位八进制数或在"\x"后紧跟 1～2 位十六进制数来表示相应系统中所使用的字符的编码值。使用这种方法可以用来表示字符集中的任何一个字符，特别是"控制字符"。例如，'\7'、'\07'、'\007'三个都表示响铃字符（bell），可通过显示'\007'来获得响铃声音的效果；'\101'代表字母'A'（八进制的 ASCII 码）；'\x41'也代表字母'A'（十六进制的 ASCII 码）；'\x61'代表字母'a'（十六进制的 ASCII 码）。

3．字符串常量

字符常量是用单引号括起来的一个字符。字符串常量是用双引号括起来的字符序列（0～N 个字符），如"string"、"China"、"I am student"等。

字符串常量在内存中的存放：每一个字符均以其 ASCII 码存放，且最后添加一个"空字符"（二进制数 00000000，记为 NULL 或\0。字符'0'在内存中存为 0x30 即 00110000）。例如，字符串常量"CHINA"存放在内存中的情况是（6 字节存储器，不是 5 字节）：

C	H	I	N	A	\0

因此，字符'a'和字符串的区别是：字符'a'只有 1 字节（值为 97），而字符串"a"有 2 字节（值为 97，0）。C 语言中的每个字符串都是以'\0'为结束标记的。

另外，不能将字符串常量赋给一个字符变量。C 语言中没有专用的字符串变量，但是可以用字符数组来存放。

2.4　C 语言运算符与表达式

C 语言的运算符有很多，按操作功能，可分为如表 2.4 所示的几类。

C 语言的表达式是由操作数和运算符组成的序列。根据所用运算符的不同，表达式也有多种类型。

本节将对 C 语言的算术运算符、赋值运算符、关系运算符、逻辑运算符等进行介绍，其他有关的运算符将在后续章节中介绍。对于运算符，除了要了解运算符的功能外，还要特别注意运算符的优先级别和结合性。

表 2.4　运算符分类

类　别	示　例
算术运算符	+、−、*、/、%
关系运算符	>、<、==、>=、<=、!=
逻辑运算符	!、&&、||
位运算符	<<、>>、~、|、∧、&
赋值运算符	=
条件运算符	?、:
逗号运算符	,
指针运算符	*、&
求字节数运算符	sizeof
强制类型转换运算符	（类型）
分量运算符	.（点）、->
下标运算符	[]
其他	函数调用运算符（）

2.4.1　算术运算符和算术表达式

1．算术运算符

C 语言算术运算符共有五种：+（加）、−（减）、*（乘）、/（除）、%（取余）。

算术运算符要求有两个操作数（因此又称双目符），操作数可以是常量、变量或表达式。例如，6 + 4，a * b，c / d 等。

但减法运算符也可以作为负值运算符使用（只有一个操作数，故也称为单目运算符）。例如，−100，−a，−3.5 等。

注意以下三点。

（1）算术运算符运算结果值的类型取决于两个操作数的类型。若两个操作数都是整型，则运算结果是整型。这一点要特别注意（只要有一个操作数是实型，运算结果就是实型）。例如，5/3 的结果为 1，小数部分被舍去。但是如果被除数或除数中有一个为负值，则舍入方向是不固定的。例如：−5/3 = −1（余−2）或 −2（余+1）。

多数机器取−1 结果（"向零取整"）。"除法"取整的原则是：向零取整，即向实数轴的原点方向取整。

（2）求余运算符%实现求余运算（又称为取模运算符），它要求两个操作数都为整数，其结果是两数相除的余数。例如：

```
7 % 3    /*结果是 1*/
```

（3）字符型数据可以和数值型数据混合运算。这是因为，字符型数据在计算机内部是用 1 字节的整型数（即字符对应的 ASCII 码值）表示的。使用时应注意表达式数据类型的值域，若结果超过该类型的值域，就会得出错误结果，这就是溢出问题（值域）。

2．算术表达式、运算符的优先级与结合性

用算术运算符和圆括号将运算对象（也称操作数，如常量、变量、函数等）连接起来的有意义的式子叫算术表达式。例如：

```
3 + 4 * 2            /*操作数是三个常量*/
3.1 * (a + 2)/ 3     /*操作数有常量和变量*/
3 + a * sin(x)       /*操作数有常量，变量，还有函数*/
```

*、/、% 运算符的优先级高于+、−运算符的优先级。此外，C 语言还规定了运算符的结合性。所谓运算符的结合性，是指运算对象两侧的运算符优先级相同时，运算符的结合方向（左、右）。在 C 语言中，算术运算符的结合方向为从左至右。

赋值运算的优先级低于上述算术运算符。

3．自增运算符与自减运算符

C 语言有两个特有的、运算效率较高的运算符：自增运算符++和自减运算符− −。其操作数只能是变量，且只能是整型或字符型变量（也用于指针变量），而不能是浮点型变量。自增运算符是给变量加 1；自减运算符是给变量减 1。它们既可以作为前缀运算符（位于运算对象的前面），如++i 和−−i；又可以作为后缀运算符（位于运算对象的后面），表示为 i++和 i−−。

将自增运算符或自减运算符放在变量的前面，其作用是先给该变量增 1（或减 1），然后再使用该变量的值。例如，a 的初始值为 5，则

```
x = ++ a;
```

相当于下面两个语句的运行结果：

```
a = a + 1;
```
```
x = a;
```

即赋值时，a 先增 1，再将 a 的值赋给 x，所以 a 等于 6，x 也等于 6。

```
a = 5;
```
```
x = − −a;
```

后一个语句相当于下面两个语句的运行结果：

```
a = a − 1;
```

　　　　x = a;

赋值时，a 先减 1，再将 a 的值赋给 x，所以 a 等于 4，x 也等于 4。

　　将自增运算符或自减运算符放在变量的后面，其作用是先使用该变量的值，然后再给该变量增 1（或减 1），例如，假定 a 的值还是 5，语句

　　　　x = a++;

相当于下面两个语句的运行结果：

　　　　x = a;

　　　　a = a + 1;

即先将 a 的值赋给变量 x，所以 x 的值等于 5，然后再将变量 a 的值增 1，所以 a 的值等于 6。

　　自减运算符的规则与自增运算符的规则类似。这里要注意，前缀运算符是先运算（即先加 1 或先减 1）后使用，后缀运算符是先使用后运算。前、后缀运算符对变量本身运算的效果完全相同，但对整个表达式的值或程序的其他部分的影响则完全不同。

　　自增运算符与自减运算符的结合方向是"从右至左"。例如，–i++，i 的左面是负号运算符，右面是自加运算符。"++"与"–"是同级优先，负号运算符的结合方向是"从左至右"。若按左结合性，–i++ 相当于(–i)++，而(–i)是表达式，因此(–i)++是不合法的。所以，只能按"从右至左"的结合方向，表达式–i++ 相当于– (i++)，如有下式（i 的值为 2）：

　　　　j = –i++;

根据先使用后运算的规则，先将–i 赋值给变量 j，然后将 i 的值加 1，所以结果是：

　　　　j = –2, i = 3

　　合理地使用自增运算符和自减运算符，可以非常方便地用来处理各种复杂的问题，特别是在结构语句及指针运算中，能带来很大的方便。但它的出现也常给人带来困惑，因此使用中要小心谨慎。

2.4.2　赋值运算符和赋值表达式

1．赋值运算符

C 语言赋值运算符为"="，赋值运算符的作用是将一个数据或一个表达式的值赋给一个变量。例如：

```
a = 5              /*将 5 赋给变量 a; */
b = a/c + a*5      /*将表达式 a/c + a*5 的值赋给变量 b; */
```

2．赋值类型转换

当赋值运算符右边的值的类型和左边变量的类型不一致但都是数值型或字符型时，会将赋值运算符右边的值的类型自动转换成与左边的变量相同的类型，再给变量赋值。例如：

```
char   c;
int i, j, i=3, j=4;
float f = 2.25, f2;
double d= 2.8, d2;
i = f;
j = d;
```

　　将 f 和 d 的值都转换成整数 2，小数部分被截去了，分别赋给整型变量 i 和 j，结果 i 和 j 的值均为 2。

3．赋值表达式

用赋值运算符将变量和表达式连接起来就构成了赋值表达式。其中表达式又可以是赋值表达式。例如：

    i = i + 1
    a = b = 2 * PI * r

注意：赋值表达式的作用就是将赋值号右边表达式的值赋给左边的变量。其结合性为从右至左。例如：

a=b=c=10	/*表达式的值为 10，a、b、c 的值均为 10。首先将 10 赋给 c，表达式 c=10*/
	/*的值为 10，再将表达式的值赋给 b，则 b 的值为 10，最后将值赋给 a，*/
	/*a 的值为 10*/
a = 6+(b=5)	/*表达式的值为 11，先计算（b=5）的值为 5，再同 6 相加后赋给 a*/
a=(b=4)+(c=6)	/*表达式的值为 10，a、b、c 的值分别为 10、4、6*/
a=(b=10)/(c=2)	/*表达式的值为 5，a、b、c 的值分别为 5、10、2*/

赋值表达式不但可以出现在赋值语句中，还可以以表达式的形式出现在其他语句中，这使得 C 语言非常灵活方便，但也常给用户带来一些意想不到的错误。

4．复合赋值运算符

C 语言可以使用复合运算符，复合运算符由赋值运算符与算术运算符、位移运算符、位逻辑运算符等组成。

与算术运算符组合的复合赋值运算符如下：

    *=、/=、%=、+=、-=

与移位运算符组合的复合赋值运算符如下：

    <<=、>>=

与位逻辑运算符组合的复合赋值运算符如下：

    &=、∧=、|=

注意：复合赋值运算符是一个运算符，但在功能上是两个运算符功能的组合。

例如：

    a += b 相当于 a = a + b
    a *= b 相当于 a = a * b

由复合赋值运算符可组成复合赋值表达式。例如：

    a += x + y * 3   相当于   a = a + (x + y * 3)

注意：必须把复合赋值符右边的表达式看成一个整体，先求出它的值，再和左边的变量做相关的运算。

又如：

    a += x + y * 3 相当于 a = a + (x + y * 3);
    a /= x + y * 3 相当于 a = a / (x + y * 3)。

复合赋值运算符的优先级和赋值运算符相同。

2.4.3　关系运算符和关系表达式

关系运算就是比较运算，将两个操作数的值进行比较，看它们是否符合给定的大小关系。

C 语言关系运算符有六个：<（小于）、<=（小于等于）、>（大于）、>=（大于等于）、==（等于）、!=（不等于）。

六个关系运算符都是双目运算符。关系操作数可以是数值类型数据和字符型数据。当关系成立时，关系运算的值为 1（表示逻辑真）；当关系不成立，关系运算的值为 0（表示逻辑假）。

例如：

5 > 3，值为 1；

5 <= 3，值为 0；

5 == 3，值为 0；

5 != 3，值为 1。

1. 关系运算符的优先级

<、<=、>、>= 这四个运算符是同一级的；== 和 != 属于同一级。前四个运算符的优先级高于后两个（==和!=）。

算术运算符的优先级高于关系运算符的优先级。关系运算符的优先级高于赋值运算符的优先级。例如：

a+b > b+c，先计算 a+b 和 b+c 两个算术表达式，再比较它们的值。

表达式(2 + a) == (b − a)中有无括号结果均相同。

表达式 a = b>c + d 相当于 a = (b> (c + d))。

注意：不要把关系运算符的"=="和赋值运算符的"="混淆了。否则将会产生难以预料的后果。另外，对于判断两个操作数是否相等的运算符"=="，用于两个浮点数的判断时，要特别注意，因为浮点数是用近似值表示的。一般是用两个操作数的差的绝对值小于一个给定的任意小的数来判断的，或利用区间判断方法来实现。

2. 关系表达式的构成

用关系运算符将两个表达式连接起来就构成了关系表达式。被连接的表达式可以是算术表达式、关系表达式、逻辑表达式（详见 2.3.4 节介绍）、赋值表达式、字符表达式。例如：

a + b > b + c，比较两个算术表达式的值；

a <= 2 * b，比较变量的值和算术表达式的值；

'a' < 'b'，比较两个字符的 ASCII 码值；

(a>b)>(b<c)，比较两个关系表达式；

(a=c+3)>(b=b+5)，比较两个赋值表达式。

它们都是合法的关系表达式。

前面已经谈到，关系表达式的值是一个逻辑值，非真即假。C 语言中用 1 表示真，用 0 表示假。但在判断时非 0 即表示真。关系运算符是左结合性的。

可以将关系表达式的运算结果（1 或 0）赋给一个整型变量或字符型变量。例如，当 a = 4，b = 3，c = 2 时，则：

d = a>b，d 的值为 1；

f = a>b>c，先执行 a>b，结果为 1；再执行 1>c，结果为 0；最后将关系表达式的值赋给变量 f，即 f 的值为 0。

另外，要注意关系表达式的概念。例如：

int a=4，b=3，c=2；

a>b<c，先计算 a>b，结果是 1，再计算 1<c，关系表达式的值为 1；

6>3<2，先计算 6>3，结果是 1，再计算 1<2，关系表达式的值为 1；

a>b>c，先计算 a>b，结果是 1，再计算 1>2，关系表达式的值为 0。

上面示例中的结果一定让初学者感到意外，关系表达式不同于数学中的不等式，初学者要特别注意。后一个例子中，初学者往往因按数学的习惯去理解关系表达式而得出错误的结果。

2.4.4　逻辑运算符和逻辑表达式

C 语言没有逻辑类型数据，它用整型数 1 表示逻辑真，用整型数 0 表示逻辑假。

1．逻辑运算符

逻辑运算符有三个：!、&&、||。逻辑运算符的操作数的类型可以是字符型、整型或浮点型。

（1）逻辑非!：逻辑非是单目运算符。若操作数值为 0（逻辑假），逻辑非的结果为 1（逻辑真）；当操作数值为非 0 时，逻辑非的结果便为 0。例如：

　　　int a=5，b=3；

!a，结果为 0；

!(a < b)，结果为 1，因为 a < b 的值为 0。

（2）逻辑与&&：逻辑与是双目运算符，当参加逻辑与运算的两个操作数值均为非 0（逻辑真）时，结果才为 1（逻辑真）；否则为 0（逻辑假）。例如：

　　　int a = 5，b = 3；

a && b，结果为 1；

(a < b) && (a > 0)，结果为 0，因为 a<b 的值为 0。

（3）逻辑或||：逻辑或也是双目运算符，参加逻辑或运算的两个操作数中，只要有一个操作数值为非 0（逻辑真），结果就为 1（逻辑真）；否则为 0（逻辑假）。例如：

　　　int a=5，b=3；

a || b，结果为 1；

(a < b) || (a > 0)，结果为 1，因为 a > 0 的值为 1。

C 语言逻辑运算符的优先级规定如下：

（1）优先级顺序由高到低为：!、&&、||；

（2）!的优先级高于算术运算符，&&和||的优选级低于关系运算符。例如：

　　　!a&& b > 5 的计算顺序为（!a）&&（b > 5）；

　　　a == b || a < c 的计算顺序为（a == b）||（a< c）。

C 语言逻辑运算符采用左结合律。表达式中出现同一优先级别的运算符时，按从左到右的结合方向处理。

2．逻辑表达式

用逻辑运算符将表达式连接起来就构成了逻辑表达式。例如：

　　　!（a > b）用于对关系表达式的值取非；

　　　(a > b) &&（b > c）是对两个关系表达式进行逻辑与运算；

　　　(a > b) &&（b > c）||（b == 0）。

这些都是合法的逻辑表达式。

和关系表达式一样，逻辑表达式的值是一个逻辑值，即真或假。C 语言编译系统在给出逻辑运算结果时，以数字 1 表示真，以数字 0 表示假，但在判断一个量是否为真时，以非 0 表示真，以 0 表示假。

短路原则：如果多个表达式用"&&"连接，则一个假表达式将使整个表达式为假。因此，在多个&&运算符相连的表达式中，从左至右进行计算时，若遇到运算符左边的操作数为 0（逻辑假），则停止运算，后面的表达式不被执行，因为此时已经可以断定逻辑表达式结果为假。同理，如果多个表达式用"||"运算符连接，则一个真表达式将使整个表达式为真。因此，若遇到第一个表达式为真，则停止运算，后面的表达式将不被执行，因为此时已经可以断定逻辑表达式的结果为真。例如：

    a = 0; b = 1;
    c = a && (b = 3);

运算结果：c 的值为 0，b 的值为 1。

    a = 1; b = 1; c=0;
    d = a || b || (c = b+3);

运算结果：d 的值为 1，c 的值为 0。

2.4.5　位运算

前面介绍的各种运算都是以字节为最基本单位进行的。但在工业系统程序中，常要求在位（bit）一级进行运算或处理。C 语言提供了位运算的功能，因此，C 语言具有汇编语言级别意义上的控制系统硬件工作的能力。

1．位运算符

C 语言提供了如下 6 种位运算符：

（1）&：按位与。

（2）|：按位或。

（3）^：按位异或。

（4）～：取反。

（5）<<：左移。

（6）>>：右移。

2．按位与运算

按位与运算符"&"是双目运算符。其功能是参与运算的两数对应的各二进位相与。只有对应的两个二进位均为 1 时，结果位才为 1，否则为 0。参与运算的数以补码方式出现。例如，9&5 算式如下：

```
    00001001          （9 的二进制数补码）
   &00000101          （5 的二进制数补码）
    00000001          （1 的二进制数补码）
```

即 9&5 = 1。

按位与运算通常用来对某些位清 0 或保留某些位。例如，把 a 的高 8 位清 0，保留低 8 位数据，可进行 a&255 运算（255 的二进制数为 0000000011111111）。

【例 2.2】　编程计算 9&5。

【源程序】

```
/*pro02_02.c*/
#include<stdio.h>
int main(void)
{
    int a=0x9,b=0x5,c;
    c=a&b;
    printf("a=%#x,b=%#x,c=%#x\n",a,b,c);
    return(0);
}
```

运算结果：

```
a=0x9,b=0x5,c=0x1
press any key to continue
```

3. 按位或运算

按位或运算符"|"是双目运算符。其功能是参与运算的两数对应的各二进位相或。只要对应的两个二进位有一个为 1 时，结果位就为 1。参与运算的两个数均以补码出现。例如，9|5 可写算式如下：

```
    00001001
|   00000101
    00001101          （十进制数为 13）
```

即 9|5=13。

【例 2.3】 编程计算 9|5。

【源程序】

```
/*pro02_03.c*/
#include<stdio.h>
int main(void)
{
    int a=0x9,b=0x5,c;
    c=a|b;
    printf("a=%#x,b=%#x,c=%#x\n",a,b,c);
    return(0);
}
```

运算结果：

```
a=0x9,b=0x5,c=0xd
Press any key to continue
```

4. 按位异或运算

按位异或运算符"^"是双目运算符。其功能是参与运算的两数对应的各二进位相异或，当两个对应的二进位相异时，结果为 1，相同则结果为 0。参与运算数仍以补码出现，例如，9^5 可写算式如下：

```
    00001001
^   00000101
    00001100          （十进制数为 12）
```

【例 2.4】　编程计算 9^5。

【源程序】

```
/*pro02_04.c*/
#include<stdio.h>
int main(void)
{
    int a=0x9,b=0x5,c;
    c=a^b;
    printf("a=%#x,b=%#x,c=%#x\n",a,b,c);
    return(0);
}
```

运算结果：

```
a=0x9,b=0x5,c=0xc
Press any key to continue
```

5. 求反运算

求反运算符"～"为单目运算符，具有右结合性。其功能是对参与运算的数的各二进位按位求反。例如，～9 的运算为：

　　～（0000000000001001）

结果为：

　　1111111111110110

6. 左移运算

左移运算符"<<"是双目运算符。其功能把"<<"左边的运算数的各二进位全部左移若干位，由"<<"右边的数指定移动的位数，高位丢弃，低位补 0。例如：

　　a<<4

是把 a 的各二进位向左移动 4 位。如 a=00000011（十进制数 3），左移 4 位后为 00110000（十进制数 48）。相当于 $a \times 2^4$，是乘 2 整数幂的快捷方法。

7. 右移运算

右移运算符">>"是双目运算符。其功能是把">>"左边的运算数的各二进位全部右移若干位，">>"右边的数指定移动的位数。例如，设 a=16，则：

　　a>>2

表示把 00010000 右移为 00000100（十进制数 4）。所以，相当于 $a \times 2^{-2}$，是除 2 整数幂的快捷方法。

应该说明的是，对于有符号数，在右移时，符号位将随同移动。当为正数时，最高位补 0；为负数时，符号位为 1，最高位是补 0 还是补 1 取决于编译系统的规定。很多系统规定补 1。

【例 2.5】　右移实例。

【源程序】

```
/*pro02_05.c*/
#include<stdio.h>
int main(void)
{
```

```
    unsigned a,b;
    printf("input a number:    ");
    scanf("%d",&a);
    b=a>>5;
    b=b&15;
    printf("a=%d\tb=%d\n",a,b);
    return(0);
    }
```

输入：

```
    16
```

运算结果：

```
    a=16    b=0
```

【例 2.6】　左移、右移实例。

【源程序】

```
    /*pro02_06.c*/
    #include<stdio.h>
    int main(void)
    {
        char a='a',b='b';
        int p,c,d;
        p=a;
        p=(p<<8)|b;
        d=p&0xff;
        c=(p&0xff00)>>8;
        printf("a=%d\nb=%d\nc=%d\nd=%d\n",a,b,c,d);
        return(0);
    }
```

运算结果：

```
    a=97
    b=98
    c=97
    d=98
```

2.4.6　其他运算

1. 强制类型转换

强制类型转换是通过类型转换运算来实现的。其一般形式为：

　　（类型说明符）（表达式）

其功能是把表达式的运算结果强制转换成类型说明符所表示的类型。例如：

　　(float) a　把 a 转换为实型；(int)(x+y)　把 x+y 的结果转换为整型。

在使用强制转换时应注意以下问题：

（1）类型说明符和表达式都必须加括号（单个变量可以不加括号）；

例如，已知 x=3.5，y=2.3 则(int)(x+y)结果为 5；而(int)x+y 结果为 5.3。

（2）强制转换只是为了本次运算的需要而对变量的数据长度进行的临时性转换，而不改变
数据说明时对该变量定义的类型。

2．条件运算

条件运算符由 "?" 和 ":" 组成，是 C 语言中唯一的一个三目运算符。条件表达式的一般构成形式是：

表达式 1? 表达式 2：表达式 3

条件表达式的执行过程是：

（1）先计算表达式 1 的值；

（2）若该值不为 0，则计算表达式 2 的值，并将表达式 2 的值作为整个条件表达式的值；

（3）否则，就计算表达式 3 的值，并将该值作为整个条件表达式的值。

例如，max=(a>b)?a:b; 就是将 a 和 b 二者中较大的一个赋给 max。

条件运算符的结合性是 "右结合"，优先级高于赋值、逗号运算符，低于其他运算符。例如：

a>b?a:c>d?c:d 　　等价于　 a>b?a:(c>d?c:d)

已知 x= −5 则：（x>=0）? 1: −1 的结果为−1。

3．逗号运算

逗号表达式的一般形式是：

表达式 1，表达式 2，表达式 3……表达式 n

逗号表达式的求解过程是：先计算表达式 1 的值，再计算表达式 2 的值，……一直计算到表达式 n 的值。最后整个逗号表达式的值是表达式 n 的值。

例如：int a=1,b=2,x;

x=(a=a+1,b=b+a,a+b);

则 x=6。

2.5　MATLAB 概述

2.5.1　MATLAB 简介

20 世纪 70 年代,美国新墨西哥大学计算机科学系主任 Cleve Moler 为了减轻学生编程的负担，用 FORTRAN 编写了最早的 MATLAB。1984 年由 Little、Moler、Steve Bangert 合作成立了的 MathWorks 公司正式把 MATLAB 推向市场。到 20 世纪 90 年代，MATLAB 已成为国际控制界的标准计算软件。MATLAB 是矩阵实验室（Matrix Laboratory）的简称，是美国 MathWorks 公司出品的商业数学软件，用于算法开发、数据可视化、数据分析及数值计算的高级技术计算语言和交互式环境，主要包括 MATLAB 和 Simulink 两大部分。

2.5.2　基本功能

MATLAB 将数值分析、矩阵运算、科学数据可视化及非线性动态系统的建模和仿真等诸多强大功能集成在一个易于使用的视窗环境中，为科学研究、工程设计及必须进行有效数值计算的众多科学领域提供了一种全面的解决方案，并在很大程度上摆脱了传统非交互式程序设计语言（如 C、FORTRAN）的编辑模式，它代表了当今国际科学计算软件的先进水平。

MATLAB 和 Mathematica、Maple 并称为三大数学软件。它在数学类科技应用软件中在数值计算方面首屈一指。MATLAB 可以进行矩阵运算、绘制函数和数据、实现算法、创建用户界面、连接其他编程语言的程序等，主要应用于工程计算、控制设计、信号处理与通信、图像处理、信号检测、金融建模设计与分析等领域。

　　MATLAB 的基本数据单位是矩阵，它的指令表达式与数学、工程中常用的形式十分相似，故用 MATLAB 解决问题要比用 C、FORTRAN 等语言完成相同的事情简捷得多，并且 MathWorks 也吸收了像 Maple 等软件的优点，使 MATLAB 成为一个强大的数学软件。在新的版本中也加入了对C、FORTRAN、C++、Java 的支持，可以直接调用，用户也可以将自己编写的实用程序导入到 MATLAB 函数库中方便自己以后调用。此外还有许多的 MATLAB 爱好者编写了一些经典的程序，用户可以直接下载使用这些经典程序。如图 2.2 所示为 MATLAB 的开发工作界面。

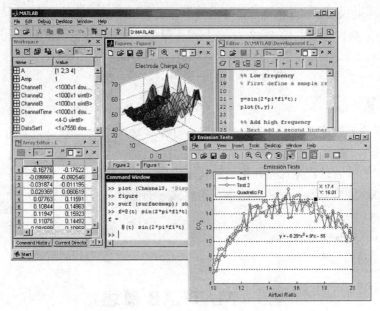

图 2.2　MATLAB 开发工作界面

2.5.3　主要应用

MATLAB 产品族可以应用在以下各种工况和领域中：

● 数值分析；
● 数值和符号计算；
● 工程与科学绘图；
● 控制系统的设计与仿真；
● 数字图像处理技术；
● 数字信号处理技术；
● 通信系统设计与仿真；
● 财务与金融工程。

　　MATLAB 的应用范围非常广，包括信号和图像处理、通信、控制系统设计、测试和测量、财务建模和分析，以及计算生物学等众多应用领域。附加的工具箱（单独提供的专用 MATLAB 函数集）扩展了 MATLAB 环境，以解决这些应用领域内特定类型的问题。图 2.3 和图 2.4 即是诸多应用中的两个实例。

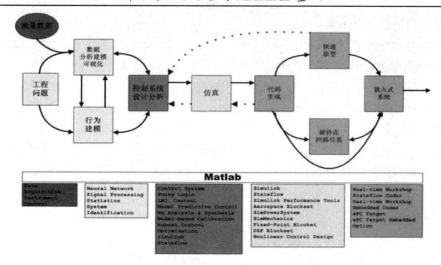

图 2.3　MATLAB 在通信系统设计与仿真的应用

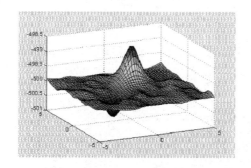

图 2.4　MATLAB 插值和样条

2.5.4　MATLAB 特点

MATLAB 的特点主要包括以下几方面：
（1）高效的数值计算及符号计算功能，能使用户从繁杂的数学运算分析中解脱出来；
（2）具有完备的图形处理能力，实现计算结果和编程的可视化；
（3）友好的用户界面及接近数学表达式的自然化语言，使学者易于学习和掌握；
（4）功能丰富的应用工具箱，为用户提供了大量方便实用的处理工具。

2.5.5　MATLAB 优点

（1）友好的工作平台和编程环境
MATLAB 由一系列工具组成。这些工具方便用户使用 MATLAB 的函数和文件，其中许多工具采用的是图形用户界面。包括 MATLAB 桌面和命令窗口、历史命令窗口、编辑器和调试器、路径搜索，以及用于用户浏览帮助、工作空间、文件的浏览器。随着 MATLAB 的商业化及软件本身的不断升级，MATLAB 的用户界面也越来越精致，更加接近 Windows 的标准界面，人机交互性更强，操作更简单。而且新版本的 MATLAB 提供了完整的联机查询、帮助系统，极大地方便了用户的使用。简单的编程环境提供了比较完备的调试系统，程序不必经过编译就可以直接运行，而且能够及时地报告出现的错误并进行出错原因分析。

（2）简单易用的程序语言

MATLAB 包含一个高级的矩阵/阵列语言，它包含控制语句、函数、数据结构、输入和输出，具有面向对象编程的特点。用户可以在命令窗口中将输入语句与执行命令同步，也可以先编写好一个较大的复杂的应用程序（M 文件）后再一起运行。新版本的 MATLAB 语言是基于最为流行的 C++语言基础上的，因此语法特征与 C++语言极为相似，而且更加简单，更加符合科技人员对数学表达式的书写格式。使之更利于非计算机专业的科技人员使用。而且这种语言可移植性好、可拓展性极强，这也是 MATLAB 能够深入到科学研究及工程计算各个领域的重要原因。

矩阵运算是各种科学计算、工程应用中不可或缺的一种数学运算，我们来比较一下 C 语言与 MATLAB 的矩阵运算。

【例 2.7】 已知矩阵。

$$A=\begin{pmatrix} 2 & 5 & -8 & 7 \\ 3 & 8 & 13 & 2 \\ -6 & 11 & -2 & 0 \end{pmatrix} \qquad B=\begin{pmatrix} 22 & 7 \\ -3 & 16 \\ -9 & 0 \\ 1 & 8 \end{pmatrix}，求 A、B 矩阵的积 C。$$

采用 C 语言编程实现，其程序如下：

```c
/*pro02_07.c*/
#include<stdio.h>
main()
{
int a[3][4]={{2,5,-8,7},{3,8,13,2},{-6,11,-2,0}};
int b[4][2]={{22,7},{-3,16},{-9,0},{1,8}};
int c[3][2],I,j,k;
for (i=0;i<3;i++){
   for(j=0;j<2;j++){
     c[i][j]=0;
     for(k=0;k<4;k++)
        c[i][j]+=a[i][k]*b[k][j];
   }
 }
for(i=0;i<3;i++){
   for(j=0;j<2;j++){
     printf("c[%d][%d]=%d,",i,j,c[i][j]);
   }
 }
}
```

输出的结果为：

```
c[0][0]=108,c[0][1]=150,
c[1][0]=-73,c[1][1]=165,
c[2][0]=-147,c[2][1]=134,
```

而使用 MATLAB 编写的程序则简单得多，MATLAB 程序如下：

```
>>A=[2 5 -8 7
       3 8 13 2
       -6  11 -2 0];
   >>B=[22  7
        -3  16
        -9  0
         1  8];
```

```
>>C=A*B
>>C
```

按回车键，输出的结果为：

```
C=
    108   150
    -73   165
   -147   134
```

（3）强大的科学计算数据处理能力

MATLAB 是一个包含大量计算算法的集合。其拥有 600 多个工程中要用到的数学运算函数，可以方便地实现用户所需的各种计算功能。函数中所使用的算法都是科研和工程计算中的最新研究成果，而且经过了各种优化和容错处理。在通常情况下，可以用它来代替底层编程语言，如 C 和 C++。在计算要求相同的情况下，使用 MATLAB 编程，工作量会大大减少。MATLAB 的这些函数集包括从最简单最基本的函数到诸如矩阵、特征向量、快速傅里叶变换的复杂函数。函数所能解决的问题大致包括矩阵运算和线性方程组的求解、微分方程及偏微分方程组的求解、符号运算、傅里叶变换和数据的统计分析、工程中的优化问题、稀疏矩阵运算、复数的各种运算、三角函数和其他初等数学运算、多维数组操作，以及建模动态仿真等。

（4）出色的图形处理功能

MATLAB 自产生之日起就具有方便的数据可视化功能，可以将向量和矩阵用图形表现出来，并且可以对图形进行标注和打印。高层次的作图包括二维和三维的可视化、图像处理、动画和表达式作图。可用于科学计算和工程绘图。新版本的 MATLAB 对整个图形处理功能进行了很大的改进和完善，使它不仅在一般数据可视化软件都具有的功能（例如二维曲线和三维曲面的绘制和处理等）方面更加完善，而且对于一些其他软件所没有的功能（例如图形的光照处理、色度处理，以及四维数据的表现等）方面，同样表现了出色的处理能力。同时对一些特殊的可视化要求，例如图形对话等，MATLAB 也有相应的功能函数，保证了用户不同层次的要求。另外新版本的 MATLAB 还着重在图形用户界面（GUI）的制作上做了很大的改善，使得对这方面有特殊要求的用户也可以得到满足。

（5）应用广泛的模块集合工具箱

MATLAB 对许多专门的领域开发了功能强大的模块集和工具箱。一般来说，它们都是由特定领域的专家开发的，用户可以直接使用工具箱学习、应用和评估不同的方法而不需要自己编写代码。目前，MATLAB 已经把工具箱延伸到了科学研究和工程应用的诸多领域，诸如数据采集、数据库接口、概率统计、样条拟合、优化算法、偏微分方程求解、神经网络、小波分析、信号处理、图像处理、系统辨识、控制系统设计、LMI 控制、鲁棒控制、模型预测、模糊逻辑、金融分析、地图工具、非线性控制设计、实时快速原型及半物理仿真、嵌入式系统开发、定点仿真、DSP 与通信、电力系统仿真等，都在工具箱（Toolbox）家族中有了自己的一席之地。

（6）实用的程序接口和发布平台

新版本的 MATLAB 可以利用 MATLAB 编译器、C/C++数学库和图形库，将自己的 MATLAB 程序自动转换为独立于 MATLAB 运行的 C 和 C++代码。允许用户编写可以和 MATLAB 进行交互的 C 或 C++语言程序。另外，MATLAB 网页服务程序还容许在 Web 应用中使用自己的 MATLAB 数学和图形程序。MATLAB 的一个重要特色就是具有一套程序扩展系统和一组称之为工具箱的特殊应用子程序。工具箱是 MATLAB 函数的子程序库，每一个工具箱都是为某一类学科专业和应用而定制的，主要包括信号处理、控制系统、神经网络、模糊逻辑、小波分析和系统仿真等方面的应用。

（7）应用软件开发

在开发环境中，使用户更方便地控制多个文件和图形窗口；在编程方面支持了函数嵌套，有条件中断等；在图形化方面，有了更强大的图形标注和处理功能；在输入/输出方面，可以直接面向 Excel 和 HDF5。

2.5.6   专业应用

下面就以土木工程专业为例简要介绍 MATLAB 软件的一些实际应用。

MATLAB 在计算方法、数理统计、振动理论、控制理论、最优化、建模仿真等方面的应用对土木工程专业的学生来说极为重要。

例如，在结构优化设计、荷载识别、桩基的损伤检验、岩土体本构关系及岩土体质量评价中，经常会采用人工神经网络和改进的人工神经网络方法，这一方法可以采用 MATLAB 的工具箱中的相关知识解决；在岩体工程中，节理裂隙的统计和描述是一个重要问题。

目前，基于节理裂隙的分布分维数可以作为岩体质量评价的一个重要因素，通过 MATLAB 编程和一些图形处理技术，可以很容易地计算分维数；另外，利用 MATLAB 的 rose 函数，可以方便地画出节理裂隙的玫瑰花图；在地下工程及隧道开挖过程中，岩体的位移和变形是监测的主要内容，以现有的检测数据预测一定时间内的变形时，需要处理一些相关的有干扰的监测数据，这个过程中可以应用 MATLAB 的小波降噪等相关技术；用 DEM 模拟岩土体颗粒受力时，颗粒之间的接触方向和接触力的分布，可以采用 MATLAB 三维图形技术直观表达；MATLAB 还可以做有限元分析，对于分析岩土体一些简单的位移场、应力场很方便。MATLAB 在土木工程领域的应用是非常广泛的。

2.6   MATLAB 语法基础

2.6.1   MATLAB 的数据类型

MATLAB 中有 15 种基本数据类型，主要是整型、浮点、逻辑、字符、结构数组、单元格数组，以及函数句柄等，如图 2.5 所示。以下简单介绍常用的几种数据类型，其他的数据类型将在后续章节中逐步介绍。

图 2.5   MATLAB 的数据类型

1. 数值型 numeric

这是最大的一类，通俗说来就是我们平常见到的数字，其下面细分了好多类，区别在于在计算机中储存的格式不同。

- int：以 int 打头大那一串，表示整型数，就是整数，后面的数字（X=8,16,32,64）表示在计算机中用 X 个位（位：计算机中存储单位，存 1 位二进制数）的空间来存储这个数，这样 intX 的数可以表 示从 –2X + 1 到 +2X 之间的整数。需要注意 int64 类型的数不能用来运算。
- uint：以 uint 打头的那一串，和 int 打头的类似，但是它叫做无符号整型数，只表示正数，一个 intX 的数表示范围是 0～2X − 1，同样要注意 uint64 不能用作运算。
- single：以 single 打头表示单精度浮点数，它用了 32 位。MATLAB 中 single 可表示的数值范围如表 2.5 所示。
- double：以 double 打头表示双精度浮点数，它占用 64 位，如果赋值时不指定变量的类型，默认类型是 double，它能表示的数值范围如表 2.6 所示。

表 2.5　单精度浮点数表示范围

单精度浮点数边界数	对应值
最小负数	−3.40282e+038（科学计数法）
最大负数	−1.17549e−038（科学计数法）
最小正数	1.17549e−038（科学计数法）
最大正数	3.40282e+038（科学计数法）

表 2.6　双精度浮点数表示范围

双精度浮点数边界数	对应值
最小负数	−1.79769e+308（科学计数法）
最大负数	−2.22507e−308（科学计数法）
最小正数	2.22507e−308（科学计数法）
最大正数	1.79769e+308（科学计数法）

2．逻辑型 logic

与 C 语言不同，MATLAB 专门提供了一种逻辑类型的数据，以方便逻辑运算。MATLAB 用 1 表示"是"，0 表示"非"。

3．字符型 char

MATLAB 中的输入字符需使用单引号。字符串存储为字符数组，每个元素占用一个 ASCII 字符。如日期字符：DateString='9/16/2001'实际上是一个 1 行 9 列向量。构成矩阵或向量的行字符串长度必须相同。

例如，命令 name = ['abc' ; 'abcd'] 将触发错误警告，因为两个字符串的长度不等，此时可以通过空字符凑齐，如：name = ['abc ' ; 'abcd']，更简单的办法是使用 char 函数：char('abc','abcd') 来避免出现上述告警。MATLAB 自动填充空字符以使长度相等，因此字符串矩阵的列长度总是等于最长字符串的字符数。

例如 size(char('abc','abcd'))返回结果[2,4]，即字符串"abc"实际存在的是'abc'，此时如需提取矩阵中的某一字符元素，需要使用 deblank 函数移除空格，如 name =char('abc','abcd'); deblank(name(1,:))。

4．元胞型 cell

元胞型数组 cell 是一种常见的数组，它的引入是为了便于将不同类型数据组合在一个数组中。

5．结构型 structure

结构型 structure 的数据类型与 c/c++语言的结构数据类型类似，将在第 9 章中另行介绍，此处略。

6．Java 类 Java Classes

Java 类 Java Classes 与 Java 有关，在 MATLAB 中一般用不上。

7．函数句柄 function handle

函数句柄 function handle 是用一个变量代表某个函数。关于函数的概念将在第 6 章中详细介绍，前面提到的一些函数都是由 MATLAB 提供的，通常称之为系统函数。

2.6.2　常量

常量，在 MATLAB 中习惯称之为特殊变量，即系统自定义的变量，它们在 MATLAB 启动后驻留在内存之中。部分常用的特殊变量如表 2.7 所示。

表 2.7　常用特殊变量

变量名称	变量说明
ans	MATLAB 中默认的变量
pi	圆周率
eps	浮点运算的相对精度
inf	无穷大，如 1/0
NaN	不定值，如 0/0
i (or j)	复数中的虚数单位
realmin	最小正浮点数
realmax	最大正浮点数

2.6.3　部分常用运算符

MATLAB 的运算符有很多，按操作功能，可分为如表 2.8 所示的几类。

1．算术运算符

表 2.8　MATLAB 运算符分类

类　别	示　例
算术运算符	+、−、*、/、%、^、.*、./、.^
关系运算符	>、<、==、>=、<=、~=
逻辑运算符	~、&、|
赋值运算符	=
其他	%,'、 :、n:s:m

+　　加；

−　　减；

*　　乘（包括标量乘，矩阵乘，标量与矩阵乘）；

/　　除（包括标量除，矩阵除标量，数组除标量）；

%　　求余数（或称求模，操作数必须是整数）；

^　　矩阵求幂（矩阵必须为方阵）；

.*　　数组相乘；

./　　数组相除；

.^　　数组求幂。

注意：.* 和 ./　表示两个同维数组中的对应元素做乘和除。

　　　　.^ 表示对数组的每个元素求幂。

2．关系运算符

<　　小于；

<=　　小于等于；

>　　大于；

>=　　大于等于；

==　　等于；

~=　　不等于。

运算法则：若关系式成立，结果为 1；若关系式不成立，结果为 0。

3．逻辑运算符

&　　与；

|　　或；

~　　非。

运算法则：若逻辑真，结果为 1；若逻辑假，结果为 0。

4．其他常见符号

= 　　　变量赋值；

% 　　　注释符；

, 　　　　共轭转置符；

: 　　　　冒号运算符；

n:s:m 　产生 n~m，步长为 s 的序列，s 可以为正或负或者小数，默认值为 1。

2.6.4　变量及其赋值

MATLAB 中的变量无须定义即可使用。变量名的大小写是敏感的。变量的第一个字符必须为英文字母，而且不超过 31 个字符。变量名的定义类似 C/C++可以包含下画线字符、数字，但不能为空格符、标点。

1．矩阵及其元素的赋值

MATLAB 中无须对变量进行定义，直接对合法的变量名进行赋值即可，变量的赋值形式为：

　　变量=表达式（数）

对于矩阵可以采用类似的方式进行，矩阵的赋值形式为：

　　矩阵名=[数据 1　数据 2　……　数据 N]；

具体使用请参见表 2.9。

表 2.9　MATLAB 变量及矩阵的定义

示　　例	意　　义
a=[1 2 3; 4 5 6;7 8 9] x=[-1.3　sqrt(3)　(1+2+3)/5*4]	矩阵初始化时，元素之间用逗号或空格分开。不同行以分号隔开。可以是合法的表达式
x(5)=abs(x(1)) a(4,3)=6.5	元素用圆括号（）中的数字（即下标）来注明，一维用一个下标，二维用两个下标，逗号分开
a(5,:)=[5,4,3]	全行赋值，用冒号
b=a([2,4],[1,3])	提取交点元素
a([2,4,5], :)=[] a/7	抽取某行元素用空矩阵

语句结尾用回车或逗号，会显示结果，如果不想显示结果，用分号。如果赋值元素的下标超过原来矩阵的大小，矩阵的行列会自动扩展。

2．复数

MATLAB 支持复数运算，复数变量的定义与普通变量或矩阵的定义类似，复数的表示方式为：

　　实数部分+虚数部分 i

复数的定义和相关运算示例如表 2.10 所示。

表 2.10　MATLAB 的复数运算

示　　例	意　　义
c=3+5.2i	复数的虚数部分用 i 或 j 表示
z=[1+2i,3+4i; 5+6i,7+8i] z=[1,3; 5,7]+[2,4; 6,8]*i	复数矩阵有两种赋值方法：①将其元素逐个赋予复数；②将其实部和虚部矩阵分别赋值
w=z'　　（共轭转置）	Z'复数矩阵共轭转置：行列互换，各元素的虚部反号
u=conj(z)　　（共轭）	函数 conj（z）共轭：只把各元素的虚部反号
v=conj(z)'　　（转置）	转置 conj（z）'：行列互换
f=sqrt(1+2i) f*f	复数的运算

其他注意事项：通常情况下，如果在编程中需要使用到复数，请编程时不要使用 i 或 j 作为变量名。如在此之前曾用过 i 或 j 作变量，则用语句 clear i,j; 清除。

表 2.11　MATLAB 中的变量检查

示　例	意　义
who	检查工作空间中的变量
whos	变量的详细特征
inf	无穷大，如 1/0 这种情况
NaN	非数(Not a Number)，如 0/0　inf/inf 0*inf 等情况

3．变量检查

变量检查是用于对变量的某些属性进行检查或者查询，其意义如表 2.11 所示。

4．特殊赋值矩阵

数学运算中经常有一些特殊矩阵和运算，在 MATLAB 中提供了这样一些操作的实现，其示例如表 2.12 所示。

表 2.12　MATLAB 中特殊赋值矩阵运算

示　例	意　义
f1=ones(3,2)	全 1 矩阵
f2=zeros(2,3)	全 0 矩阵
f3=magic(3)	魔方矩阵：生成一个 n×n 矩阵，矩阵元素由 1 到 n^2 组成，并且每行、每列及两对角线上的元素之和均相等
f4=eye(2)	单位矩阵：n×n 阶的方阵，其对角线上元素为 1
f5=linspace(0,1,5)	线性分割函数
fb1=[f1,f3;f4,f2] fb2=[fb1;f5]	大矩阵可由小矩阵组成，其行列数必须正确，恰好填满全部元素

2.7　小　　结

1．C 语言运算符优先级一览表如表 2.13 所示。

表 2.13　C 语言运算符优先级一览表

优　先　级	运　算　符	含　义	要求运算对象的个数	结合方向
1	()	圆括号		自左至右
	[]	下标运算符		
	->	指向结构体成员运算符		
	.	结构体成员运算符		
2	!	逻辑非运算符	1（单目运算符）	自右至左
	~	按位取反运算符		
	++	自增运算符		
	--	自减运算符		
	-	负号运算符		
	（类型）	类型转换运算符		
	*	指针运算符		
	&	地址运算符		
	sizeof	长度运算符		
3	*	乘法运算符	2（双目运算符）	自左至右
	/	除法运算符		
	%	求余运算符		
4	+	加法运算符	2（双目运算符）	自左至右
	-	减法运算符		
5	<<	左移运算符	2（双目运算符）	自左至右
	>>	右移运算符		

续表

优先级	运算符	含义	要求运算对象的个数	结合方向
6	<	关系运算符	2（双目运算符）	自左至右
	<=			
	>			
	>=			
7	==	等于运算符	2（双目运算符）	自左至右
	!=	不等于运算符		
8	&	按位与运算符	2（双目运算符）	自左至右
9	^	按位异或运算符	2（双目运算符）	自左至右
10	|	按位或运算符	2（双目运算符）	自左至右
11	&&	逻辑与运算符	2（双目运算符）	自左至右
12	||	逻辑或运算符	2（双目运算符）	自左至右
13	?:	条件运算符	3（三目运算符）	自右至左
14	=	赋值运算符	2	自右至左
	+=			
	−=			
	*=			
	/=			
	%=			
	>>=			
	<<=			
	&=			
	^=			
	|=			
15	,	逗号运算符（顺序求值运算符）		

2．C 语言之所以能广泛地应用于各个领域，除去它的编程效率以外，其基本数据类型丰富和自定义复合数据类型（数据结构）的能力，是一个非常重要的原因。

3．位运算是 C 语言的一种特殊运算功能，它是以二进制数的位为单位进行运算的。位运算符只有逻辑运算和移位运算两类。利用位运算可以完成汇编语言的某些功能，如置位、位清零、移位等，还可进行数据的压缩存储和并行运算。

4．MATLAB 作为工程计算中运用非常广泛的一个工具，其功能强大，编程效率高，与数学公式类似的表达形式，强大的绘图功能，极强的扩充能力等，都使得它在工程计算中起到了举足轻重的作用。作为理工科学生，掌握这个软件的使用是非常必要的。

习　题　2

一、选择题

1．以下选项中不合法的标识符是（　　）。

A．print　　　　　　　B．FOR　　　　　　C．a*　　　　　　　D．_00

2．在 C 语言中，要求运算数必须是整型的运算符是（　　）。

A．%　　　　　　　　B．/　　　　　　　C．<　　　　　　　D．!

3．以下定义语句中正确的是（　　）。

A．int　a=b=0;　　　　　　　　　　B．char　A=65+1；b='b';

C．int　a=1,b=1;　　　　　　　　　D．double　a=0.0；b=1.1;

4. 已知整型变量 x = 7，y = 2，表达式 x/y 的值是（　　）。

　　A. 0　　　　　　　　B. 1　　　　　　　　C. 3　　　　　　　　D. 不确定的值

5. 已知 x = 023，表达式 ++x 的值是（　　）。

　　A. 17　　　　　　　　B. 18　　　　　　　C. 20　　　　　　　D. 24

6. 表达式 a = 2 * 5，a * 4，a + 5 的值是（　　）。

　　A. 45　　　　　　　　B. 40　　　　　　　C. 15　　　　　　　D. 10

7. 已知 a = −1，b = 4，执行语句 k = (a++<=0)&&(!(b−−<=0)) 后，k，a，b 的值分别是（　　）。

　　A. 0, 0, 3　　　　　B. 0, 1, 2　　　　　C. 1, 0, 3　　　　　D. 1, 1, 2

8. C 语言提供的合法的数据类型关键字是（　　）。

　　A. Double　　　　　　B. long　　　　　　C. integer　　　　　D. Char

9. 在 C 语言中，合法的整型常数是（　　）。

　　A. 3.14　　　　　　　B. 32769　　　　　C. 0.054838743　　　D. 2.1869e10

10. 表达式：1!=5 的值是（　　）。

　　A. true　　　　　　　B. 非零值　　　　　C. 0　　　　　　　　D. 1

11. 合法的 C 语言中，合法的长整型常数是（　　）。

　　A. '\t'　　　　　　　B. "A"　　　　　　　C. 65L　　　　　　　D. A

12. 若有说明和语句：

```
int   a=5;
a--;
```

此处表达式 a−−的值是（　　）。

　　A. 7　　　　　　　　B. 6　　　　　　　　C. 5　　　　　　　　D. 4

13. 在下列选项中，不正确的赋值语句是（　　）。

　　A. ++t;　　　　　　B. n1=(n2=(n3=0));　C. k=i==j;　　　　　D. a=b+c=1;

14. 用十进制数表示表达式 13/013 的运算结果是（　　）。

　　A. 1　　　　　　　　B. 0　　　　　　　　C. 14　　　　　　　D. 12

15. 在 C 语言中提供的合法的关键字是（　　）。

　　A. swich　　　　　　B. char　　　　　　C. Case　　　　　　D. defalt

16. 在 C 语言中，合法的字符常量是（　　）。

　　A. '\084'　　　　　　B. '\xef'　　　　　　C. 'ab'　　　　　　D. "\0"

17. 若已定义 x 和 y 为 double 类型，则表达式：x=1，y=x+1/2 的值是（　　）。

　　A. 1　　　　　　　　B. 1.0　　　　　　　C. 2.0　　　　　　　D. 1.5

18. 设 a 为整型变量，不能正确表达数学关系：1<a<5 的是（　　）。

　　A. 1<a<5

　　B. a==2||a==3||a==4

　　C. a>1&&a<5

　　D. !(a<=1)&&!(a>=5)

19. 若 t 为 double 类型，表达式 t=1，t+5，t++的值是（　　）。

　　A. 1　　　　　　　　B. 6.0　　　　　　　C. 2.0　　　　　　　D. 1.0

20. 在以下一组运算符中，优先级最低的运算符是（　　）。

　　A. <=　　　　　　　B. =　　　　　　　　C. %　　　　　　　　D. &&

21. 下列不正确的转义字符是（　　）。

　　A. '\\'　　　　　　　B. '\"'　　　　　　　C. '074'　　　　　　D. '\0'

22. 若有以下定义：

    char a;　　　int b;　　　float c;　　　double d;

    则表达式 a*b+d−c 值的类型为（　　　）。

    A．float　　　　　　B．int　　　　　　C．char　　　　　　D．double

23. 表示关系 x<=y<=z 的 C 语言表达式为（　　　）。

    A．(x<=y)&&(y<=z)　　　　　　B．(x<=y)AND(y<=z)

    C．(x<=y<=z)　　　　　　　　D．(x<=y)&(y<=z)

24. 设 a=1，b=2，c=3，d=4，则表达式：a<b?a:c<d?a:d 的结果为（　　　）。

    A．4　　　　　　　B．3　　　　　　　C．2　　　　　　　D．1

25. 设 x 为 int 型变量，则执行以下语句后，x 的值为（　　　）。

    x=10;

    x + =x − = x − x;

    A．10　　　　　　B．20　　　　　　C．40　　　　　　D．30

26. 卜列可作为 C 语言赋值语句的是（　　　）。

    A．x=3, y=5　　　B．a=b=6　　　C．i− −;　　　D．y=int(x);

27. 设 x，y，z，t 均为 int 型变量，则执行以下语句后，t 的值为（　　　）。

    x=y=z=1;

    t=++x||++y&&++z;

    A．不定值　　　　B．2　　　　　　C．1　　　　　　D．0

28. 设 x，y，z 和 k 都是 int 型变量，则执行表达式：x=(y=4, z=16, k=32)后，x 的值为（　　　）。

    A．4　　　　　　　B．16　　　　　　C．32　　　　　　D．52

29. 设有如下的变量定义：

    int i =8,k, a, b;
    unsigned long w=5;
    double x=1.42, y=5.2;

    则以下符合 C 语言语法的表达式是（　　　）。

    A．a+=a−=(b=4)*(a=3)　　　　　　B．x%(−3);

    C．a=a*3=2　　　　　　　　　　D．y=float(i)

30. 假定有以下变量定义：

    int　k=7, x=12;

    则值为 3 的表达式是（　　　）。

    A．x%=(k%=5)　　　　　　　　B．x%=(k−k%5)

    C．x%=k−k%5　　　　　　　　D．(x%=k)−(k%=5)

31. 设 x 和 y 均为 int 型变量，则以下语句：

    x + = y; y = x − y; y = x − y; x − = y;

    的功能是（　　　）。

    A．把 x 和 y 按从大到小排列　　　B．把 x 和 y 按从小到大排列

    C．x、y 保持原值不变　　　　　　D．交换 x 和 y 中的值

32. 已知 a = 12，b = 12，表达式−−a 和 b++的值是（　　　）。

    A．10, 10　　　　　B．12, 12　　　　　C．11, 12　　　　　D．11, 13

33. 设有如下定义：

    int　a=1, b=2, c=3, d=4, m=2, n=2;

    则执行表达式：(m=a>b)&&(n=c>d)后，n 的值为（　　　）。

    　　A. 1　　　　　　　　B. 2　　　　　　　　C. 3　　　　　　　　D. 0

34. 以下选项中属于 C 语言的数据类型是（　　　）。

    　　A. 复数型　　　　　　B. 逻辑型　　　　　　C. 双精度型　　　　　D. 集合型

35. 在 C 语言中，不正确的 int 类型的常数是（　　　）。

    　　A. 2147483649　　　　B. 0　　　　　　　　C. 037　　　　　　　　D. 0xAF

36. 表达式(a = 2) || (b = −2)的结果是（　　　）。

    　　A. 无　　　　　　　　B. 结果不确定　　　　C. −1　　　　　　　　D. 1

37. 设有如下定义：int x = 1, y = −1;，则 x−−&&++y 的结果是（　　　）。

    　　A. 1　　　　　　　　B. 0　　　　　　　　C. −1　　　　　　　　D. 2

38. 当 c 的值不为 0 时，在下列选项中能正确将 c 的值赋给变量 a、b 的是（　　　）。

    　　A. c=b=a;　　　　　　　　　　　　　　　B. (a=c)||(b=c);

    　　C. (a=c)&&(b=c);　　　　　　　　　　　D. a=c=b;

39. 能正确表示 a 和 b 同时为正或同时为负的逻辑表达式是（　　　）。

    　　A. (a >= 0 || b >= 0)&&(a < 0 || b < 0)　　　B. (a >= 0&&b >= 0)&&(a < 0&&b < 0)

    　　C. (a + b > 0)&&(a + b <= 0)　　　　　　　D. a*b > 0

40. 下列变量定义中合法的是（　　　）。

    　　A. float　_a = 1−1e−1;　　　　　　　　　B. double b = 1 + 5e2.5;

    　　C. long do = 0xfdaL;　　　　　　　　　　D. float 2_and = 1 − e − 3;

41. 设 int x = 1, y = 1;表达式（!x||y−−）的值是（　　　）。

    　　A. 0　　　　　　　　B. 1　　　　　　　　C. 2　　　　　　　　D. −1

42. 设 int b = 2; 表达式(b<<3)/(b>>1)的值是（　　　）。

    　　A. 2　　　　　　　　B. 4　　　　　　　　C. 8　　　　　　　　D. 16

43. 若变量已正确定义并赋值，下面符合 C 语言语法的表达式是（　　　）。

    　　A. a:=b+1　　　　　B. a=b=c+2　　　　　C. int 18.5%3　　　　D. a=a+7=c+b

44. 以下选项中不属于字符常量的是（　　　）。

    　　A. 'C'　　　　　　　B. "C"　　　　　　　C. '\xCC'　　　　　　D. '\072'

45. C 语言中运算对象必须是整型的运算符是（　　　）。

    　　A. %=　　　　　　　B. /　　　　　　　　C. =　　　　　　　　D. <=

46. 若已定义 x 和 y 为 int 类型，则表达式 x = 1，y = x + 3/2 的值是（　　　）。

    　　A. 1　　　　　　　　B. 2　　　　　　　　C. 2.0　　　　　　　　D. 2.5

47. 若变量 a、i 已正确定义，且 i 已正确赋值，则合法的语句是（　　　）。

    　　A. a= =1　　　　　　B. ++i;　　　　　　　C. a =a++=5;　　　　　D. a = int(i);

48. 若有以下程序段：

    ```
    int c1=1, c2=2, c3;
    c3=1.0/c2*c1;
    ```

    则执行后，c3 中的值是（　　　）。

    　　A. 0　　　　　　　　B. 0.5　　　　　　　　C. 1　　　　　　　　D. 2

49. 已知 y = 3，x = 3，z = 1，表达式 x++，++y 和 z + 2 的值是（　　）。

    A. 3　4　　　　　　　B. 4　2　　　　　　　C. 4　3　　　　　　　D. 3　3

50. 能正确表示逻辑关系："a≥10 或 a≤0"的 C 语言表达式是（　　）。

    A. a>=10 or a<=0　　　　　　　　　B. a>=0 || a<=10

    C. a>=10 &&a<=0　　　　　　　　　D. a>=10 || a<=0

51. 下列语句执行后：int a=5 ,b=6;　a=a^b; b=b^a; a=a^b;　，a 和 b 的值分别是（　　）。

    A. a=5，b=6;　　　　　　　　　　　B. a=5，b=5;

    C. a=6，b=5;　　　　　　　　　　　D. a=6，b=6;

52. 若 x=10010111，则表达式(3+(int)(x))&(～3)的值是（　　）。

    A. 10011000　　　B. 10001100　　　C. 10101000　　　D. 10110000

53. 在位运算中，操作数每左移一位，其结果相当于（　　）。

    A. 操作数乘以 2　　　　　　　　　　B. 操作数除以 2

    C. 操作数加上 2　　　　　　　　　　D. 操作数减去 2

54. 若 x=4, y=3,则 x|y 的结果是（　　）。

    A. 0　　　　　　　　B. 1　　　　　　　　C. 12　　　　　　　D. 7

55. 设有以下语句：

    char x=3,y=6,z;

    z=x^y<<2;

则 z 的十六进制数值是（　　）。

    A. 14　　　　　　　B. 1B　　　　　　　C. 1C　　　　　　　D. 18

二、填空题

1. 8 位无符号二进制数能表示的最大十进制数是_____。

2. 请写出数学式 $\dfrac{a}{b \cdot c}$ 的 C 语言表达式是_____。

3. 若已知 a = 10，b = 20，则表达式!a + b 的值是_____。

4. 设 x 和 y 均为 int 型变量，且 x = 1，y = 2，则表达式 1.0 + x/y 的值为_____。

5. 若 x 为整型，请以最简单的形式写出与逻辑表达式!x 等价的 C 语言关系表达式_____。

6. 表示"整数 x 的绝对值大于 5"时值为"真"的 C 语言表达式是_____。

7. 设 ch 是 char 型变量，其值为 A，且有表达式：ch = (ch >='A'&&ch <='Z')?(ch + 32):ch，则该表达式的值是_____。

8. 设 int a = 8，则执行完语句 a /= a*a 后，a 的值是_____。

9. 设 x = 2.5，a = 7，y = 4.7，则表达式 x + a%3*(int)(x + y)%2/4 的值是_____。

10. 设 a = 2，b = 3，x = 3.5，y = 2.5，则表达式(float)(a + b)/2 + (int)x%(int)y 的值是_____。

11. 在数值计算方面首屈一指，且与 Mathematica、Maple并称为三大数学软件，它是_____。

12. 写出下面程序的运行结果_____。

```
#include <stdio.h>
main( )
{
    int   i, j, m, n;
    i=8;  j=10;
    m=++i;   n=j++;
```

```
        printf("%d, %d, %d, %d", i, j, m, n);
    }
```

13. 设 a = 12，n = 5 且 a，n 都定义为整型变量，分别写出下列表达式运算后 a 的值。

　　a += a; _____　　　　　　a −= 2; _____

　　a *= 2 + 3; _____　　　　　a% = (n% = 2); _____

　　a /= a + a; _____　　　　　a += a −= a *= a; _____

14. 写出下面程序的运行结果_____。

```
#include <stdio.h>
main( )
{
    int   a=4, b=7;
    printf("%d\n", (a=a+1, b+a, b+1));
}
```

15. 写出下面程序的运行结果_____。

```
#include <stdio.h>
main( )
{
    int   a=1, b=2;
    printf("%d\n", a=a+1, b+a, b+1); }
```

第3章 数据的输入/输出

C 语言本身没有提供输入语句和输出语句，而是由编译系统在标准函数库中定义了一些输入/输出函数，用户在编写程序时，是通过调用这些库函数来实现输入/输出的。

C 语言编译系统中的 stdio.h 头文件包含了与标准输入（键盘）和输出（显示屏幕）有关的变量的定义及其相应的宏定义，因此，在使用这些库函数时，一般需要用编译预处理命令# include<stdio.h>将头文件 stdio.h 包含到用户的源文件中。

3.1 字符输入/输出函数

字符输入函数是 getchar，函数原型：

```
int getchar (void);
```

函数功能：从输入设备（一般为键盘）输入一个字符，函数的返回值是该字符的 ASCII 码值。当程序执行到 getchar 函数时，将等待用户从键盘输入一个字符，然后程序再继续执行（如果用户不输入，或者输入了字符但未按回车键，则程序将一直等待下去）。函数值可以赋给一个字符，也可以赋给一个整型变量。

字符输出函数是 putchar，函数原型：

```
int putchar (int);
```

函数功能：向标准输出设备（一般为显示器）输出一个字符，并返回输出字符的 ASCII 码值。

函数的参数可以是字符常量、字符型变量或整型变量，即将一个整型数作为 ASCII 编码，输出相应的字符，也可以输出转义字符。

【例 3.1】 字符输入/输出函数示例。

【源程序】

```
/*pro03_01.c*/
#include<stdio.h>
main( )
{
    int i=97, j ;
    char ch='a';
    j=getchar( );          /*从键盘输入一个字符，该字符的 ASCII 码值赋给 j*/
    putchar(i);            /*向屏幕输出一个字符*/
    putchar(j);            /*向屏幕输出一个字符*/
    putchar('\n');         /*换行*/
    putchar(ch);           /*向屏幕输出一个字符*/
}
```

运行程序时，有如下输入：

```
b✓（✓表示回车符）
```

输出的结果为：

```
ab
a
```

getchar 函数只能接收一个字符，输入的内容暂时保存在缓冲区中，只有按下回车键才能送到对应的变量中。空格、回车键都是字符，因此，在连续输入字符时，中途不能按回车键。

3.2　字符串输入/输出函数

字符串输入函数：gets( )；其调用格式为：

```
gets(s);
```

gets( )函数用来从标准输入设备（键盘）读取字符串直到按回车键结束。

字符串输出函数：puts( )；其调用格式为：

```
puts(s);
```

puts( )函数用来向标准输出设备（屏幕）写字符串并换行。

【例 3.2】　字符串输入/输出函数示例。

【源程序】

```
/*pro03_02.c*/
#include<stdio.h>
int main(void)
{
    char s[5];
    gets(s);                    /*等待输入字符串直到回车结束*/
    puts(s);                    /*将输入的字符串输出*/
}
```

运行程序时，有如下输入：

```
abcde√ （√表示回车符）
```

输出的结果为：

```
abcde
```

3.3　格式输入/输出函数

3.3.1　格式输入函数

格式输入函数 scanf 是一个具有格式控制的输入函数，可以输入任何类型的数据，而且可以同时输入多个同类型或不同类型的数据，函数原型：

```
int scanf (char * format [,argument,]);
```

它的一般调用形式为：

```
scanf("格式控制字符串"，地址表);
```

格式控制字符串必须用英文状态的双引号括起来，它主要是由％和格式字符组成的，也可以包含普通字符。对于普通字符，要照原样输入。格式控制字符串的作用是将输入的数据转换为指定的格式后存入地址表所指向的变量中。scanf 格式字符如表 3.1 所示。

表 3.1　scanf 格式字符

格 式 字 符	说　　明
d	用来输入十进制整数
ld	用来输入十进制长整型数
o	用来输入八进制整数
x(X)	用来输入十六进制整数
i	用来输入十进制数、八进制数（0 开头）或十六进制数（0x 开头）
u	用来输入无符号十进制整数
c	用来输入单个字符
s	用来输入字符串，将字符串送到一个字符数组中
f(e)	用来输入实数，可以用小数形式或指数形式输入
g(G)	与 f 作用相同，e、f 和 g 可以互相替换
n	不输入数据，只将该语句已成功读入的字符数（到%n 止）送到对应的地址中
%	输入百分号（%）

读者刚学习 C 语言时，括号内的格式选项可先不考虑，这样问题就简单得多了。其实，常用的只有几个，如%d、%c、%s、%f 等。

地址列表是由若干个地址组成的列表，可以是变量的地址、字符串的首地址、指针变量等，各地址间以逗号（,）分隔。

格式输入函数执行结果是将按格式输入的数据，存入相对应的地址列表所指向的存储单元中。

在使用 scanf 函数时应注意以下几点。

（1）执行 scanf( )输入多个数据时，在格式控制字符串中除格式字符之外没有其他字符，则在两个数据之间允许以一个或多个空格隔开，也可以按回车键、跳格键（Tab 键）隔开（不能用逗号分隔）；若除格式字符之外还有其他字符，那么在输入数据时，这些字符也要照样输入。

例如，执行语句：

```
scanf("%d%d%d", &a, &b, &c);
```

则下面输入数据的方式都是正确的：

```
13  1  23
或: 13
    1
    23
```

对于语句：

```
scanf ("x=%d, y=%d, z=%d", &x, &y, &z);
```

以下输入是正确的：

```
x = 123, y = 456, z = 789
```

（2）可以指定 scanf( )函数输入数据所占的宽度，系统将自动按指定宽度来截取数据。

例如：

```
scanf("%3d%4d%3d", &x, &y, &z);
```

若输入为：1234567890，则系统将按顺序截取前 3 位即 123 赋给变量 x，从第 4 位起截取 4 位即 4567 赋给变量 y，将最后 3 位 890 赋给变量 z。

（3）格式字符 '%' 后面使用字符 '*' 时，表示该对应的数据被禁止使用，即跳过与它相应的输入数据。

例如：

```
scanf("%3d%*4d%3d", &x, &y, &z);
```

若输入为：

```
1234567890↙
```

它将 123 存入变量 x，4567 被跳过不赋给任何变量，将 890 赋给变量 y。

（4）用 scanf()输入实数，格式说明符为%f，但不能规定精度。例如：

```
scanf("%8.2f", &f);
```

是不合法的。

（5）格式字符必须在地址表中有一个变量与之对应，而且格式字符必须与相应变量的类型一致。如果输入时类型不一致，scanf()将停止处理，其返回值为零。例如：

```
int a, b;
char ch;
scanf("%d%c%d", &a, &ch, &b);
```

若输入为：

```
123 a 456 ↙
```

则系统将 123 赋给变量 a，空格作为字符赋给变量 ch，'a'作为整型数输入，为非法输入。在用%c 格式输入字符时，空格字符和转义字符都作为有效字符输入，这一点要特别引起注意。

scanf()函数中的地址列表部分应是变量的地址，而不是变量名。如果写成变量名，一般在编译阶段检查不出错误。程序执行时就会出现混乱。例如：

```
scanf("%d%d", a, b);
```

当程序运行到此，输入数据并按回车键后，将中断。

（6）在输入数据时，遇到下列情况将认为该数据输入结束。

① 遇空格，或者按下回车键、跳格键（Tab）。

② 遇宽度结束。

③ 遇非法输入。

数据输入隐含的错误不太容易查出，初学者要多加练习。

3.3.2　格式输出函数

格式输出函数 printf 函数可以用来输出任何类型的数据，而且可以同时输出多个同类型或不同类型的数据，还能进行格式控制。

函数原型：

```
int printf（char *format [,argument,…]）;
```

函数功能：按规定格式向输出设备（一般为显示器）输出数据，并返回实际输出的字符数；若出错，则返回负数。

它的一般调用形式为：

```
printf（"格式控制字符串",输出表）;
```

语句中"输出表"列出要输出的表达式（如常量、变量、表达式、函数返回值等），它可以是0 个、一个或多个，每个输出项之间用逗号分隔。输出的数据可以是整数、实数、字符和字符串。

"格式控制字符串"必须用英文状态的双引号括起来，它的作用是控制输出项的格式和输出一些提示信息。

【例 3.3】　格式输入/输出格式示例。

【源程序】

```
/*pro03_03.c*/
#include<stdio.h>
main( )
{
    int i, j=65;
    float f;
    scanf("%d%f", &i, &f);
    printf("i=%d, j=%c, f=%f\n", i, j, f);
}
```

若输入数据：

```
32  68.5↙
```

输出结果为：

```
i =32, j=A, f=68.500000
```

语句中的两个输出项 i，j 都是整型变量，但以不同的格式输出，一个输出整型数，另一个输出的是字符'A'，其格式分别由%d 与%c 控制。格式控制字符串中"i="，"j="，"f="及逗号都是普通字符，它将照原样输出。"%d"、"%c"与"%f"是格式控制符。"\n"是转义字符，它的作用是换行。

格式控制字符串由三部分组成：普通字符、转义字符、格式说明符。printf 格式字符如表 3.2 所示。

表 3.2　printf 格式字符

格 式 字 符	说　　　明
d	以带符号的十进制数形式输出整数（正数不输出正号（+））
ld	以带符号的十进制数形式输出长整型数（正数不输出正号（+））
o	以八进制无符号数形式输出整数（不输出前导符数字 0）
x（或 X）	以十六进制无符号数形式输出整数（不输出前导符 0x）
u	以无符号十进制数形式输出整数
c	输出一个字符
s	输出字符串
f	以小数形式输出单、双精度数，隐含输出 6 位小数
e（或 E）	以指数形式输出单、双精度数，尾数部分小数位数为 6 位
g（或 G）	由给定的值和精度自动选用%f 或%e 或%E 格式
%	输出百分号（%）

普通字符在输出时，按原样输出，主要用于输出提示信息。

转义字符指明特定的操作，如'\n'表示换行，'\t'表示制表字符，又称横向跳格字符等。

格式说明部分由"%"和"格式字符串"组成，即"%格式字符串"。它的作用是将要输出的数据转换为指定的格式后输出。

注意：格式字符均为英文字母。

格式说明与输出表中的输出项要按顺序一一对应，且输出项的数据类型要与格式说明符相容，否则会导致执行出错。

下面就常见的"格式控制字符串"的使用举例说明如下。

1．%d

%d 的含义是按十进制整型数据格式输出，数据长度为实际长度。例如：

```
printf ("%d",100);                    /*输出结果为：100 */
```

%md 中的 m 为指定的输出字段宽度。如果实际的数据的位数大于 m，则按实际的位数输出，否则输出时向右对齐，左端补以空格符。例如：

```
printf("%5d",100);              /*输出结果为：☐ ☐ 100 */
```

输出项占 5 个字符宽度，左边补空格符。

```
n=100;
printf("%8d\n%8d", n, n*100);
```

输出结果为：

```
☐ ☐ ☐ ☐ ☐ 100
☐ ☐ ☐ 10000
```

格式控制字符串"%8d\n%8d"的意义是：先输出一个整型数据，占 8 个字符宽，换行后，输出第二个整型数据，也占 8 个字符宽。

输出项为长整型数据时，格式控制要用%ld，即按长整型数据的实际位数，以十进制数形式输出整数，也可以指定数据输出宽度。

【例 3.4】　%d 示例。

【源程序】

```
/*pro03_04.c*/
#include<stdio.h>
main( )
{
    int i=65431;
    printf("i=%d\n", i);
}
```

程序执行后输出结果，在 VC++ 6.0 环境中为：i = 65431。

2．%o

格式控制字符%o 的意义是：按整型数据的实际长度，以八进制数形式输出整数。即将内存单元中的各二进制位的值按八进制数形式输出。例如：

```
int n = -1;
```

VC++ 6.0 中，-1 在内存中以补码形式存放，即二进制码为：

```
11111111111111111111111111111111
```

运行语句：

```
printf("%o", n);
```

输出结果为：

```
37777777777
```

可以看到，八进制数形式输出的整数是不带符号的，在使用时要特别注意。

3. %x

%x 表示按整型数据的实际长度,以十六进制无符号数形式输出整数,即将内存单元中的各二进制位的值按十六进制数形式输出。

【例 3.5】 %o 和 %x 示例。

【源程序】

```
/*pro03_05.c*/
#include<stdio.h>
main( )
{
    int i=-1;
    printf("%d, %o, %x\n", i, i, i);
}
```

输出为:

```
-1, 37777777777, ffffffff
```

4. %u

%u 表示以十进制数形式输出 unsigned 型数据。

【例 3.6】 %u 示例。

【源程序】

```
/*pro03_06.c*/
#include<stdio.h>
main( )
{
    int i=-1, j=-2;
    printf("%d, %o, %x, %u\n", i, i, i, i);
    printf("%d, %o, %x, %u\n", j, j, j, j);
}
```

该程序在 **VC++ 6.0** 中的运行结果为:

```
-1, 37777777777, ffffffff, 4294967295
-2, 37777777776, fffffffe, 4294967294
```

5. %mc

%mc 表示以字符形式输出一个字符,m 为指定输出的宽度,若 $m>1$,则输出时向右对齐,左端补以空格符。一个整型数,只要它的值在 0~255 范围内,就可以用字符形式输出,在输出前转换成相应的 ASCII 字符;反之,一个字符也可以用整数形式输出。例如:

```
printf("%4c",'A');
```

语句执行后输出结果为:

```
␣ ␣ ␣ A
```

若不指定输出宽度,输出字符就只占一个字符的位置。例如:

```
printf("%c",'A');
```

输出结果为:

```
A
```

6. %s

格式控制字符%s 控制输出一个字符串。例如：

```
printf("%s","Name:");
```

语句输出结果为：

```
Name:
```

%ms 表示当字符串长度大于指定的输出宽度 m 时，按字符串的实际长度输出；当字符串长度小于指定的输出宽度 m 时，字符串向右对齐，左端补以空格符。

%–ms 表示当字符串长度大于指定的输出宽度 m 时，按字符串的实际长度输出；当字符串长度小于指定的输出宽度 m 时，字符串向左对齐，右端补以空格符。例如：

```
printf ("%-10s","Name : ");
```

输出结果为：

```
Name : □ □ □ □ □
```

%m.ns 表示输出字符串占 m 个字符位置，但只输出字符串中开头的 n 个字符，且字符串靠右齐，在左端补空格符。例如：

```
printf ("%8.2s", "Name:");
```

输出结果为：

```
□ □ □ □ □ □ Na
```

%–m.ns 中的 m、n 的意义同上，n 个字符输出在 m 列范围的左侧，右端补空格符。如果 $n>m$，则 m 自动取 n 值，保证 n 个字符正常输出。如果只指定 n，没指定 m，则自动使 m 等于 n。

7. %f

%f 表示按小数形式输出十进制实数（包括单、双精度），实数的整数部分全部输出，并输出 6 位小数。应当注意，并非全部数字都是有效数字。另外，还要注意实数在内存中的存储是有误差的。

%m.nf 中的 m 表示输出的实型数据所占的总列数（包括小数点），其中有 n 位小数。如果实际数据的长度小于 m，则输出向右对齐，左端补以空格符。如果实际数据的长度大于 m，整数部分按实际数据输出（以保证输出数据的正确性）。小数部分都按 n 位输出。

【例 3.7】　格式输出函数示例。

【源程序】

```
/*pro03_07.c*/
#include<stdio.h>
main( )
{
    float f=123.321;
    double d=12345678.1254356;
    printf("f=%f\n", f);            //按标准输出
    printf("d=%f\n", d);            //按标准输出
    printf("f=%3.7f\n", f);         //实际数据位数>m, 小数部分<n
    printf("f=%10.2f\n", f);        //实际数据位数<m, 小数部分>n
    printf("f=%10.5f\n", f);        //实际数据位数<m, 小数部分<n
    printf("d=%19f\n", d);          //实际数据位数<m, 无 n
}
```

输出结果为：

```
f = 123.320999
d = 12345678.125436
f = 123.3209991
f = 123.32
f = 123.32100
d = 12345678.125436
```

%–m.nf 中 m、n 的意义同上。如果实际数据的长度小于 m，则输出向左对齐，右端补以空格符。将上述程序的后四行格式符改为%–m.nf，则输出结果为：

```
f = 123.320999
d = 12345678.125436
f = 123.3209991
f = 123.32
f = 123.32100
d = 12345678.125436
```

8. %e

以指数形式按标准宽度输出十进制实数。标准输出宽度共占 13 位，分别为：数据的整数部分为非零数字占 1 位，小数点 1 位，小数占 6 位，指数部分占 5 位（其中 e 占 1 位，指数符号占 1 位，指数占 3 位）。例如：

```
printf("%e",123.321);
```

输出结果为：

```
1.233210e+002
```

%m.ne 和%–m.ne 中的 m、n 和 – 字符的含义同上。控制输出实数至少占 m 位，n 为数据部分（又称尾数部分）的小数位数。如果没有指定 n，则自动使 n=6。如果没有指定 m，则自动使 m 等于数据应占的长度（即小数位数+2＋5）。如果$(n+2+5) < m$，则在左端补空格符，如果$(n+2+5) > m$，则按实际输出。

【例 3.8】　%e 示例。

【源程序】

```
/*pro03_08.c*/
#include<stdio.h>
main( )
{
    float e=123.321;
    double d=12345678.1254356;
    printf("e=%e\n", e);            //按标准输出
    printf("d=%e\n", d);            //按标准输出
    printf("e=%10e\n", e);          //6+2+5=13>m，按大的输出
    printf("e=%3.7e\n", e);         //小数位数 7+2+5=14>m，按大的输出
    printf("e=%10.2e\n", e);        //小数位数 2+2+5=9<m，按 m 输出，左补空格符
    printf("e=%10.5e\n", e);        //小数位数 5+2+5=12>m，按大的输出
    printf("e=%.5e\n", e);          //5+2+5=12，无 m，按 12 输出
    printf("d=%19e\n", d);          // m>13，无 n，按 m 输出，左补空格
    printf("d=%-19e\n", d);         // m>13，无 n，按 m 输出，右补空格
}
```

输出结果如下所示：

```
e = 1.233210e + 002
d = 1.234568e + 007
e = 1.233210e + 002
e = 1.2332100e + 002
e = 1.23e + 002
e = 1.23321e + 002
e = 1.23321e + 002
d = 1.234568e + 007
d = 1.234568e + 007
```

9. %g

用来输出实型数，它根据数值的大小，自动选 f 格式或 e 格式（选择输出时占宽度较小的一种），且不输出无意义的零。

【例 3.9】 %g 示例。

【源程序】

```
/*pro03_09.c*/
#include<stdio.h>
main( )
{
    float f=123.321;
    printf("%f, %e, %g, %7.3f\n", f, f, f, f);
}
```

输出结果为：

```
123.320999, 1.233210e+002, 123.321, 123.321
```

注意：第一个实数是由于在内存中的存储有误差而引起的。另外，不同系统的输出可能有差异，读者只要留心观察，就不难掌握。

3.4　MATLAB 的输入/输出

MATLAB 提供了功能强大的数据输入/输出功能，既可以输入/输出文本内容，也可以将数据以图像的形式输出。在命令提示符 ">>" 之下，输入变量名就可以将变量的内容输出在显示器上，通过对变量的赋值就可以简单地将数据输入给变量。当然，MATLAB 除了提供这种简易的输入/输出功能外，还有一些类似于 C 语言的输入/输出命令，以下简单介绍 MATLAB 中常用的输入/输出功能。

3.4.1　输入文本数据

在输入函数中，各函数对输入文本的数据定界说明如表 3.3 所示。

表 3.3　输入函数对数据的界定

函　数　名	数据界定	函　数　名	数据界定
csvread	仅逗号	dlmread	任何字符（可指定）
fscanf	任何字符	load	仅空格符
textread	任何字符	textscan	任何字符

textscan 和 textread 性能比较：前者有更好的性能，特别是读大文件时；使用前者首先要打

开文件，最后要关闭文件，可从文件任意位置读；前者只输出一个单元数组，不必给每个被读字段指定一个输出参数；前者有更多的数据转换选项和更多的用户设置选项。

【例 3.10】　输入数值示例。

```
>>?x=input('please input a number:')
```

运行结果为：

```
please input a number:22
x = 22
```

【例 3.11】　输入字符串示例。

```
>>?x=input('please input a string:','s')
```

运行结果为：

```
please input a string:this is a string
x = this is a string
>>fscanf(' %8.5f', area)          %注意输入格式前须有%符号
```

运行之后等待输入一个值。

【例 3.12】　格式化输入示例。

```
>>fscanf(' %8.5f', area)          %注意输入格式前须有%符号
```

运行之后等待输入一个值。

3.4.2　输出文本数据

在输出函数中，输出数据的格式说明如表 3.4 所示。

表 3.4　输出函数的格式说明

函　数　名	格　式　说　明	函　数　名	格　式　说　明
csvwrite	仅逗号	dlmwrite	任何字符（可指定）
fprintf	任何字符	diary	仅空格符
save	Tab 或空格符		

【例 3.13】　格式化输出示例。

```
>>fprintf('The area is %8.5f\n', area)          %注意输出格式前须有%符号，跳行符号须有\符号
```

运行结果为：

```
The area is 12.56637          %输出值为 8 位数含 5 位小数
```

3.4.3　低级文件输入/输出函数

低级文件输入/输出函数的使用类似于 C 语言中相应的函数，如表 3.5 所示，具体的使用方法将在第 10 章详细介绍。

表 3.5　低级文件输入/输出函数

函　数　名	意　　义	函　数　名	意　　义
fopen	打开文件	fread	读二进制数据
fwrite	写二进制数据	fseek	重新设置文件指针的位置
ftell	得到文件指针的位置	ferror	查询文件输入/输出时的错误
fgetl	从文件读一行文本，丢弃换行符	fgets	从文件读一行，保留换行符
fscanf	从 ASCII 文件读数据	fclose	关闭文件
fprintf	转换数据并将它们输出到文件或屏幕		

3.4.4　注释与标点

如同 C 语言中注释一行的内容用 "//" 一样，MATLAB 使用 "%" 实现注释功能。

【例 3.14】　注释示例。

【源程序】

```
>>total=10000    %总量
```

运行结果为：

```
total=
       10000
```

在这里，MATLAB 给变量 total 赋值为 10000，忽略百分号及其后面的文本。注释通常用于对文档进行注解。

也可以把多条命令放在同一行，中间用逗号或者分号分隔开。

【例 3.15】　逗号及分号运算符示例。

【源程序】

```
>>total=10000,base=2000;special=8000
```

运行结果为：

```
total=
       10000
special=
        8000
```

在这里，逗号表示显示结果，分号说明除了分号前的命令外，还有下一条命令等待输入，此时 MATLAB 将不会给出运行的中间结果，利用分号就可以滤除 MATLAB 运行过程中输出的中间结果。

当一个命令太长，不合适放在一行时，可以使用续行符 "…" 将多行程序连接成一行，注意不能将一个变量名分割到两行上。

【例 3.16】　续行符示例。

【源程序】

```
>>total=10000,items=100
>>average=total/...
items
```

运行结果为：

```
average=
        100
```

3.5　实　例　拓　展

工科学生在今后的工作中会经常遇到工程计算的问题，为了提高学习者的编程兴趣，本书以实例贯穿始终，逐步讲解怎样从最简单的程序开始，最终构筑一个能实际应用的软件。

在科学研究和工程应用中，往往需要进行大量的数学运算，其中包括矩阵运算、曲线拟合、数据分析等，市面上有一系列解决这些问题的商业软件，如 MATLAB、SAS 等。希望通过对这类大型软件中的某些功能的编程实现，让读者了解怎样通过编程，用 C/C++语言来实现这些功能，从而对它们的工作原理有更深入的理解。

在本书实例中，将提供诸如矩阵运算、多项式运算、曲线拟合、方程求解、数据分析等常见于工程计算中相关数学运算的 C/C++语言的编程实现。

由于篇幅的限制，本书中只编写了求和、求平均、矩阵运算、方程求解等几个常见的工程计算程序。据此，可以写出其控制菜单，为了方便实验，将该菜单写成程序的方式，在学习函数的概念后，将会把这个菜单改写成函数。在最后一章将把这些内容综合成为一个简单的工程计算用的小软件，并添加其他的一些常用的数值计算实例。通过这些实例，将观察到我们使用的一些大型计算软件是如何实现那些功能的。

菜单可以引导用户更好地使用软件，在本实例拓展中，首先从菜单的编写着手。下面是分别用 C 语言和 MATLAB 编写的菜单示例。

【例 3.17】 C 语言编写的菜单示例。

【源程序】

```
/*engine1.c*/
#include <stdio.h>
main( )
{
    int Choice=0;
    printf("请输入数字选择如下操作：\n ");
    printf("0退出\n");
    printf("1求和\n");
    printf("2求平均\n");
    printf("3求方差\n");
    printf("4矩阵运算\n ");
    printf("5方程求解\n ");
    scanf("%d", &Choice);
}
```

请将本程序命名为 engine1.c 并保存起来以备后用。

【例 3.18】 MATLAB 编写的菜单示例。

【源程序】

```
%engine1.m
fprintf("请输入数字选择如下操作：\n ");
fprintf("0退出\n");
fprintf("1求和\n");
fprintf("2求平均\n");
fprintf("3求方差\n");
fprintf("4矩阵运算\n ");
fprintf("5方程求解\n ");
fscanf("%d", &Choice);
```

请将本程序命名为 engine1.m 并保存起来以备后用，注意两者文件名后缀的区别。

3.6 小 结

1. 标准 C 语言的输入/输出函数 scanf( )和 printf( )是编程的基本操作工具。它们都要求类型说明符与后续的参数中的值相匹配。例如，把诸如%d 这样的整型说明符与一个浮点值相匹配会产生奇怪的结果，必须小心谨慎，以确保参数类型、个数相符。如果是 scanf( )，一定记得给变量名加上地址运算符前缀（&）。

2．空白字符（制表符、空格符和换行符）对于 scanf( )如何处理输入起着至关重要的作用。

3．MATLAB 一个重要的数据就是矩阵，掌握矩阵的相关概念非常重要。另外，在 MATLAB 中提供了大量的函数，特别是各类数学公式，这使得其在工程计算方面拥有得天独厚的优势。

习　题　3

1．编程实现：用字符输入/输出函数，输入 3 个字符，将它们反向输出。

2．编程实现：用格式输入/输出函数，输入 3 个字符，将它们反向输出并输出它们的 ASCII 值。

3．变量 k 为 float 类型，调用函数：

scanf("%d", &k);和 scanf("%f", k);

不能使变量 k 得到正确数值的原因是什么？

4．用 MATLAB 编程实现输入和输出 3 个字符。

第4章 选择结构程序设计

选择结构中，根据程序运行时不同的条件自动选择要执行的语句。C 语言中选择结构使用 if 语句和 switch 语句来实现。

4.1 if 语句

选择结构根据给定的条件表达式进行判断，以决定执行某个分支程序段。选择结构有 if 语句和 switch 语句。下面先介绍 if 语句的三种形式：单分支 if 语句、双分支 if-else 语句、多分支选择语句。

4.1.1 单分支 if 语句

一般格式：

```
if（表达式）
    语句;
```

说明：如果表达式的值为真（非 0），则执行语句；如果表达式的值为假（0），则不执行语句，执行过程如图 4.1 所示。

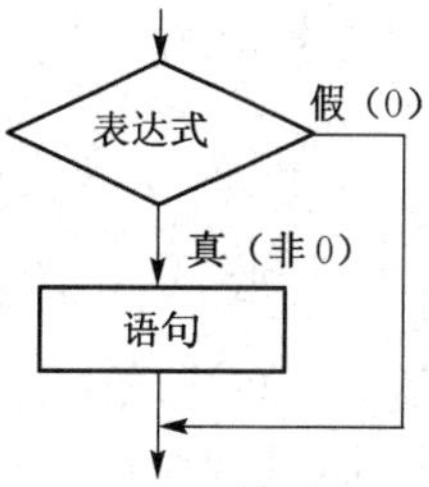

图 4.1 单分支 if 语句执行过程

【例 4.1】 输入学生成绩，成绩大于或等于 60 分输出"pass!"，否则不输出。

【源程序】

```c
/* pro04_01.c*/
#include<stdio.h>
main()
{    float    score;
     printf("input    score:\n");
     scanf("%f", &score);
     if (score>=60)
     printf("pass!\n");
}
```

4.1.2 双分支 if···else 语句

一般格式：

```
if(表达式)      语句1;
else            语句2;
```

说明：如果表达式的值为真（非 0），则执行语句 1；如果表达式的值为假（0），则执行语句 2，执行过程如图 4.2 所示。

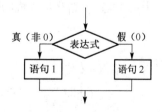

图 4.2 双分支 if···else 语句执行过程

【例 4.2】 输入学生成绩，若成绩大于或等于 60 分则输出"pass!"，否则输出"fail!"。

【源程序】

```
/* pro04_02.c*/
#include<stdio.h>
main( )
{  float   score;
   printf("input   score:\n");
   scanf("%f", &score);
   if (score>=60)
     printf("pass!\n");
   else
     printf("fail!\n");
}
```

4.1.3　多分支选择语句

一般格式：

```
if(表达式 1)   语句 1;
else    if(表达式 2)   语句 2;
        else
            …
            if(表达式 n)   语句 n;
            else          语句 n+1;
```

说明：首先求表达式 1 的值，如果值为真（非 0），则执行语句 1，后面语句不再执行，if 语句结束；否则再求表达式 2 的值，如果值为真（非 0），则执行语句 2，if 语句结束，……如果所有表达式的值都为假（0），则执行语句 n + 1，执行过程如图 4.3 所示。

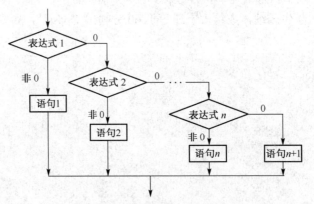

图 4.3　多分支选择语句执行过程

【例 4.3】　划分学生成绩等级，要求输入成绩 score，输出相应等级。

$$
等级=\begin{cases}
'A' & score>=90 \\
'B' & 90>score>=80 \\
'C' & 80>score>=70 \\
'D' & 70>score>=60 \\
'E' & score<60
\end{cases}
$$

【源程序】

```
/* pro04_03.c*/
#include<stdio.h>
```

```
main( )
{   float score;
    printf("input score:");
    scanf("%f", &score);
    if(score>=90)
            printf("A\n");
    else   if(score>=80)
                    printf("B\n");
            else   if(score>=70)
                            printf("C\n");
                    else   if(score>=60)
                                    printf("D\n");
                            else
                                    printf("E\n");
}
```

4.1.4 if 语句的嵌套

在三种 if 语句形式中，如果 if（表达式）或 else 后面的语句又包含一个或多个 if 语句，就称为 if 语句的嵌套。

if 语句的两层嵌套结构如下：

if（表达式 1）		
if（表达式 1_1）	语句 1_1;	} 内嵌的 if…else 语句
else	语句 1_2;	
else		
if（表达式 2_1）	语句 2_1;	} 内嵌的 if…else 语句
else	语句 2_2;	

说明：首先求表达式 1 的值，在表达式 1 的值为真（非 0）的前提下，继续求表达式 1_1 的值，若表达式 1_1 的值为真（非 0），则执行语句 1_1，否则执行语句 1_2；在表达式 1 的值为假（0）的前提下，继续求表达式 2_1 的值，若表达式 2_1 的值为真（非 0），则执行语句 2_1，否则执行语句 2_2。

【例 4.4】　计算分段函数。

$$y = \begin{cases} x+2 & x <= -10 \\ x-2 & 0 >= x > -10 \\ x*2 & 10 >= x > 0 \\ x/2 & x > 10 \end{cases}$$

【源程序】

```
/* pro04_04.c*/
#include<stdio.h>
main( )
{    int   x, y;
     printf("input x:");
     scanf("%d", &x);
     if(x<=0)
             if(x<=-10)
                     y=x+2;
             else
```

```
                    y=x–2;
        else
            if(x<=10)
                y=x*2;
            else
                y=x/2;
        printf("y=%d", y);
    }
```

注意：

（1）对于 if 语句后面的表达式，一般为逻辑表达式或关系表达式，实际上，表达式可以是任意的数据类型（整型、实型、字符型、指针型数据等）。例如：

```
if(1)    x=0;
if('d')  y=x+1;
if(2.4)  x=5;
```

这些都是合法的 if 语句。

（2）对于双分支 if…else 语句，else 子句不能单独使用，它必须和 if 子句配对使用。

（3）如果 if 或 else 后面包含多条语句，需要将这多条语句用"{ }"括起来构成复合语句。例如：

```
if(x>y)
    { x––; y––;}
else
    { x++; y++;}
```

（4）if 与 else 的配对原则：从最内层开始，else 总是与它上面相距最近且尚未配对的 if 配对。例如：

```
if (a==b)
    if(b==c) printf("a==b==c");
else printf("a!=b");
```

在这个程序段中，else 看起来像是与第一个 if 配对，实际上 else 是与第二个 if 配对的。

4.2 switch 语句

4.2.1 switch 语句简介

在解决实际问题中，常会遇到多个选择。例如，成绩等级的划分、银行存储期限的分类、员工工资的分类等问题。这些问题用 if 语句的嵌套结构处理固然可以，但如果分支较多，就会导致 if 语句嵌套层数增加，降低程序的可读性。C 语言提供了另一种用于多分支选择的 switch 语句，其一般格式：

```
switch(表达式)
{    case 常量表达式 1:  语句 1;
     case 常量表达式 2:  语句 2;
     …
     case 常量表达式 n:  语句 n;
     default          :  语句 n+1;
}
```

说明：计算表达式的值，并逐个与其后的常量表达式值比较，当表达式的值与某个常量表达式的值相等时，即执行其后的语句，然后不再进行判断，继续执行后面所有 case 后的语句。如果表达式的值与所有 case 后的常量表达式均不相同，则执行 default 后的语句。

【例 4.5】　编程实现：输入选项，输出季节。

【源程序】

```
/* pro04_05.c*/
#include<stdio.h>
main( )
{  int   x;
   scanf("%d", &x);
   switch (x)
     {   case 1:printf("Spring\n");
         case 2:printf("Summer\n");
         case 3:printf("Autumn\n");
         default:printf("Winter\n");
     }
}
```

在程序运行时输入 1，则输出结果为：

```
Spring
Summer
Autumn
Winter
```

说明：若输入 x 的值与表达式 case 1 后面的值相等，就执行其后面的语句，输出"Spring"，然后不再判断 x 的值是否与后面表达式的值相等，继续执行后面所有 case 后的语句，依次输出"Summer"、"Autumn"、"Winter"。

4.2.2　break 语句在 switch 中的应用

为了实现多分支,在执行了满足条件的语句后就应该使流程跳出 switch 结构,即停止 switch 语句的执行，break 语句可以达到这个目的。应用了 break 语句的 switch 多分支格式：

```
switch(表达式)
{  case 常量表达式 1:  语句 1; break;
   case 常量表达式 2:  语句 2; break;
   …
   case 常量表达式 n:  语句 n; break;
   default:    语句 n+1;
}
```

【例 4.6】　编程实现：加入 break 语句，输入选项，输出季节。

【源程序】

```
/* pro04_06.c*/
#include<stdio.h>
main( )
{  int   x;
   scanf("%d", &x);
   switch (x)
     {  case 1: printf("Spring\n");break;
        case 2: printf("Summer\n"); break;
```

```
        case 3: printf("Autumn\n");break;
        default: printf("Winter\n");
    }
}
```

在程序运行时输入 1，输出 Spring；输入 2，输出 Summer；输入 3，输入 Autumn；当输入值不等于 1、2、3 中任意值时，输出 Winter。

【例 4.7】　输入两个整数和一个四则运算符，要求输出计算结果。

【源程序】

```
/* pro04_07.c*/
#include<stdio.h>
void main( )
{
    int num1, num2;
    char    sign;
    printf("input expression: \n");
    scanf("%d%c%d", &num1, &sign, &num2);
    switch(sign)
    {
      case '+': printf("%d\n", num1+num2); break;
      case '−': printf("%d\n", num1−num2); break;
      case '*': printf("%d\n", num1*num2); break;
      case '/': printf("%d\n", num1/num2); break;
      default: printf("input error\n");
    }
}
```

注意：

（1）case 后的各常量表达式的值必须各不相同，且必须是整型或字符型；

（2）case 后允许有多个语句，可以不用{}括起来；

（3）case 子句出现的次序不会影响运行结果；

（4）如果多种情况需公用一组执行语句，可用 case 的常量表达式将多种情况列出，在最后一种情况之后安排需要执行的语句。例如：

```
switch (grade)
{    case 9:
     case 8: printf("Good!\n"); break;
     case 7:
     case 6: printf("Pass!\n"); break;
     default: printf("Fail!\n");
}
```

grade 的值为 9 或 8 时，输出 Good!；grade 的值为 7 或 6 时，输出 Pass!；grade 的值不是 9、8、7、6 中的任何一个时，输出 Fail!。

4.3　综 合 实 例

【例 4.8】　键盘上输入 3 个数 a, b, c，要求按从大到小顺序输出。

分析： 首先对 a, b, c 三个数进行两两比较，求出最大的数存入 a，然后对剩余的两个数进行比较，求出次大的数存入 b 中，最后按顺序输出 a, b, c 即可。

【源程序】

```
/* pro04_08.c*/
#include<stdio.h>
main( )
{   int   a, b, c, t=0;
    scanf("%d%d%d", &a, &b, &c);
    if(a<b){ t=a; a=b; b=t;}              /*交换 a, b 变量的值*/
    if(a<c){ t=a; a=c; c=t;}              /*交换 a, c 变量的值*/
    if(b<c){ t=b; b=c; c=t;}              /*交换 b, c 变量的值*/
    printf("%8d%8d%8d\n", a, b, c);
}
```

【例 4.9】　编写程序，求解方程 $ax^2 + bx + c = 0$ 的实根。

分析：根据方程三个系数 a, b, c 之间的关系，方程的解有以下几种可能：

① $a = 0$，不是二次方程；

② $b^2 - 4ac = 0$，有两个相等实根；

③ $b^2 - 4ac > 0$，有两个不等实根；

④ $b^2 - 4ac < 0$，没有实根。

【源程序】

```
/* pro04_09.c*/
#include<stdio.h>
#include<math.h>
main( )
{   float   a, b, c, x1, x2, s;
    printf("input a, b, c\n");
    scanf("%f%f%f", &a, &b, &c);
    if(fabs(a)<1e-6)                          /*a==0*/
    printf("The equation is not a quadratic\n");
    else
    {   s=b*b-4*a*c;                          /*先求判别式 b²-4ac 的值*/
        if(s<0)
          printf("The equation has not real roots\n");
        else
        { if(fabs(s)<1e-6)                    /*s==0*/
          printf("The equation has two equal roots: %10.4f\n", -b/(2*a));
        else
        {   x1=(-b+sqrt(s))/(2*a);            /*第一个实根 x1*/
            x2=(-b-sqrt(s))/(2*a);            /*第二个实根 x2*/
            printf("The equation has two different real roots: %10.4f%10.4f\n", x1, x2);
        }
      }
    }
}
```

4.4　MATLAB 选择结构

与 C 语言类似，MATLAB 也有用于分支的控制语句，包括 if…else…endif 结构、switch…case 结构、try…catch。

4.4.1　if···else···endif 结构

语句格式：

　　if(表达式) 语句组 A，end

　　if(表达式 1) 语句组 A，else 语句组 B，end

　　if(表达式 1) 语句组 A，elseif　　(表达式 2) 语句组 B，else 语句组 C，end

【例 4.10】　输入数 n，判断奇偶性。

【源程序】

```
% pro04_10.m
n=input( 'n='),           %输入一个数到 n 中
  if   rem(n, 2)==0        %如果能被 2 整除
      a='even',           %则 a 置为偶数（'even'）
else                       %否则
      a='odd',            %置为奇数（'odd'）；如果用户没有输入数就回车，程序会判断为 odd
  end
```

【例 4.11】　将例 4.10 中用户没有输入数就回车，程序会判断为 odd，修改为用户无输入时程序自动中止。

【源程序】

```
% pro04_11.m
n=input( 'n='),           %输入一个数到 n 中
if   isempty(n)==1         %如果没有输入数到 n 中
      a='empty',          %则 a 置为空（'empty'）
elseif   rem(n,2)==0       %如果能被 2 整除
          a='even',        %则 a 置为偶数（'even'）
else                       %否则
      a='odd',            %置为奇数（'odd'）
  end
```

4.4.2　switch···case 结构

Switch 语句和 if 语句类似。Switch 语句根据变量或表达式的取之不同，分别执行不同的命令，其基本语句格式为：

　　switch　表达式（标量或字符串）

　　case 值 1

　　　　语句组 A

　　case 值 2

　　　　语句组 B

　　　　……

　　otherwise

　　　　语句组 N

　　end

当表达式的值（或字符串）与某 case 语句中的值（或字符串）相同时，它就执行该 case 语句后的语句组，然后跳到终点的 end。case 语句可以有 $N-1$ 个，如果没有任何一个 case 值能与表达式值相符，则执行 otherwise 后面的语句组 N。

【例 4.12】　　输入正数 n，判断奇、偶、空三种情况。

【源程序】

```
% pro04_12.m
n=input( 'n='),              %输入一个数到 n 中
switch    mod(n,2),          %该函数只能用于正数取余数
case 1,                      %为奇数则 a 置为'奇'
    a='奇',
case 0,                      %为奇数则 a 置为'偶'
    a='偶',
otherwise,                   %否则 a 置为'空'
    a='空',
    end
```

【例 4.13】　　输入负数 n，判断奇、偶、空三种情况。

【源程序】

```
% pro04_13.m
n=input( 'n='),              %输入一个数到 n 中
switch    rem(n,2),          %该函数用于负数取余数
case 1,                      %为奇数则 a 置为'奇'
    a='奇',
case 0,                      %为奇数则 a 置为'偶'
    a='偶',
otherwise,                   %否则 a 置为'空'
    a='空',
end
```

有兴趣的读者可以将例 4.12 和例 4.13 用条件语句合并成一个能同时处理正数和负数的程序。

4.4.3　try…catch 结构

作为异常处理结构，try…catch 的调用格式如下：

```
try
    {命令组 A}        %命令组 A 总是被执行，若正确，则跳出此结构
Catch
    {命令组 B}        %仅当命令组 A 出现错误时，命令组 2 才被执行
```

可以调用 lasterr 函数查询错误原因，如果函数 lasterr 的运行结果为 个空串，则表示命令组 A 被成功执行。当执行命令组 B 时又出现错误，MATLAB 将终止该结构。

【例 4.14】　　对一个 3*3 矩阵取第 i 行，当 i 大于 3 的时候，用出错处理语句将该矩阵的最后一行输出。

【源程序】

```
% pro04_14.m
n=input('请输入行号： '),       %行号 n 取为 4
A=pascal(3)                    %建立一个 3*3 的矩阵 A
try
    A_n=A(n,:),                %取 A 的第 n 行元素
catch
    A_end=A(end,:),           %如果 A(n,:)出错，则改取 A 的最后一行
end
lasterr                        %显示出错原因
```

运行结果：

```
请输入行号：1
n =
     1
A =
     1     1     1
     1     2     3
     1     3     6
A_n =
     1     1     1
ans =
Error: Unbalanced or unexpected parenthesis or bracket.
请输入行号：4
n =
     4
A =
     1     1     1
     1     2     3
     1     3     6
A_end =
     1     3     6
ans =
Attempted to access A(4,:); index out of bounds because size(A)=[3,3].
```

4.5　实例拓展

在第 3 章的实例拓展中，只是简单地显示了菜单内容，并将用户通过键盘输入的值存入变量 Choice 中，并没有判断 Choice 中的值是否合法，也没有根据它的值执行相关的功能。本章的实例拓展，将健全该功能。

4.5.1　C 语言菜单选择实例

【例 4.15】　在本例中，用 C 语言编程实现：判断通过键盘输入的选择是否在菜单提供的操作范围之内，也就是 Choice 中的内容是否介于 1～5 之间，并且增加一个 "0" 选项，以提供退出程序的选择。

【源程序】

```c
/* engine1.c*/
#include <stdio.h>
main( )
{
    int Choice=0;
    printf("请输入数字选择如下操作: \n ");
    printf("0退出\n");
    printf("1求和\n");
    printf("2求平均\n ");
    printf("3求方差\n ");
    printf("4矩阵运算\n ");
    printf("5方程求解\n ");
    scanf("%d", &Choice);
```

```
        if(Choice<0 || Choice>5)
        {
            printf ("您的选择超出范围了，请重新选择！ ");
            return 0;
        }
        else
        {
            switch(Choice)
            {
                case 0: printf("您选择了退出本程序\n");   exit( );
                case 1: printf("您选择了求和\n");    break;
                case 2: printf("您选择了求平均\n");    break;
                case 3: printf("您选择了求方差\n");    break;
                case 4: printf("您选择了矩阵运算\n");   break;
                case 5: printf("您选择了方程求解\n");   break;
            }
        }
    }
```

请将本程序命名为 engine1.c 并保存起来以备后用。

4.5.2　MATLAB 菜单选择实例

【例 4.16】　　用 MATLAB 也来设计一个简单的菜单，实现例 4.15 中的功能。
【源程序】

```
% engine2.m
    fprintf('请输入数字选择如下操作：\n');
    fprintf('0.退出\n');
    fprintf('1.求和\n');
    fprintf('2.求平均\n');
    fprintf('3.求方差\n');
    fprintf('4.矩阵运算\n');
    fprintf('5.方程求解\n ');
    Choice=input( ' Your choice :');
    if Choice<0 | Choice>5
        fprintf ('您的选择超出范围了，请重新选择！ ');
    else
        switch   Choice
            case 0,
                    fprintf('您选择了退出本程序\n');
            case 1,
                    fprintf('您选择了求和\n');
            case 2,
                    fprintf('您选择了求平均\n');
            case 3,
                    fprintf('您选择了求方差\n');
            case 4,
                    fprintf('您选择了矩阵运算\n');
            case 5,
                    fprintf('您选择了方程求解\n');
        end
    end
```

请将本程序命名为 engine2.m 并保存起来以备后用。

注意比较两个实例之间的区别。

4.6　小　　结

1．C 语言中实现选择结构的两种语句：if 语句和 switch 语句。if 语句有三种形式：单分支 if 语句、双分支 if…else 语句、多分支选择语句。

2．在 if 语句的嵌套使用中，要特别注意 if 和 else 的匹配原则：从最内层开始，else 总是与它上面相距最近且尚未配对的 if 配对。

3．对于 if 语句嵌套层数过多的情况，为提高程序的可读性，通常使用 switch 语句来实现多分支选择，为了在多种选择中选取一种结果，要注意 break 语句在 switch 语句中的应用。

4．MATLAB 与 C 语言在编程方面，各种控制语句在形式上有一定的相似性，要注意区分两者。

习　题　4

一、选择题

1．设 int　x,a,b;以下能正确判断 a 和 b 是否相等的 if 语句是（　　　）。

  A．if (a=b) x++;　　　　　　　　　　　　B．if (a=<b) x++;

  C．if (a!=b) x++;　　　　　　　　　　　　D．if (a= =b) x++;

2．以下不正确的 if 语句是（　　　）。

  A．if(x>y) printf("%d\n",x);

  B．if (x=y)&&(x!=0)　x+=y;

  C．if(x!=y) scanf("%d",&x);else scanf("%d",&y);

  D．if(x<y) {x++;y++;}

3．　若要求在 if 后一对圆括号中表示 a 不等于 0 的关系，则能正确表示这一关系的表达式为（　　　）。

  A．a<>0　　　　　　　　　B．!a　　　　　　　　C．a=0　　　　　　　　D．a

4．判断字符型变量 ch 为大写字母的表达式为（　　　）。

  A．if('A'<=ch<='Z')　　　　　　　　　　B．if((ch>='A')&(ch<='Z'))

  C．if((ch>='A')&&(ch<='Z'))　　　　　　D．if((ch>='A')||(ch<='Z'))

5．有以下程序：

```
#include <stdio.h>
main( )
{   int a=2,b=1,c=2;
    if(a-b<0)
    c++;
    printf("c=%d\n",c);
}
```

程序的输出结果是（　　　）。

  A．c=2　　　　　　　B．c=3　　　　　　　C．c=4　　　　　　　D．c=1

6．设有定义：int　a=4, b=5, c=6;以下语句中执行效果与其他三个不同的是（　　　）。

A．if(a>b)c=a,a=b,b=c;　　　　　　　　B．if(a>b){c=a,a=b,b=c;}

C．if(a>b)c=a;a=b;b=c;　　　　　　　　D．if(a>b){c=a;a=b;b=c;}

7．有以下程序

```
#include <stdio.h>
main( )
{   int   x;
    scanf("%d",&x);
    if(x>15) printf("%d,",x-5);
    if(x>10) printf("%d,",x);
    if(x>5) printf("%d",x+5);
}
```

若程序运行时从键盘输入 12，然后回车，则输出结果为（　　）。

A．7,12,17　　　　　B．12,17　　　　　　C．12,　　　　　　D．17

8．有以下程序，则输出结果是（　　）。

```
#include <stdio.h>
main( )
{   int   a=1, b=1, c=2;
    if( (a++||b++)&&c++)
    printf("%d,%d,%d",a,b,c);
}
```

A．1,1,2　　　　　　B．2,2,1　　　　　　C．2,1,2　　　　　D．2,1,3

9．有以下程序

```
#include <stdio.h>
main( )
{   int n;
    scanf("%d",&n);
    if(n<5)printf("%x\n",n);
    else   printf("%x\n",--n);
}
```

运行时从键盘输入 9，则输出结果是（　　）。

A．11　　　　　　　B．10　　　　　　　　C．9　　　　　　　D．8

10．有以下程序

```
#include <stdio.h>
main( )
{   int a=1, b=1, c=1;
    if (a==b+c)   printf("###\n");
    else          printf("***\n");
}
```

执行后输出结果为（　　）。

A．***　　　　　　　　　　　　　　　　B．###

C．有语法错误不能通过编译　　　　　　　D．无输出

11．有以下程序

```
#include <stdio.h>
main( )
{   int   a=4, m=2;
```

```
if(m++>2) printf("%d",a+2);
    else printf("%d", m+2);
}
```

执行后输出结果是（　　）。

  A. 5   B. 6   C. 3   D. 4

12. 有以下程序

```
#include <stdio.h>
main( )
{   int x=2,y=1, z=5;
    if(x<y)
        if(y<0) z=0;
        else z+=1;
    printf("%d\n", z);
}
```

执行后输出结果是（　　）。

  A. 3   B. 2   C. 5   D. 0

13. 有以下程序

```
#include   <stdio.h>
main( )
{   int   x=l, y=2, z=3;
    if(x<y) printf("%d,", x+4);
    if(y<z) printf("%d,", y+2);
    else    printf("%d,", z−1);
}
```

执行后的运行结果是（　　）。

  A. 5,4   B. 5,2   C. 4,2   D. 1,4

14. C 语言规定：else 子句总是与（　　）配对。

  A. 位置相同的 if   B. 与其最近的尚未配对的 if

  C. 其后最近的 if   D. 第一个 if

15. 设有 int a=3,x=4,y=5,则下列语句中，输出结果与其他语句不同的是（　　）。

  A. if(a)　printf("%d", x);   else printf("%d", y);

  B. if(a!=0)printf("%d", x);   else printf("%d", y);

  C. if(a==0)printf("%d", x);   else printf("%d", y);

  D. if(!a) printf("%d", y);   else printf("%d", x);

16. 有以下程序

```
#include <stdio.h>
main( )
{   int x=1,y=0;
    if(!x) y++;
    else   if (x) y+=2;
            else y+=3;
    printf("%d\n",y);
}
```

程序执行后的输出结果是（　　）。

　A．3　　　　　　　B．2　　　　　　　C．1　　　　　　　D．0

17. 有以下程序

```
switch(grade)
{   case  'A': printf("90~100");
    case  'B': printf("80~90");
    case  'C': printf("70~80");
    case  'D': printf("60~70");
    default: printf("Fail!");
}
```

若 grade 的值为'C'，则输出结果是（　　）。

　A．70~80

　B．70~8060~70

　C．70~8060~70Fail!

　D．Fail!

18. 以下关于 switch 语句的叙述中，错误的是（　　）。

　A．switch 语句允许嵌套使用

　B．语句中必须有 default 部分，才能构成完整的 switch 语句

　C．语句中各 case 与后面的常量表达式之间必须有空格

　D．只有与 break 语句结合使用，switch 语句才能实现程序的选择控制

19. 若有以下定义：

```
float x;    int a, b, c=2;
```

且 a, b, x 都有合理的值，则正确的 switch 语句是（　　）。

　A．switch(x)

　　{case 1.0: printf("*\n");

　　 case 2.0: printf("**\n");

　　}

　B．switch((int)x)

　　{case 1: printf("*\n");

　　 case 2: printf("**\n");

　　}

　C．switch(a+b)

　　{case 1: printf("*\n");

　　 case (int)x: printf("**\n");

　　}

　D．switch(a+b)

　　{case 1: printf("*\n");

　　 case c: printf("**\n");

　　}

20. 以下程序运行后的输出结果是（　　）。

```
#include <stdio.h>
   main( )
{  int x=1,a=0,b=0;
   switch(x)
   {   case 0: b++;
       case 1: a++; break;
       case 2: a++;b++;
   }
   printf("%d,%d\n",a,b);
}
```

　A．2,1　　　　　　　B．1,1　　　　　　　C．1,0　　　　　　　D．2,2

二、写出下列程序的运行结果

1. 若从键盘上输入 3 和 4，则程序执行后的运行结果是_____。

```
#include<stdio.h>
main( )
{    int x,y,z;
     scanf("%d%d",&x,&y);
     if(x<y)
     z=x*y,z=z*x;
     printf("z=%d\n",z);
}
```

2. 阅读下列程序，写出运行结果_____。

```
#include <stdio.h>
main( )
{    int x=10,y=20,t=0;
     if(x==y)t=x;x=y;y=t;
     printf("%d %d\n",x,y);
}
```

3. 阅读下列程序，写出运行结果_____。

```
#include <stdio.h>
main ( )
{    int x=1, y=10;
     if(x!=2)   y=y+2;
     else    y=y*2;
     printf("%d\n", y);
}
```

4. 若从键盘上输入 48，然后按回车键，则程序执行后的运行结果是_____。

```
#include<stdio.h>
main( )
{    int x;
     scanf("%d",&x);
     if(x>50) printf("%d,",x);
     if(x>40) printf("%d,",x);
     if(x>30) printf("%d,",x);
}
```

5. 阅读下列程序，写出运行结果_____。

```
#include <stdio.h>
main ( )
{    int i=10;
     switch(i)
     {    case 9: i+=1;
          case 10: i+=1;
          case 11: i+=1;
          default: i+=1;
     }
     printf("%d\n", i);
}
```

6. 阅读下列程序，写出运行结果_____。

```
#include <stdio.h>
main ( )
```

```
{    int    a=1, b=0;
     switch(a)
     {    case    1:
          switch (b)
          {    case    0: printf("0"); break;
               case    1: printf ("1"); break;
          }
               case    2: printf("2"); break;
     }
}
```

三、编程题

1．输入 4 个整数 a, b, c, d，编写程序，将它们按从大到小顺序输出。

2．根据所输入的 3 条边长值，判断它们能否构成三角形，若能构成，再判断是等腰三角形、直角三角形还是一般三角形？

3．输入一个整数，如果能被 3，4，5 同时整除，则输出"YES"，否则输出"NO"。

4．输入年号，判断是否为闰年。判别闰年的条件是：能被 4 整除但不能被 100 整除，或者能被 400 整除。

5．编写程序。根据以下函数关系，对输入的每个 x 值进行计算，并输出相应的 y 值。

x	y
$x > 10$	$3x + 10$
$1 < x \leq 10$	$x(x + 2)$
$x \leq 1$	$x^2 - 3x + 10$

第 5 章 循环结构程序设计

在实际应用中，许多问题的解决需要重复执行某些语句序列，即形成循环，如求某个班级学生的总成绩等。计算机具有能快速、自动执行程序的特点，非常适合进行循环控制。C 语言中常用的 3 种循环结构语句是 while 语句、do…while 语句、for 语句。

5.1 while 语句

一般格式：

> while（表达式）
> 　循环体语句;

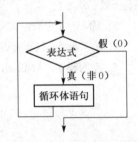

图 5.1　while 语句执行过程

说明：计算表达式，如果表达式的值非 0，就执行循环体语句，然后再计算表达式的值，由表达式的值决定是否再次执行循环体语句，如此反复，直到表达式的值为 0 时退出循环，语句结束。while 语句执行过程如图 5.1 所示。

【例 5.1】　输入某班学生成绩，求全班平均成绩。

分析：一个班有多少人并不知道，无法将人数作为是否执行循环体的判断条件，考虑到成绩没有负数，可以把输入的成绩是否大于或等于 0 作为循环条件。

解题步骤描述如下：

（1）输入一个成绩，存入 score;

（2）判断 score 的值，当 score≥0 时，做下列工作：

　　（2-1）累计总分;

　　（2-2）人数加 1;

　　（2-3）输入下一个成绩，存入 score;

（3）重复第（2）步，直到 score＜0 为止;

（4）用总分除以人数，求出平均分。

【源程序】

```
/* pro05_01.c*/
#include<stdio.h>
main( )
{  float    score, sum=0, ave=0;
   int count=0;
   scanf("%f", &score);
   while(score>=0)
   {  sum=sum+score;
      count++;
      scanf("%f", &score);
   }
      if(count!=0) ave=sum/count;
```

```
        printf("ave=%.2f\n", ave);
    }
```

【例5.2】　编写程序，判断一个数是否为素数。

分析：素数即质数（只能被 1 和本身整除的数）。判断一个数是否为素数可以应用数学上已被证明的定理："如果数 m 不能被 2 到 $m-1$ 之间的任何一个数整除，则 m 为素数。"

【源程序】

```
/* pro05_02.c*/
#include<stdio.h>
main( )
{    int m, i=2;
     scanf("%d", &m);
     while(m%i!=0&&i<=m-1)
       i++;
     if(i==m)
       printf("%d is prime\n", m);
     else
       printf("%d isn't prime\n", m);
}
```

5.2　do…while 语句

一般格式：

```
    do
       循环体语句;
    while（表达式）;
```

说明：先执行一次循环体语句，然后计算表达式，如果表达式的值非 0，则重复执行一次循环体语句，直到表达式的值为 0 时退出循环，语句结束。do…while 语句的特点是先执行循环体语句，再判断表达式的值。do…while 语句执行过程如图5.2所示。

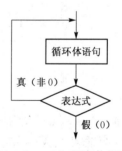

图 5.2　do…while 语句执行过程

【例5.3】　用 do…while 语句编写程序实现例 5.1 的功能。
【源程序】

```
/* pro05_03.c*/
#include<stdio.h>
main( )
{   float score, sum=0, ave=0;
    int count=0;
    scanf("%f", &score);
    if(score>=0)
      do
      { sum=sum+score;
        count++;
        scanf("%f", &score);
      } while(score>=0);
    if(count!=0)    ave=sum/count;
    printf("ave=%.2f\n", ave);
}
```

注意：

（1）while 语句中的表达式通常是关系表达式或逻辑表达式，实际上表达式的值可以为任意数值类型；

（2）循环体中必须要有能使循环结束的语句，如果无此语句则形成无限循环；

（3）while 语句先判断表达式再决定是否执行循环体语句，如果表达式的值一开始就为 0，则循环体语句一次都不执行；do…while 语句先执行循环体语句，再判断表达式的值，因此 do…while 语句的循环体语句至少要被执行一次；

（4）循环体如果包含一条以上的语句，则需用"{ }"括起来组成复合语句。

【例 5.4】 根据公式 $s=1+1/(1+2)+1/(1+2+3)+1/(1+2+3+4)+\cdots+1/(1+2+3\cdots+n)$，计算 s 的值。

【源程序】

```
/*pro05_04.c*/
#include<stdio.h>
main( )
{    int   n,k,t=0;
     double   s=0.0;
     printf("\n please enter n:");
     scanf("%d",&n);
     k=1;
do
{    t=t+k;
     s=s+1.0/t;
     k++;
}while(k<=n);
     printf("\nThe result is %lf\n",s);
}
```

5.3　for 语句

for 语句是 C 语言中最具特色、用途最广的循环语句，不仅适用于循环次数确定的情况，还适用于循环次数不确定而只给出循环结束条件的情况。for 语句使用灵活方便，是经常使用的循环语句。

一般格式：

for（表达式 1;表达式 2;表达式 3）
　　循环体语句;

说明：首先求表达式 1 的值，然后求表达式 2 的值，如果表达式 2 的值为真（非 0），则执行循环体语句，接着求表达式 3 的值，然后再求表达式 2 的值，如此反复，直到表达式 2 的值为假（0）时退出循环。

表达式 1 为初值表达式，用于在循环开始前为循环变量设置初始值，在整个循环中，只被执行一次；表达式 2 为循环控制逻辑表达式，用于控制循环执行的条件；表达式 3 用于修改循环变量的值。for 语句执行过程如图 5.3 所示。

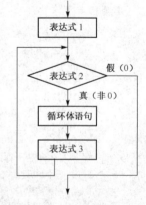

图 5.3　for 语句执行过程

【例 5.5】 输入 n 值，求 $n!$。

分析：$n!=n\times(n-1)\times(n-2)\times\cdots\times2\times1$，从键盘上输入 n 值后，将变量 fac 的值初始为 1，先求 fac*1 的值并存入 fac 中，再求 fac*2 的值并存入 fac，……一直到求 fac*n 的值并存入 fac 为止。

【源程序】

```
/* pro05_05.c*/
#include<stdio.h>
main( )
{    int  i, n;
     long   fac;
     scanf("%d", &n);                    /*输入整数 n*/
     fac=1;
     for(i=1; i<=n; i++)
          fac=fac*i;                     /*循环体语句，共执行 n 次*/
     printf("\n%d!=%ld\n", n, fac);
}
```

运行程序，输入 10，输出结果：

```
10! = 3628800
```

以下是两点说明。

（1）表达式的省略。如果在 for 语句之前给循环变量赋了初值，则表达式 1 可以省略，但其后的分号不能省略。例 5.5 可修改为：

```
i=1;
for(; i<=n; i++)
    fac=fac*i;
```

如果省略表达式 3，则应在循环体语句中修改循环控制变量的值。例 5.5 可修改为：

```
for(i=1; i<=n;)
    { fac=fac*i;
      i ++;
    }
```

如果表达式 1 和表达式 3 都省略，for 语句就等价于 while 语句，例如：

```
i=1;                        i=1;
for(   ; i<=n;)             while (i<=n)
{ fac=fac*i;                {fac=fac*i;
  i ++;                       i ++;
}                          }
```

如果 3 个表达式都省略，例如：

```
for( ; ;)
```

则循环体中的语句会无限次循环，即死循环。

（2）逗号表达式在 for 语句中的应用。for 语句中的表达式 1 和表达式 3 都可以使用逗号表达式，特别是在两个循环变量控制循环的情况下。例如，求 $1+2+3+\cdots+99+100$ 的程序段如下：

```
int   i, j, sum=0;
for(i=1, j=100; i<=j; i++, j--)
sum=sum+i+j;
```

【例 5.6】　输入一个整数 n，计算 n（包括 n）以内能被 5 或 7 整除的所有自然数的倒数之和并输出。

分析：依次求出能被 5 或 7 整除的每一个自然数，对求出的每一个自然数的倒数进行累加求和。

【源程序】

```
/*pro05_06.c*/
#include <stdio.h>
main( )
{    int   i,n;
     double   sum=0.0;
     printf("\nInput n: ");
     scanf("%d",&n);
     for(i=1;i<=n;i++)
        if(i%5==0||i%7==0)
     sum=sum+1.0/i;
     printf("sum=%lf\n",sum);
}
```

5.4 循环结构的嵌套

在循环体语句中又包含另一个完整的循环结构的形式，称为循环结构的嵌套。嵌套在循环体内的循环体称为内循环，嵌套在循环体外的循环体称为外循环。如果内循环中又有嵌套的循环语句，则构成多重循环。while、do…while、for 循环结构既可以自身嵌套又可以相互嵌套。

【例 5.7】　编写程序输出如下图形。

```
    *
    * *
    * * *
    * * * *
    * * * * *
```

分析：图形共 5 行，每一行要输出"*"的个数正好与行号相同，可以用二重循环来实现。外循环控制行的变化，内循环控制每一行中"*"的个数。

【源程序】

```
/* pro05_07.c*/
#include<stdio.h>
main( )
{  int   i, j;
   for(i=1; i<=5; i++)
     {   for(j=1; j<=i; j++)
           printf("*");
           printf("\n");
     }
}
```

【例 5.8】　编写程序求 100～1000 之间素数的个数。

分析：在例 5.2 中已经知道判断一个数是否为素用了一层循环，现在要求 100～1000 之间素数的个数，只需对 100～1000 之间的每一个整数都进行是否为素数的判断即可，这也是个循环的过程，因此需要二重循环来实现。

【源程序】

```
/* pro05_08.c*/
#include<stdio.h>
main( )
{    int m, i, k, count=0;
     for(m=101; m<1000; m+=2)
     {
       i=2;
       while(m%i!=0&&i<=m-1)
         i++;
       if(i==m)
          count++;
     }
     printf("The prime number is  %d\n", count);
}
```

5.5　break 语句和 continue 语句在循环结构中的应用

1. break 语句

一般格式：

```
break;
```

break 语句是限定转向语句。break 语句常在 switch 语句和循环结构中出现。在循环结构中通常与 if 语句一起使用，一旦条件满足就使程序立即退出循环结构，转而执行该循环结构后面的语句。

【例 5.9】　编写程序从键盘上连续输入数据，如果是正数，则累加；如果是负数，则程序结束。

【源程序】

```
/* pro05_09.c*/
#include<stdio.h>
main( )
{  int x;
   long sum=0;
   for(; ; )
   { scanf("%d", &x);
     if(x>=0) sum+=x;
     else break;
   }
   printf("sum=%ld\n", sum);
}
```

2. continue 语句

一般格式：

```
continue;
```

continue 语句被称为继续语句。continue 语句通常也和 if 语句一起使用，一旦条件成立，就跳过循环体中 continue 语句之后的语句段，提前结束本次循环体的执行，接着进行下一次循环条件的判断。

【例 5.10】　编写程序输出 100～200 之间能被 7 整除的数。

【源程序】

```
/* pro05_10.c*/
#include<stdio.h>
main( )
{   int   n;
    for(n=100; n<=200; n++)
    { if(n%7!=0)
        continue;
        printf("%5d", n);
    }
    printf("\n");
}
```

运行结果：

```
105   112   119   126   133   140   147   154   161   168   175   182   189   196
```

注意：break 语句和 continue 语句的区别是，一旦条件满足，break 语句则结束整个循环，不再进行循环条件的判断；而 continue 语句只是结束本次循环，接着进行下一次循环条件的判断。二者可以通过下面两段程序的输出进行比较。

```
for(n=1; n<=10; n++)              for(n=1; n<=10; n++)
{  if(n==5)                       {  if(n==5)
   break;                            continue;
   printf("%3d", n);                 printf("%3d", n);
}                                 }
```

运行结果：　　　　　　　　　　　　运行结果：

```
1  2  3  4                        1  2  3  4  6  7  8  9  10
```

5.6　综　合　实　例

【例 5.11】　编写程序输出所有的"水仙花数"。

分析：水仙花数是指 3 位数的各位数字的立方和等于这个数本身。例如：

$$153 = 1^3 + 5^3 + 3^3$$

【源程序】

```
/* pro05_11.c*/
#include<stdio.h>
main( )
{   int unit, ten, hundred, n;
    for(n=100; n<1000; n++)
    {
        hundred=n/100;
        ten=n/10–hundred*10;
        unit=n%10;
        if(n==unit*unit*unit+ten*ten*ten+hundred*hundred*hundred)
        printf("%6d", n);
    }
}
```

【例 5.12】　编写程序计算斐波那契分数序列前 n 项之和（n 为常数，斐波那契分数序列为 2/1, 3/2, 5/3, 8/5, 13/8, 21/13, ⋯）。

分析：一般处理数列问题，首要的是找出数列的规律。斐波那契分数序列的规律是：后一个分数的分子为前一个分数的分子和分母之和，其分母为前一个分数的分子，使用循环结构可以实现。

【源程序】

```
/* pro05_12.c*/
#include<stdio.h>
main( )
{    int i=1, n;
     float t, m, x=1, y=2, sum=0;
     printf("input n: \n");
     scanf("%d", &n);
     while(i<=n)
     {    m=y/x;
          sum=sum+m;
          t=y;
          y=y+x;
          x=t;
          i++;
     }
     printf("The result is: %10.4f\n", sum);
}
```

【例 5.13】　二分法求方程 $2x^3-4x^2+3x-6=0$ 的一个根，要求绝对误差不超过 0.001。

分析：二分法的求根过程，是将含根区间平均分为两个小区间，然后判断哪个区间是含根区间，然后将含根区间进一步划分为两个更小的区间，继续判断根所在区间。多次细分以后，含根区间的范围也越来越小，达到一定程度后，就可以将区间的中点近似为方程的根了。

【源程序】

```
/* pro05_13.c*/
#include <stdio.h>
#include <math.h>
main( )
{    double m,n,root,r1,r2;
     printf("Enter m n : \n");
     scanf("%lf%lf",&m,&n);        /*输入初始区间的左右值 m,n;*/
     root=(m+n)/2;
     while(fabs(n-m)>0.001)
     {    r1=2*pow(root,3)-4*pow(root,2)+3*root-6;
          r2=2*pow(n,3)-4*pow(n,2)+3*n-6;
          if(r1*r2<0) m=root;
                else n=root;
          root=(m+n)/2;
     }
     printf("root = %6.3lf\n",root);
}
```

【例 5.14】　编写程序求解"百钱买百鸡"问题。《算经》一书中提出"百鸡问题"：鸡翁一值钱五，鸡母一值钱三，鸡雏三值钱一。百钱买百鸡，问鸡翁、母、雏各几何？

分析： 设变量 a, b 分别代表鸡翁、鸡母的个数，则鸡雏的个数为 $100 - a - b$。通过分析可知，a, b 可能取值的范围为：a 在 $0\sim19$，b 在 $0\sim33$。则鸡翁、鸡母、鸡雏可能的组合有 $20\times34 = 680$ 种。对每一种组合都用是否符合百钱的条件进行测试，若符合，则该组合就是问题的一个解，因此解可能不唯一。

【源程序】

```c
/* pro05_14.c*/
#include<stdio.h>
main( )
{    int a, b, c;
   for(a=0; a<=19; a++)
      for(b=0; b<=33; b++)
      {  c=100-a-b;
         if(5.0*a+3.0*b+c/3.0==100)
         printf("a=%d, b=%d, c=%d\n", a, b, c);
      }
}
```

5.7　MATLAB 循环结构

与 C 语言类似，MATLAB 也有用于循环的控制语句，包括 while 结构、for 结构。

5.7.1　while 结构

一般格式：

　　while　（表达式）语句组 A，end

【例 5.15】　求 MATLAB 中的最大实数。

算法原理：x 从 1 开始，不断按照 2 的幂次增大，直到无法表示它的值，只能用 inf 表示为止。

【源程序】

```matlab
% pro05_15.m
x=1;
while x~=inf,
    x1=x;
    x=2*x;
    end,
x1
```

运行结果：

```
x1 =
    8.9885e+307
```

【例 5.16】　求 MATLAB 相对精度。

算法原理：y 不断减小，直至 MATLAB 分不出 1+y 与 1 的差别为止。

【源程序】

```matlab
% pro05_16.m
    y=1;
    while 1+y>1,
        y1=y;
        y=y/2;
```

```
        end,
        y1
```

运行结果:

```
    y1 =
       2.2204e-016
```

5.7.2　for 语句

一般格式:

　　for k= 初值：增量：终值 语句组 A，end

将语句组 A 反复执行 N 次，每次执行时程序中的 k 值不同。

　　　N=1+（终值–初值）/增量

特殊情况下，即在只有初值和终止值的时候，增量默认为 1。

【例 5.17】　求三角函数表。

算法原理：令弧度从 0 变化到 $\dfrac{\pi}{4}$，每次增加 0.1 弧度，依次求出正弦、余弦、正切值。

【源程序】

```
% pro05_17.m
    for x=0: 0.1: pi/4
        disp([x, sin(x), cos(x), tan(x)]),
    end
```

运行结果:

```
    0         0          1          0
    0.1000    0.0998     0.9950     0.1003
    0.2000    0.1987     0.9801     0.2027
    0.3000    0.2955     0.9553     0.3093
    0.4000    0.3894     0.9211     0.4228
    0.5000    0.4794     0.8776     0.5463
    0.6000    0.5646     0.8253     0.6841
    0.7000    0.6442     0.7648     0.8423
```

【例 5.18】　编程输出 Hilbert 矩阵，矩阵大小通过键盘输入。

【源程序】

```
% pro05_18.m
    n=input('n='), format rat              % format rat 表示是以分数形式表示近似值
    for i=1:n,
        for j=1:n,
            h(i, j)=1/(i+j–1);
        end,
    end,
    h
```

输入:

```
    n=3          %通过键盘输入 3
```

运行结果:

```
    n =
       3
```

$$h = \begin{matrix} 1 & 1/2 & 1/3 \\ 1/2 & 1/3 & 1/4 \\ 1/3 & 1/4 & 1/5 \end{matrix}$$

在 if，for，while 与表达式之间留空格，在表达式与语句组之间必须用空格或逗号分隔，必须用逗号或分号分隔 end 和 else。

break 是中止循环的命令，在多重循环中，break 只能使程序跳出包含它的最内部的那个循环。

5.8　实　例　拓　展

在第 4 章实现了对菜单的选择，并对所做的选择进行了判断。但是，对菜单的选择只能运行一次程序、做一次选择，无法在一次程序的运行过程中进行多次选择。很明显，这是不符合实际要求的。要实现对菜单的多次选择，就要使用到本章学习到的新知识点——循环。下面来看一下如何使用循环实现多次选择。

5.8.1　工程计算实例

使用一个没有终止条件的 for 语句来实现菜单的循环选择，直到选择了 0（退出程序）为止。而且，当选择非 0 且不属于正确的选项的时候，提示选择错误后，自动返回菜单选择界面。

```c
#include <stdio.h>
main( )
{
    int Choice=0;
    for(; ;)
    {
        printf("请输入数字选择如下操作：\n ");
        printf("0———退出\n");
        printf("1———求和\n");
        printf("2———求平均\n");
        printf("3———求方差\n");
        printf("4———矩阵运算\n");
        printf("5———方程求解\n");
        scanf("%d", &Choice);
        if(Choice<0 || Choice>5)
        {
            printf("您的选择超出范围了，请重新选择！ ");
            continue;                          /*返回菜单选择*/
        }
        else
        {
            switch(Choice)
            {
                case 0: printf("您选择了退出本程序\n");   exit( );
                case 1: printf("您选择了求和\n");   break;
                case 2: printf("您选择了求平均\n");   break;
                case 3: printf("您选择了求方差\n");   break;
                case 4: printf("您选择了矩阵运算\n");   break;
                case 5: printf("您选择了方程求解\n");   break;
            }                                  /* end of switch */
```

```
         }                              /*end of if-else */
       }                                /* end of for */
     }                                  /* end of main( ) */
```

请保存该程序以备后用。

下面来编写本菜单中所涉及的前两个数值计算的程序，将它们分别命名为 sum.c、averag.c，并保存起来以备后用。

```
       sum.c:
       main( )
       {
         int    sum=0, x;
         printf("请输入您要求和的数列，以 0 结束: \n");
         for(; ;)
         {
           scanf("%d", &x);
           if(x= =0) break;              /*输入的数据以 0 作为结束标志*/
           sum+=x;
         }
         printf("您所输入的数据的和是：%f\n", sum);
       }


       averag.c:
       main( )
       {
         int i=0, sum=0, x;
         printf("请输入您要求平均的数列，以 0 结束: \n");
         for(; ;)
         {
           scanf("%d", &x);
           if(x= =0) break;              /*输入的数据以 0 作为结束标志*/
           /*累加*/
           sum+=x;
           /*统计输入数据的个数*/
           i++;
         }
         printf("您所输入的数据的平均值是：%f\n", sum*1.0/i);
       }
```

5.8.2　MATLAB 实例

【例 5.19】　在第 4 章的菜单实例中，M 程序只能运行一次做一次选择，如果我们需要多次选择，则可以使用 MATLAB 提供的循环结构来实现，本例编程实现该功能。

【源程序】

```
       % engine3.m
       while 1,
         fprintf('请输入数字选择如下操作：\n');
         fprintf('0.退出\n');
         fprintf('1.求和\n');
         fprintf('2.求平均\n');
         fprintf('3.求方差\n');
         fprintf('4.矩阵运算\n');
```

```
    fprintf('5.方程求解\n ');
    Choice=input( ' Your choice :');
    if Choice<0 | Choice>5
        fprintf('您的选择超出范围了，请重新选择！ ');
    else
      switch   Choice
        case 0,
            fprintf('您选择了退出本程序\n');break;
        case 1,
            fprintf('您选择了求和\n');
        case 2,
            fprintf('您选择了求平均\n');
        case 3,
            fprintf('您选择了求方差\n');
        case 4,
            fprintf('您选择了矩阵运算\n');
        case 5,
            fprintf('您选择了方程求解\n');
      end
    end
  end
```

以上程序当选择了 1～5 中的数字时，会继续执行菜单选择，只有输入 0 时才会结束菜单的选择。在 MATLAB 中实现求和、平均、方差等都有相应的系统函数，在以后的章节中将具体介绍。

请保存该程序以备后用。

5.9　小　　结

1．C 语言中实现循环结构的三种语句：while 语句、do…while 语句、for 语句。通常情况下，三种语句可以相互替换，同时，可以相互嵌套，构成多重循环结构。

2．在处理同一问题时要注意 while、do…while、for 语句的不同：while 和 for 语句先判断循环条件是否成立，后决定是否执行循环体，如果循环条件一开始就不满足，则循环体有可能一次都不被执行；do…while 语句则先执行循环体，后判断循环条件是否成立，因此 do…while 语句至少要执行一次循环体。

3．break 语句和 continue 语句在循环语句中的不同是：一旦条件满足，break 语句就结束整个循环，不再进行循环条件的判断；而 continue 语句只是结束本次循环，接着进行下一次循环条件的判断。

4．与 C 语言类似，MATLAB 也有用于循环的控制语句，包括 while 结构、for 结构。

习　题　5

一、选择题

1．设有以下程序段，则循环执行后 k 的值是（　　　）。

```
    int   i=2,k=0;
    while(i<=6)
    { k=k+i;   i++; }
```

　　　A．18　　　　　　　B．19　　　　　　　C．20　　　　　　　D．21

2．以下 while 循环中，循环体执行的次数是（　　　）。

```
k=1;
while(k<=5)  k--;
```

　　　A．0 次　　　　　　　B．4 次　　　　　　　C．5 次　　　　　　　D．无限次

3．语句 while(!x); 中的!x 等价于（　　　）。

　　　A．x= =0　　　　　　B．x!=1　　　　　　　C．x!=0　　　　　　　D．x= =1

4．运行以下程序段：

```
int   n=2;
while(n--)   printf("%d", n);
```

执行后输出结果为（　　　）。

　　　A．2 1 0　　　　　　B．1 0　　　　　　　C．1 0 −1　　　　　D．0 −1

5．以下能正确计算 1+2+3+4+5 的程序段是（　　　）。

　　　A．int i=1, s=0; do{s=s+i; i++;}while(i<5);

　　　B．int i=0, s; do{i++; s=s+i;}while(i<5);

　　　C．int i=0, s=0; do{ s=s+i; i++; }while(i<6);

　　　D．int i, s=0; do{s=s+i; i++;}while(i<=5);

6．运行以下程序段：

```
int n=0;
while(n++<2)
    ;
printf("%d", n);
```

执行后输出结果为（　　　）。

　　　A．0　　　　　　　　B．1　　　　　　　　C．2　　　　　　　　D．3

7．C 语言中 while 和 do…while 循环的主要区别是（　　　）。

　　　A．do…while 循环至少无条件执行循环体一次，while 有可能一次都不执行循环体

　　　B．while 循环控制条件比 do…while 的循环控制条件严格

　　　C．do…while 允许从外部转入到循环体内

　　　D．while 的循环体不能是复合语句

8．若输入字符串：abcde，然后按回车键，则以下 while 循环将执行（　　　）次。

```
#include <stdio.h>
main( )
{   char ch;
    while(ch=getchar( )!='e')
    printf("*");
}
```

　　　A．3 次　　　　　　　B．4 次　　　　　　　C．5 次　　　　　　　D．0 次

9．若有以下程序段：

```
int   n=0,p;
do {scanf("%d",&p);  n++；}while(p!=1000&&n<3);
```

此处 do…while 循环的结束条件是（　　　）。

A．p 的值不等于 1000 并且 n 的值小于 3

B．p 的值等于 1000 并且 n 的值大于等于 3

C．p 的值不等于 1000 或者 n 的值小于 3

D．p 的值等于 1000 或者 n 的值大于等于 3

10．以下程序段的输出结果是（　　）。

```
int   k,n,m;
n=10;m=1;k=1;
do{m*=2;k+=4;} while (k<=n);
printf("%d\n",m);
```

A．4　　　　　　　B．16　　　　　　　C．8　　　　　　　D．32

11．下面有关 for 循环的描述，正确的是（　　）。

A．for 循环的循环体不能是复合语句

B．for 循环是先执行循环体语句，后判断表达式

C．在 for 循环中，不能用 break 语句跳出循环体

D．for 循环的循环体可以包括多条语句，但必须用花括号括起来

12．以下正确的描述是（　　）。

A．continue 语句的作用是结束整个循环的执行

B．只能在循环体内使用 break 语句

C．在循环体内使用 break 语句或 continue 语句的作用是相同的

D．从多层循环嵌套中，内层 break 语句结束内层循环的执行

13．以下程序段的输出结果是（　　）。

```
main( )
{ int   x,t=1;
    for(x=5;x>0;x--)
        t=t*x;
    printf("%d",t);
}
```

A．2　　　　　　　B．6　　　　　　　C．24　　　　　　　D．120

14．若 i 为整型变量，则以下循环执行的次数是（　　）。

```
for (i=0; i==4;)    printf("%d", i++);
```

A．无限次　　　　　B．0 次　　　　　　C．3 次　　　　　　D．4 次

15．执行以下程序段后 k 的值是（　　）。

```
int   i,j,k=0;
for(i=1,j=10;i<=j;i++,j--)
    k=k+i+j;
```

A．12　　　　　　　B．10　　　　　　　C．11　　　　　　　D．55

16．运行以下程序段：

```
#include   <stdio.h>
main( )
{   int i;
    for(i=1; i<7; i++)
    {   if(i%2)   continue;
```

```
        printf("*");
    }
}
```

执行后输出结果为（　　）。

　　A．****　　　　　　　B．***　　　　　　C．**　　　　　　　D．*

17．以下不构成无限循环的语句或语句组是（　　）。

　　A．n=0;　　do {++n; } while (n<=0);

　　B．n=0;　　while (1) {n++;}

　　C．n=10;　while (n) {n--;}

　　D．for(n=0,i=1; ;i++) n+=i;

18．有以下程序

```
#include  <stdio.h>
main( )
{  char  a,b,c;
    b='1';    c='A';
    for (a=0; a<6; a++)
    {   if(a%2)  putchar(b+a);
        else     putchar(c+a);
    }
}
```

程序运行后的输出结果是（　　）。

　　A．1B3D5F　　　　B．ABCDEF　　　　C．A2C4E6　　　　D．123456

19．有以下程序

```
#include  <stdio.h>
main( )
{   int x=8;
    for( ;x>0;x--)
    {  if(x%3){printf("%d,",x--);continue;}
        printf("%d,",--x);
    }
}
```

程序的运行结果是（　　）。

　　A．7,4,2,　　　　　B．8,7,5,2,　　　　C．9,7,6,4,　　　　D．8,5,4,2,

20．有以下程序

```
#include  <stdio.h>
main( )
{   int   s=0, n;
    for( n=0; n<3; n++ )
    {  switch(s)
        {   case  0:
            case  1: s+=1;
            case  2: s+=2;  break;
            case  3: s+=3;
            default: s+=4;
        }
        printf("%d,", s);
```

```
        }
    }
```

程序运行后的输出结果是（　　　）。

  A. 1,2,4,   B. 1,3,6,   C. 3,10,14,   D. 3,6,10,

二、写出下列程序的运行结果

1. 阅读下列程序，写出运行结果_____。

```c
#include<stdio.h>
main ( )
{   int x=8;
    while(x){printf("%d", x-=2);}
}
```

2. 阅读下列程序，写出运行结果_____。

```c
#include<stdio.h>
main ( )
{   int n=4;
    while (n--)printf("%d ",--n);
}
```

3. 阅读下列程序，写出运行结果_____。

```c
#include <stdio.h>
main( )
{   int a=1,b=7;
    do {   b=b/2; a+=b;
        } while (b>1);
    printf ("%d\n",a);
}
```

4. 阅读下列程序，写出运行结果_____。

```c
#include<stdio.h>
main( )
{ char a;
  for(a=0;a<=6;a+=2)
  putchar(a+'A');
  printf("\n");
}
```

5. 阅读下列程序，写出运行结果_____。

```c
#include<stdio.h>
main ( )
{   int i;
    for (i=1; i<6; i++)
    {   if(i%4)   printf("#");
        else   break;
    }
}
```

6. 阅读下列程序，写出运行结果_____。

```c
#include<stdio.h>
```

```
main ( )
{    int k=1;
     while(k<=10)
     {    k++;
          if(k%2!=0)   continue;
          else   printf("%d, ", k);
     }
}
```

7. 阅读下列程序，写出运行结果_____。

```
#include<stdio.h>
main ( )
{    int   i, j;
     float s=0;
     for(i=7; i>4; i--)
     {    for(j=i; j>3; j--)
          s=s+j;
     }
     printf("%f\n", s);
}
```

8. 阅读下列程序，写出运行结果_____。

```
#include <stdio.h>
main ( )
{    int   n=258;
     do
     {    printf("%d ", n%10);
          n=n/10;
     }while(n!=0);
     printf("\n");
}
```

9. 阅读下列程序，如果从键盘上输入：ASdHef，然后按回车键，写出运行结果_____。

```
#include <stdio.h>
main( )
{ char ch;
  while ((ch=getchar( ))!='\n')
   { if (ch>='A' && ch<='Z') ch=ch+32;
     else if (ch>='a' && ch<'z') ch=ch-32;
     printf("%c",ch);
   }
}
```

10. 阅读下列程序，如果从键盘上输入：36,24，然后按回车键，写出运行结果_____。

```
#include <stdio.h>
main( )
  { int a,b,m,n,t;
    scanf("%d,%d",&m,&n);
    if (n>m)
      { t=m;m=n;n=t;}
    a=m;b=n;
    while (b!=0)
```

```
        { t=a%b;
           a=b;
           b=t; }
        printf("%d,%d\n",a,m*n/a);
    }
```

三、编程题

1．利用近似公式 $\frac{\pi}{4}=1-\frac{1}{3}+\frac{1}{5}-\frac{1}{7}+\cdots$ 求 π 的值，直到最后一项的绝对值小于 10^{-6} 为止。

2．输入一行字符，分别统计出其中英文字母、数字、空格的个数。

3．从 3 个红球、5 个白球、6 个黑球中任意取出 6 个球，且其中必须有白球，编程输出所有可能的组合。

4．如果一个数等于其所有真因子（不包括该数本身）之和，则该数为完数。例如，6 的真因子有 1、2、3，且 $6 = 1 + 2 + 3$，故 6 为完数。求[2，1000]内的

（1）最大的完数；

（2）完数数目。

第6章　函数与编译预处理

前面已经介绍过，C 语言源程序是由函数组成的。虽然在前面介绍的程序中大都只有一个主函数 main( )，但实用程序往往由多个函数组成。在 C 语言程序设计中，通常将一个较大程序分成几个功能较为单一的子程序模块，用函数来实现每个子程序的功能。C 语言程序由一个或多个函数构成，其中有且只有一个名为 main( )的函数，即主函数，C 语言程序总是从 main( )函数开始执行，最后在 main( )函数中结束整个程序的运行。

6.1　函　数　概　述

在学习函数之前，有必要先了解一下函数的使用常识。

（1）一个 C 源程序必须有且只能有一个主函数 main( )。C 程序总是从 main( )函数开始执行，调用其他函数后总是回到 main( )函数，最后在 main( )函数中结束整个程序的运行。

（2）一个 C 程序由一个或多个源（程序）文件组成——可分别编写、编译和调试。

（3）一个源文件由一个或多个函数组成，可为多个 C 程序公用。

（4）C 语言是以源文件为单位而不以函数为单位进行编译的。

（5）在 C 语言中，所有函数（包括主函数 main( )）都是平行的。一个函数的定义，可以放在程序中的任意位置，主函数 main( )之前或之后。但在一个函数的函数体内，只能调用其他函数，不能再定义另一个函数，即不能嵌套定义。

（6）主函数名 main 是系统定义的，是运行时首先被调用的函数，它可以调用其他函数，但不能被其他函数调用；其他函数间可以互相调用，也允许嵌套调用。习惯上把调用者称为主调函数。函数还可以自己调用自己，称为递归调用。

（7）从函数定义的角度看，函数可分为库函数和用户定义函数两种。

① 库函数：由 C 系统提供，用户无须定义，也不必在程序中进行类型说明，只需在程序前写出包含有该函数原型的头文件即可在程序中直接调用。在前面各章的例题中反复用到的printf( )、scanf( )、getchar( )、putchar( )、gets( )、puts( )、strcat( )等函数均属此类。

② 用户定义函数：由用户按需要编写的函数。对于用户自定义函数，不仅要在程序中定义函数本身，而且还必须在主调函数模块中对该被调函数进行类型说明，然后才能使用。

（8）从主调函数和被调函数之间数据传送角度看，函数又可分为无参函数和有参函数两种。

（9）C 语言的函数兼有其他语言中的函数和过程两种功能，从这个角度看，又可把函数分为有返回值函数和无返回值函数两种。

C 语言提供了丰富的库函数，供程序员使用。包括：常用的数学函数、字符函数、字符串函数、输入/输出函数、动态存储分配函数等。读者应学会正确调用这些已有的库函数，而不必自己编写。本书附录 A 列出了常用的库函数，并将各个函数的功能、参数个数和类型、函数值的类型进行了说明，供读者查阅。

对每一类库函数，附录 A 中都列出了在调用该类库函数时，用户在源程序 include 命令中应该包含的头文件名。例如，要求程序在调用数学库函数前包含以下的 include 命令：

```
#include"math.h"
```

对库函数的一般调用形式为：

```
函数名(参数表)
```

【例 6.1】 数学库函数的调用举例。

【源程序】

```
/* pro06_01.c*/
#include<math.h>
#include<stdio.h>
main( )
{   double   a, b;
    scanf("%lf",&a);
    b=sin(a);
    printf("%6.4lf",b);
}
```

　　说明：include 命令必须以#开头，系统提供的头文件以.h 为后缀，文件名用一对双引号" "或一对尖括号<>括起来，二者的区别是：用<math.h>表示编译时只按系统标准方式检索文件目录，而用"math.h"形式时，编译系统先从目标文件所在的子目录中找 math.h 文件，若找不到再按尖括号时的办法重新搜索一次。

　　注意：include 是命令，不是语句，结尾没有分号。

6.2 函数的定义和说明

　　C 语言虽然提供了丰富的库函数，但这些函数是面向所有用户的，不可能满足每个用户的各种特殊需要，因此大量的函数必须由用户自己来编写。

6.2.1 函数的定义

　　C 语言函数定义格式如下：

```
[函数返回值的类型名]   函数名([类型名 形式参数 1,类型名 形式参数 2,…])
/*函数首部*/
{
    [说明部分;]   /*函数体*/
    [语句部分;]
}
```

其中，[ ]内为可选项。

　　注意：函数名、一对圆括号和花括号不能省略。

　　根据函数是否需要参数，又可将函数分为无参函数和有参函数两种。

1. 无参函数的一般形式

　　无参函数的一般形式为：

```
函数返回值的类型名   函数名(void)
{ [说明语句部分;]
    [可执行语句部分;]
}
```

其中，[ ]内为可选项。

注意：在旧标准中，函数可以默认参数表。但在新标准中，函数不可以默认参数表；如果不需要参数，则用"void"表示，主函数 main( )例外。

【例 6.2】 构造一个输出一行"*"的函数。

【源程序】

```
void printstar( )
{    printf("*******************\n");
}
```

2．有参函数的一般形式

有参函数的一般形式为：

```
函数返回值的类型名    函数名(数据类型    参数[,数据类型    参数 2…])
{    [说明语句部分;]
     [可执行语句部分;]
}
```

其中，[ ]内为可选项。有参函数比无参函数多了一个参数表。调用有参函数时，调用函数将赋予这些参数实际的值。

为了与调用函数提供的实际参数区别开，将函数定义中的参数表称为形式参数表，简称形参表。

【例 6.3】 构造一个求两个双精度数之和的函数。

【源程序】

```
double add(double x,double y)              /*函数首部*/
{ double s;                                /*说明部分*/
  s=x+y;                                   /*语句部分*/
  return s;                                /*返回语句*/
}
```

注意：

（1）函数名和形式参数都是用户命名的标识符。在同一程序中，函数名必须唯一；形式参数只要在同一函数中唯一即可，可以与其他函数中的变量同名。

（2）C 语言规定，不能在一个函数的内部再定义函数。

（3）对函数类型的说明，必须与 return 语句中返回值表达式的类型一致。如果不一致，则以函数类型为准，由系统自动进行转换。如果省略函数类型，则系统一律按 int 类型处理。

【例 6.4】 求两个数中的大数（注意此例中函数调用时的类型转换）。

【源程序】

```
/* pro06_04.c*/
#include<stdio.h>
max(float x,float y)
{
    float z;
    z=x>y?x:y;
    return z;
}

main( )
{
```

```
        float a=1.5,b=0.5;
        float c;
        c=max(a,b);
        printf("max is  %f\n",c);
}
```

运行结果：

max is 1.000000

关于 C 语言中的函数，需要补充说明如下几点内容。

（1）空函数：无参数且函数体为空的函数。其一般形式为：

[函数类型] 函数名(void) {}

例如：

dump( ){}

这是一个最简单的函数，什么都不做，但在程序开发的时候，常用它来作为一个虚设的部分。

（2）在老版本 C 语言中，参数类型说明允许放在函数说明部分的第 2 行单独指定。即函数首部用以下形式出现：

函数类型说明符 函数名(形式参数表)
形式参数类型说明;

新的 ANSI 标准 C 兼容这种形式的函数首部说明，如例 6.3 中 add 函数首部说明可以采取如下等价形式：

double add(x,y)
double x,y;

这种形式的函数在 VC++ 6.0 环境中，文件扩展名为.cpp 则编译通不过。必须将扩展名设为.c 才行。建议读者使用现在流行风格的定义形式。

（3）带参数的形式参数表中类型和变量必须成对出现，如下面的定义是错误的：

double add(double x,y)

6.2.2　函数的返回值

C 语言的函数兼有其他语言中的函数和过程两种功能，从这个角度看，又可把函数分为有返回值函数和无返回值函数两种。

在函数定义的语句部分，常常有 return 返回语句，函数的返回值就是 return 语句中的表达式的值。

return 语句的格式：

return(表达式); 或   return 表达式; 或   return;

功能：

（1）把 return 后面"表达式"的值返回给调用函数。

（2）把控制转向调用函数。

格式 return;只有功能（2）的作用。

例如，return(x); return x+y; return(x>y?x:y); return; 都是合法的。

注意：声明为 void 型的函数中不能包括带值的 return 语句；主函数体内不能出现 return 语句。下面对函数返回值做几点说明。

（1）当函数没有 return 语句时，以结束函数的大括号作为返回点。但这时并不表明函数没有返回值，这时的返回值是系统给的不确定值。假如为了明确表示不返回值，可以用"void"定义成"无（空）类型"。

（2）除了空值函数以外的所有函数都返回一个值，那么是不是非得去使用这个返回值呢？答案是否定的。如果没有用它赋值，那它就被丢弃了。

（3）在同一函数内，可根据需要在多处出现 return 语句，但函数第一次遇到 return 时就立即停止执行，并返回到主调函数。

【例 6.5】　编写函数实现以下功能：当两个字符 s1 和 s2 相等时，返回 1，否则返回–1。

【源程序】

```
int find_char(char s1,char s2)
{
    if(s1==s2)
        return 1;
    return   –1;
}
```

【例 6.6】　以下程序是合法的。

【源程序】

```
/* pro06_06.c*/
#include<stdio.h>
double add(double x,double y)
{
    double s;
    s=x+y;
    return s;
}
main( )
{
    double a,b,c;
    a=10; b=20;
    c=add(a,b);                 /*1*/
    printf("%lf",add(a,b));     /*2*/
    add(a,b);                   /*3*/
}
```

说明：在/*1*/行中，add 的返回值被赋予 c，在/*2*/行中，返回值实际上没有赋给任何变量，但被 printf 函数所使用。最后，在/*3*/行中，返回值被丢弃不用，因为既没有把它赋给任何一个变量，又没有把它用做表达式中的一部分。

6.2.3　函数的说明

1．函数说明的形式

函数说明也称为函数声明，是函数调用前的准备。在首次调用某函数之前，使用函数说明语句使 C 语言编译程序了解函数返回值类型，这个信息对于程序能否正确运行影响极大，因为不同类型的数据有不同的长度和内部表示方法，如果在函数调用前没有专门声明，C 语言编译程序就认为函数是返回整型数据的函数，这样就有可能会因返回数据类型与默认类型不一致而产生出错；使用函数说明语句使 C 语言编译程序了解函数名、形参的数量、类型和排列次序等信息，以便编译程序在函数调用时进行有效的类型检查，当实参类型和形参类型不能赋值兼容或实参个数和形参个数不一致时，C 语言编译程序将及时发现错误并报错，以便纠正。

在 ANSI C 新标准中，采用函数原型方式，对被调用函数进行说明，其一般格式如下：

> 函数类型　函数名(数据类型[参数名 1][, 数据类型[参数名 2]…]);

其中，[ ]内为可选项。若没有参数，可用 void 明确说明。

函数说明语句其实就是函数定义中的函数首部加上分号，这些内容称为函数原型。例如

> float max(float x,float y);

等价于

> float max(float,float);

函数原型说明的例子如下：

> void srand(unsigned int seed);

函数 srand 无返回值；它仅有一个 unsigned int 类型的参数。

> int rand(void);

函数 rand 返回一个整型返回值，它没有参数。

说明：

（1）函数说明可以是一条独立的语句，也可与普通变量一起出现在同一个说明语句中，如 float x，max（float，float）;

（2）在函数名前没有说明函数类型时，默认为 int 类型，如 int dump（int）; 等价于 dump（int）;

（3）注意函数说明与函数定义的区别。

2. 函数说明的位置

（1）C 语言中规定，被调用函数的说明位置处在该函数被调用前并且在所有函数的外部时，则后面所有位置上都可以对该函数进行调用。

（2）函数说明放在调用函数内的说明部分，这时其作用范围只在本调用函数内部。

将例 6.4 中子函数 max 的位置放在 main 之后，则应在 main 函数中对 max 函数进行说明。修改后的程序如下。

【源程序】

```
#include<stdio.h>
main( )
{
    float a=1.5,b=0.5;
    float max(float,float);
    float c;
    c=max(a,b);
    printf("max is  %f\n",c);
}

float max(float x,float y)
{
    float z;
    z=x>y?x:y;
    return z;
}
```

运行结果：

max is 1.500000

说明： 以上函数说明语句：

float max(float x,float y);　　　　　　　　　　　　　　/*函数说明*/

也可放在文件最前面。

6.3　函数的调用

前面已经介绍了如何进行函数定义，如何进行函数使用前的准备——函数的说明，那么如何进行函数调用呢？在程序中，是通过对函数的调用来执行函数体的，其过程与其他语言的子程序调用相似。

6.3.1　函数调用的一般形式

C 语言中，函数调用的一般形式为：

函数名([实际参数表])

其中，[ ]内为可选项。注意小括号不能少。这里的函数名是本程序中已经定义的函数的函数名，当实际参数多于一个时，各实际参数间以逗号分隔。实际参数可以是常量、变量或表达式，如 max(float x,float y)的调用可为 max(2, 3)、max(3 + 4.2, 7*a)、max(a, b)等。

调用时，首先计算实参表达式的值，然后把这些值按顺序一一传给（赋值给）对应的形参。当函数无参数时，实参表列就为空。

说明：

（1）调用函数时，函数名必须与具有该功能的自定义函数名完全一致；

（2）实参的个数必须与所调用函数的形参个数相等；

（3）实参在类型上按顺序与形参赋值兼容，个数与形参必须一致，如果类型不匹配，C 语言编译程序将按赋值兼容的规则进行转换，如果实参和形参的类型不赋值兼容，通常并不给出出错信息，且程序仍然继续执行，只是得不到正确的结果；

（4）如果实参表中包括多个参数，对实参的求值顺序因系统而异，有的系统按自左向右的顺序求实参的值，有的系统则相反，Visual C++ 6.0、Turbo C 和 MS C 是按自右向左的顺序进行的，即右结合。

【例 6.7】　求下面程序的运行结果。

【源程序】

```
/* pro06_07.c*/
#include<stdio.h>
main( )
{
    int a=1,b,f(int,int);
    b=f(a,++a);
    printf("%d",b);
}
int f(int x,int y)
{
```

```
        int z;
        if(x>y) z=1;
        else
                if(x==y) z=0;
                else z=-1;
            return(z);
    }
```

运行结果：

```
    0
```

说明：由于按自右至左的顺序求实参的值，函数调用相当于 f(2,2)。

6.3.2 函数调用的方式

1．调用方式

函数的调用方式按函数在程序中出现的位置分为 3 种方式。

（1）函数语句：只完成一个操作，并不要求函数返回值。例如：

```
    printstar( );
    scanf("%d",&a);
```

（2）函数表达式：出现在表达式中，函数值参与表达式运算。例如：

```
    c=2*max(a,b);
    y=x+power(x,3);
```

（3）函数参数：函数调用作为一个函数的实参。例如：

```
    m=max(a,max(b,c));
    printf("%8.2f\n",power(x,3));
```

2．在一个函数中调用另一个函数需要具备的条件

（1）被调用函数已经存在（库函数或用户自定义）。

（2）使用库函数或其他文件中的函数，应该在本文件开头用#include 命令将有关的编译预处理信息包含到本文件中。例如，使用数学函数表示为：

```
    #include"math.h"
```

（3）对被调用的函数进行说明（注意位置）。

6.4　函数的参数

函数中参数分为形参和实参两类，关于形参和实参的说明如下。

（1）形参与实参：在调用函数时，形参才被分配内存单元，同时实参将数据传给形参，调用结束后，形参所占的内存单元被释放，实参单元仍保留并维持原值。

（2）实参可以是变量、常量和表达式。

（3）实参与形参应个数相等、类型相同，实参与形参是按位置一一对应传递数据的（字符型与整型可以互相通用）。

（4）调用有参函数时，主调函数和被调函数之间有数据传递关系，而且实参对形参变量的数据传递是单向传递，只能由实参传给形参，反之则不行，即形参的改变不会影响实参。

【例 6.8】 编写程序实现从两整数中求较大数。

【源程序】

```
/* pro06_08.c*/
#include<stdio.h>
float max(float x,float y);                    /*函数说明*/
main( )
{
    float a,b;
    float c;
    scanf("%f,%f",&a,&b);
    c=max(a,b);                                /*调用函数语句,a,b 为实参*/
    printf("a=%f,b=%f\nmax=%f\n",a,b,c);
}
float max(float x,float y)                     /*函数定义,x,y 为形参*/
{
    float z;
    z=x>y?x:y;
    printf("x=%f,y=%f\nz=%f\n",x,y,z);         /*为便于分析,增加了这个 printf 语句*/
    return(z);
}
```

输入:

```
2,3↙
```

运行结果:

```
x=2.000000,y=3.000000
z=3.000000
a=2.000000,b=3.000000
max=3.000000
```

程序说明如下。

本程序文件由两个函数构成,一个是 main()函数,另一个是 max()函数。在文件开头,对 max()函数做了说明,运行时,系统首先执行 main()函数,给变量 a、b 分配存储单元,把从键盘输入的值 2 和 3 分别赋给 a,b,执行到 c＝max(a,b);时,进行函数调用,给形参 x、y 分配存储单元,把实参 a,b 的值一一对应地传送给形参 x,y,同时把流程转向 max()函数,执行函数体,给局部变量 z,分配存储单元,执行 z＝x＞y?x:y; printf("x＝%f, y－%f\nz＝%f\n", x, y, z); 于是输出:

```
x = 2.000000, y = 3.000000
z = 3.000000
```

执行 return(z); 语句时,系统收回 x,y 形参单元,把返回值 3 传给调用函数,且控制转向调用函数调用点 max(a,b)继续执行,把返回值 3 赋给 c,输出:

```
a = 2.000000, b = 3.000000
max = 3.000000
```

思考如下问题。

(1) 在上面的 max 函数中,假如把 $z = x > y?x : y$; 语句改为 $z = ++x > ++y?x:y$;,若执行时输入 2,3,则执行结果将变为什么?请分析过程。

提示，结果为：

```
x = 3.000000, y = 4.000000
z = 4.000000
a = 2.000000, b = 3.000000
max = 4.000000
```

（2）多次调用时，形参分配到的内存单元是否相同？

不一定。因为一次调用结束后，形参分配到的内存单元已经被收回，形参单元已不存在，再次调用时，系统将给形参重新动态分配内存单元。

（3）形参、实参是否能同名？

实参与形参分配存储单元的时刻与作用范围都不一样，分配到的内存单元也不同，故形参、实参可以同名。

【例 6.9】　编写程序通过 swap()函数实现主函数中变量 x，y 的交换。

【源程序】

```c
/* pro06_09.c*/
#include<stdio.h>
main( )
{
    int x=10,y=30;
    printf("Before swap: x=%d y=%d\n",x,y);
    swap(x,y);
    printf("After swap: x=%d y=%d\n",x,y);
}
int swap(int x,int y)
{
    int t;
    t=x; x=y; y=t;
    printf("In swap function: x=%d y=%d\n",x,y);
}
```

运行结果：

```
Before swap: x=10 y=30
In swap function: x=30 y=10
After swap: x=10 y=30
```

程序说明：程序执行到调用语句 swap(x, y)时，进行参数传递，其参数传递过程如图 6.1 所示。

执行 swap()函数，此时所用到的变量 x，y 是形参变量，实参变量不可见。经过执行语句 t = x; x = y; y = t; 形参变量 x，y 的值进行了交换，如图 6.2 所示。

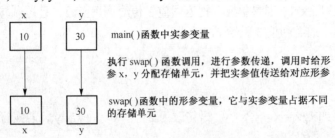

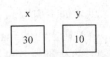

图 6.1　参数传递　　　　　　　　　　　　　　　　　　　图 6.2　形参变量的值进行交换

执行完毕，收回形参变量 x，y 的存储单元，返回到主函数，此时可见的是主函数中实参变量 x，y，其值没有发生变化。

6.5　函数的嵌套调用和递归调用

6.5.1　函数的嵌套调用

函数的嵌套调用是指，在执行被调用函数时，被调用函数又调用了其他函数。这与其他语言的子程序嵌套调用的情形是类似的，函数的嵌套调用如图6.3所示。

【例 6.10】　求三个数中最大数和最小数的差值。

【源程序】

```
/* pro06_10.c*/
#include <stdio.h>
int dif(int x,int y,int z);
int max(int x,int y,int z);
int min(int x,int y,int z);
void main( )
{   int a,b,c,d;
    scanf("%d%d%d",&a,&b,&c);
    d=dif(a,b,c);                        /*调用函数 dif*/
    printf("Max-Min=%d\n",d);
}
int dif(int x,int y,int z)               /*定义函数 dif*/
{
    return max(x,y,z)-min(x,y,z);        /*嵌套调用*/
}
int max(int x,int y,int z)               /*定义函数 max*/
{   int r;
    r=x>y?x:y;
    return(r>z?r:z);
}
int min(int x,int y,int z)               /*定义函数 min*/
{   int r;
    r=x<y?x:y;
    return(r<z?r:z);
}
```

例如，输入 5　9　7 后，运行结果：

```
Max-Min=4
```

嵌套调用的过程如图 6.4 所示，详细过程是：① 执行 main( )函数的开头部分；② 遇到调用 dif( )函数，流程转向 dif( )函数；③ 执行 dif( )函数，直到遇到调用 max( )函数；④ 流程转向 max( )函数；⑤ 执行 max( )函数；⑥ 遇到 return( )语句，返回到该函数本次调用处，并带回三个数中的最大数；⑦ 执行 dif( )函数，遇到调用 min( )函数，流程转向 min( )函数；⑧ 执行 min( )函数；⑨ 遇到return 语句，返回到该函数本次调用处，并带回三个数中的最小数；⑩ 继续往下执行 dif( )函数尚未执行的部分；⑪ 遇到 return 语句，返回到该函数本次调用点；⑫ 继续往下执行 main( )函数尚未执行的部分，直至程序结束。通过例 6.10 可以清楚地了解函数嵌套调用的过程。

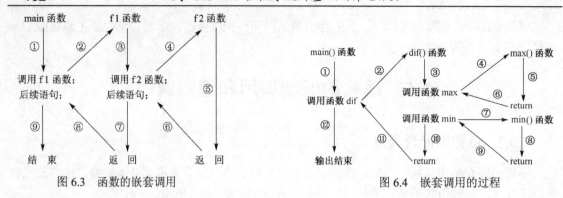

图 6.3　函数的嵌套调用　　　　　　　　图 6.4　嵌套调用的过程

6.5.2　函数的递归调用

1. 递归的概念

函数的递归调用是指，一个函数在它的函数体内，直接或间接地调用自己。一般地，当一个问题符合以下 3 个条件时，可以使用递归法来解决。

（1）可以把要求解的问题转化为一个新的问题，这个新的问题的解决方法与原来问题的解法相同，只是所处理的对象（实际参数）的值有规律地递增或递减。

（2）可以应用这个转化过程使问题得到解决。

（3）必定要有一个明确的结束递归的条件。

注意：一定要有递归出口。

递归分为直接递归与间接递归。本节只讨论直接递归。采用递归的主要优点是：程序容易编制，清晰、简洁。而且，有些问题只能用递归法进行解决。但是递归占用内存较多，执行速度慢。

关于递归的例子如下：

在调用 fac 函数的过程中，又要调用它本身。

```
fac(int n)                /*f 函数定义*/
{ …
    t=fac(n-1)*n;         /*直接调用它本身*/
…
}
```

另外的情形是一个函数调用另一个函数，它又反过来调用第一个函数，这种情形称为间接递归。例如：

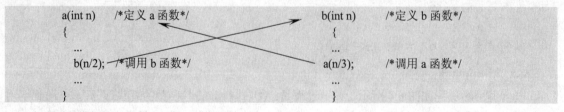

2. 递归与递推

现在回顾一下用递推法求 $s_n = n!$ 的例子。因为：

$$0! = 1$$

$$1! = 0! \times 1$$

$$2! = 1! \times 2$$

$3! = 2! \times 3$

...

$n! = (n - 1)! \times n$

从初值 0! = 1 出发,按照关系 1! = 0!*1 可求出 1!,知道了 1!,按照关系 2! = 1!*2 可求出 2!,以此类推,归纳出新值与旧之值间直到最后值为止存在的关系,即初值和递推公式为:

$$s_n \begin{cases} 1, & n = 0 \\ s_{n-1} \times n, & n > 1 \end{cases}$$

其中,s_{n-1} 先得出。

事实上,对具有这种递推关系的问题的考虑,也可以用递归法,它类似于数学证明中的反推法,即从结果出发,归纳出后一结果与前一结果直到初值为止存在的关系,即初值和递归函数。例如,求 $f(n) = n!$的问题,由于:

$n! = (n - 1)! \times n$

$(n - 1)! = (n - 2)! \times (n - 1)$

$(n - 2)! = (n - 3)! \times (n - 2)$

$(n - 3)! = (n - 4)! \times (n - 3)$

...

$2! = 1! \times 2f(0) = 1$

分析得出 $f(n) = n!$的求解公式:

$$f(n) \begin{cases} 1, & n = 0,1 \\ f(n-1) \times n, & n > 1 \end{cases}$$

其中,$f(n-1)$ 未求出。

归纳法是分析问题的一种方法,有递推法与递归法。在进行程序设计时,递推法是利用迭代方法,通过循环控制结构实现的,循环的终值是最后值。递归法是设计一个函数,即递归函数,这个函数不断使用下一级值调用自身,直到结果已知处(递归出口),它是通过选择控制结构实现的。

用递归法进行程序设计时,其一般方法如下。

在主函数中用所要处理的对象的值调用递归函数,如求 5!,则以实参 n 的值为 5 进行调用。

而递归函数定义时,一般以下列形式出现:

```
递归函数名 f(参数 n,…)
{if(n==初值)
    结果=…;                    /*递归出口*/
  else
    结果=含 f(n-1)的表达式;       /*递归函数,所转化的新的问题*/
  return(返回结果);
}
```

下面将用一个大家都熟悉的例子——阶乘函数来说明这些规则。

【例 6.11】 用递归法求 $f(n) = n!$。阶乘函数是按照递推关系式来定义的。

```
f(0)=1                      /*这是初值,递归的出口*/
f(n)=n*f(n-1)(n>0)          /*这是递归函数*/
```

从上面程序中的公式可以知道,当 $n>0$ 时,求 $n!$可以转化为求 $n*(n-1)!$,而求 $(n-1)!$的解决方法与求 $n!$相同,只是处理对象由 n 变为 $n-1$,求 $(n-1)!$又可转化为求 $(n-1)*(n-2)!$…,

每次转化为新问题时，处理对象减 1，直至减到 0，而 0! = 1 已知，递归结束，所以可以用递归方法求 *n*!。

下面对照用递归法进行程序设计时的一般形式编写程序。

【源程序】

```
/* pro06_11.c*/
#include<stdio.h>
main( )
{
    int n;
    float s;
    float f(int);
    printf("Input n=");
    scanf("%d",&n);
    s=f(n);
    printf("%d!=%.0f",n,s);
}
float f(int x)
{
    int t;
    if(x==0) t=1;
    else t=f(x-1)*x;
    return t;
}
```

运行结果：

```
Input n=3
3!=6
```

以上程序是如何实现递归调用的呢？实际上，递归程序分两个阶段执行。

（1）回推（调用）：欲求 *n*!→先求(*n*-1)!→(*n*-2)!→…→0!，而 0! 已知，回推结束。

（2）递推（回代）：知道 1! →2!，可求出→3! →…→*n*!。

在求 3! 时，递归调用的执行过程如图 6.5 所示。

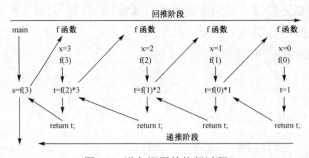

图 6.5 递归调用的执行过程

    形参、局部变量等都是在调用时在内存用户栈上为其开辟存储单元的，栈有个特点——先进后出，分配存储单元称为压栈，释放存储单元叫做出栈。采用这种数据结构有利于调用过程的实施。

    递归和迭代之间的选择，一般情况下，当一个问题既可以用递归又可以用递推方法解决时，应该避免使用递归，如阶乘问题就是这种情况。因为迭代避免了一系列函数调用和返回中所涉及的参数传递所用的时间耗费和返回值的额外开销，故它比递归方法快，占用空间小。而有些问题很难建立一个迭代方法，用递归方法却很容易，这时就只能用递归方法了，如（Tower of hanoi）汉诺塔问题，这是个著名难题，虽然说起来简单，但如果不用递归，就很难解决。

【例 6.12】 汉诺塔问题。

有 3 个塔，每个都堆放若干个盘子。开始时，所有盘子均在塔 A 上，并且，盘子从上到下，按直径增大的次序放置，如图 6.6 所示。此难题的目的是设计一个盘子移动的序列，使得塔 A 上的所有盘子借助于塔 B 移动到塔 C 上。有两个限制：① 一次只能移动一个盘子，② 任何时候都不能把盘子放在比它小的盘子的上面。

如果不用递归方法进行分析，这个问题会令人摸不着头绪。如果用递归方法，就会感到它很简单，简直像有魔力一样。把 n 个盘子从一个塔借助于中间一个塔按照规则移到另一个塔的问题转换为把 $n-1$ 个盘子从一个塔经过中间一个塔按照规则移到另一个塔的问题，最终达到递归出口。

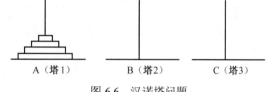

图 6.6 汉诺塔问题

解题方法如下：若只有一个盘了，则是直接从 A 移到 C（递归出口）。若有一个以上的盘子（设为 n 个），则考虑以下三个步骤。

第一步：把 $n-1$ 个盘子依照题目中的规则从塔 A（源塔）借助于塔 C（中间塔）搬到塔 B（目标塔）。

第二步：将剩下的一只盘（也就是最大的一只）直接从塔 A（源塔）搬到那个仍然空着的塔 C（目标塔）。

第三步：再次将 B 塔（源塔）上的 $n-1$ 个盘子借助于塔 A（中间塔）搬到塔 C（目标塔）。这一步是没有问题的，因为 C 塔上仅有一只最大的盘。

读者们注意到，以上分析的第一步、第三步解决方法是一样的，其本身就是一个移汉诺塔的问题，因此可通过递归调用来实现，只是调用时的实际参数不同而已，即源塔、中间塔和目标塔的名字不一样。

【源程序】

```c
/* pro06_12.c*/
#include<stdio.h>
void hanoi(int n, int a, int b, int c)
{
    if(n==1)
        printf("%d ->%d",a,c);
    else
    {   hanoi(n-1,a,c,b);
        printf("%d ->%d",a,c);
        hanoi(n-1,b,a,c);
    }
}
main( )
{   int n;
    printf("input n: ");
    scanf("%d", &n);
    hanoi(n, 1, 2, 3);
}
```

当盘子数是 3 时，hanoi 的执行情况如下：

1->3

```
1->2
3->2
1->3
2->1
2->3
1->3
```

【例 6.13】　有 5 个人，第 5 个人说他比第 4 个人大 2 岁，第 4 个人说他比第 3 个人大 2 岁，第 3 个人说他比第 2 个人大 2 岁，第 2 个人说他比第 1 个人大 2 岁，第 1 个人说他 10 岁。第 5 个人多少岁？

分析：

$$\text{age}(n) = \begin{cases} 10, & n=1 \\ \text{age}(n-1)+2, & n>1 \end{cases}$$

【源程序】

```c
/* pro06_13.c*/
#include<stdio.h>
main( )
{ int age(int);
   printf("%d",age(5));
}

int age(int n)
{
   int c;
   if(n==1)c=10;
   else c=age(n-1)+2;
   return c;
}
```

运行结果：

```
18
```

【例 6.14】　Fibonacci 数列问题（求前 12 项之和）。

分析：

$$\text{fib}(n) = \begin{cases} 1, & n=1 \\ 1, & n=2 \\ \text{fib}(n-1)+\text{fib}(n-2), & n \geqslant 3 \end{cases}$$

【源程序】

```c
/* pro06_14.c*/
#include<stdio.h>
fib(int n)
{
   int f;
   if(n==1||n==2)
      f=1;
   else
      f=fib(n-1)+fib(n-2);
   return(f);
```

```
      }

      main( )
      {
        int i,s=0;
        for(i=1; i<=12; i++)
          s=s+fib(i);
        printf("n=12,s=%d",s);
      }
```

运行结果：

```
    n=12，s=376
```

【例 6.15】　　反向输出一个整数（非数值问题）。

非数值问题的分析无法像数值问题那样得出一个初值和递归函数式，但思路是相同的。

分析方法如下。

（1）简化问题：设要输出的正整数只有一位，则"反向输出"问题可简化为输出一位整数。

（2）对大于 10 的正整数，逻辑上可分为两部分：个位上的数字和个位以前的全部数字。

将个位以前的全部数字看成一个整体，是为了反向输出这个大于 10 的正整数，可按以下步骤进行：

① 输出个位上的数字；

② 除个位外的其他数字作为一个新的整数，重复步骤①的操作。

其中步骤②的问题只是对原问题在规模上进行了缩小而已，故可用递归解决。所以，可将反向输出一个正整数的算法归纳为：

```
      if(n 为一位整数)
          输出 n;
      else
      {   输出 n 的个位数字;
          对剩余数字组成的新整数重复"反向输出"操作;
      }
```

【源程序】

```
      /* pro06_15.c*/
      #include<stdio.h>
      void main( )
      {
        void printn(int x);
        int n;
        printf("Input n=");
        scanf("%d",&n);
        if(n<0)
        {   n=-n; putchar('-');}
        printn(n);
      }

      void printn(int x)                  /*反向输出整数 x*/
      {
        if(x>=0&&x<=9)                     /*若 x 为一位整数*/
            printf("%d",x);                /*则输出整数 x*/
```

```
        else                              /*否则*/
        {
            printf("%d",x%10);            /*输出 x 的个位数字*/
            printn(x/10);                 /*将 x 中的个位数字去掉，形成新的 x 后，继续递归操作*/
        }
    }
```

运行结果：

```
    执行: Input n=9876
    结果: 6789
    执行: Input n=-3579
    结果: -9753
```

注意输入数时，不要超过程序中整型数的取值范围。

6.6　变量的存储类型

6.6.1　变量的作用域与生存期

C 语言中的变量必须先定义后使用，变量的数据类型决定了计算机为变量预留多少存储空间及该变量上应具有的运算。

C 语言中，除了对变量进行数据类型说明外，还可以说明变量的存储类型。不同的存储类型可以确定一个变量的作用域和生存期。

变量的作用域是指变量的作用范围，在 C 语言中分为全局有效、局部有效和在复合语句内有效 3 种。

变量的生存期是指变量作用时间的长短，在 C 语言中分为程序期、函数期和复合期 3 种。

6.6.2　变量的存储类型

一个完整的变量说明格式如下：

[存储类型] 数据类型 变量表; 或 数据类型 [存储类型] 变量表;

例如 static　int　x,y; 或 int　static　x,y;

C 语言中，变量有 4 种存储类型：自动变量（auto）、寄存器变量（register）、静态变量（static）、外部变量（extern）。

根据它们在内存中的存放位置不同，又将它们分为自动和静态两类。其中，auto、register 描述的是自动类，存储在动态存储区；static、extern 描述的是静态类，存储在静态存储区。

用户程序的存储空间一般分为三个区，例如，一个 C 程序在内存中的存储映像如图 6.7 所示。

静态存储区存放的变量在编译时会分配存储单元，

```
┌─────────────────────┐
│   动态存储区（堆栈）  │
├─────────────────────┤
│     静态存储区       │
├─────────────────────┤
│     程序代码区       │
└─────────────────────┘
```

图 6.7　一个 C 程序在内存中的存储映像

程序执行结束才收回存储单元。动态存储区中的变量会在程序运行期间根据需要随时动态分配存储空间。

C 语言中所有的变量都有自己的作用域。变量说明的位置不同，其作用域也不同，据此可将 C 语言中的变量分为局部变量（内部变量）和全局变量（外部变量）。

6.6.3　局部变量

在函数内部或复合语句内部定义的变量称为局部变量。函数的形参也属于局部变量。局部变量的作用域是本函数内部或复合语句内部。所以局部变量也称"内部变量"。

局部变量分为自动变量、寄存器变量、静态局部变量。

需要说明的是：主函数 main 中定义的局部变量只能在主函数中使用，其他函数不能使用。同时，主函数也不能使用其他函数中定义的局部变量。因为主函数也是一个函数，与其他函数是平行关系。这一点是与其他语言不同的，应予以注意。

1. 自动变量

在函数内部或复合语句内部定义的变量，如果没有写明存储类，或使用了 auto 说明符，系统就认为所定义的变量属于自动变量类别，有时也称为（动态）局部变量。

形参是被调用函数的局部变量。注意：形参默认的关键字是 auto，但不能将 auto 直接加在形参之前。

自动变量的生存期为：函数被调用时，分配存储单元，函数返回时，收回存储单元；复合语句执行前分配存储单元，复合语句执行完收回存储单元。自动变量的初始化是：每一次调用，形参都以实参为初值，非形参的自动变量在函数体内部或复合语句内部都重新赋初值。所以，未赋初值的自动变量"无定义"，其值不定。

那么，当复合语句内部定义的局部变量与所在函数局部变量同名时，在复合语句内部，哪一个有效呢？注意：在复合语句内部，所在函数的同名局部变量被屏蔽掉，只有复合语句内部的同名变量有效。

【例 6.16】　求下列程序的运行结果。

【源程序】

```
/* pro06_16.c*/
#include<stdio.h>
main( )
{  int x=1;              /*main 函数内部定义的自动变量, 其作用域为从此处到①*/
   {  int x=2;           /*复合语句内部定义的自动变量, 其作用域为从此处到②*/
      {  int x=3;        /*复合语句内部定义的自动变量, 其作用域为从此处到③*/
         printf("%d\n",x);
      }                  /*③*/
      printf("%d\n",x);
   }                     /*②*/
   printf("%d\n",x);
}                        /*①*/
```

运行结果：

```
3
2
1
```

3 个 x 各有自己的存储空间和作用域，互不冲突，其中内层 x 屏蔽外层 x 的访问。

2. 寄存器变量

register 类型变量存放在 CPU 中的寄存器中，它们属于自动变量。运行程序时，访问存于寄存器中的值比访问存于内存中的值快得多。

【例 6.17】　计算 2^i，$(-3)^i$ 的值。$i = 0, 1, 2, \cdots, 9$。

分析：定义函数 power，用以计算 x^n 的值。

【源程序】

```
/* pro06_17.c*/
#include<stdio.h>
double power(int x,register int n)          /*n 是循环变量，被定义为 register 变量*/
{
    register int i;                         /*i 是用来控制累乘次数的变量，是寄存器变量*/
    int p=1;                                /*p 是用来存放累乘积的变量，是普通变量*/
    for(i=0; i<n; i++)
        p=p*x;
    return(p);
}
main( )
{
    register int i;                         /*i 是用来控制累乘次数的变量，是寄存器变量*/
    for(i=1; i<10; i++)
        printf("i=%d:%.0lf\t,%.0lf\n",i,power(2,i),power(-3,i));
}
```

运行结果：

```
i=1:2 ,-3
i=2:4 ,9
i=3:8 ,-27
i=4:16 ,81
i=5:32 ,-243
i=6:64 ,729
i=7:128 ,-2187
i=8:256 ,6561
i=9:512 ,-19683
```

程序说明：

（1）只有自动变量和形参可以被定义为 register 变量，受寄存器长度的限制，寄存器变量只能是 char、int 和指针类型的变量；

（2）在一个函数中，允许说明的寄存器变量的数目随 CPU 的类型与所用的编译程序的不同而不同；

（3）register 变量没有地址，不能对它进行求地址运算，因为它被存放在寄存器中而不是内存中；

（4）register 说明只是对编译程序的一种建议，当没有足够的寄存器来存放指定的变量时，编译程序将自动按 auto 变量来处理。

3．静态局部变量

在函数体（或复合语句）内部，用以下定义格式定义的变量称为静态局部变量：

　　static 数据类型 变量表;

例如：

　　static int a=8;

关键字 static 使得变量存储在内存的静态存储区，编译程序为之生成永久存储单元，致使其生存期为整个程序的一次运行，也就是说，在程序执行过程中，即使所在函数调用结束也不释放。换句话说，在程序执行期间，静态内部变量始终存在，但其他函数是不能引用它们的。

静态局部变量的初始化只在编译时进行一次，每次调用它们所在的函数时，不再重新赋初值，只是保留上次调用结束时的值。若定义但不初始化，则自动赋以 0（数值型）或'\0'（字符型）。静态局部变量的作用域等其他特性与自动变量、寄存器变量相同。

【例 6.18】　求下列程序的输出结果。

【源程序】

```
/* pro06_18.c*/
#include<stdio.h>
main( )
{
    int f(void);                    /*函数声明*/
    int j;
    for(j=0; j<3; j++)
        printf("%d\n",f( ));
}
int f(void)                         /*无参函数*/
{
    static int x=1;
    x++;
    return x;
}
```

运行结果：

```
2
3
4
```

从上述程序看，函数 f 被调用三次，由于局部变量 x 是静态局部变量，它在编译时分配存储空间，故每次调用函数 f 时，变量 x 不再重新初始化，保留加 1 后的值，得到上面的输出结果。

根据静态局部变量的上述特点，需要保留函数上一次调用结束时的值或变量只被引用而无须改变其值时，可使用静态局部变量。

6.6.4　全局变量和静态全局变量

当变量定义放在函数体外时，该变量就称为全局变量，全局变量也称为外部变量。

对于全局变量，可使用 extern 和 static 两种说明符，用 static 修饰的全局变量称为静态全局变量（静态外部变量）。全局变量和静态全局变量都属于静态存储类。生存期都是程序的一次执行，定义和初始化都是在程序编译时进行的，其初始化只有一次。若没有初始化，则自动赋以"0"（数值型）或'\0'（字符型）。

1. 全局变量

全局变量不属于任何一个函数，其作用域是：从全局变量的定义位置开始，到本文件结束为止。全局变量可为各函数所共享，所以函数之间交流数据可以使用全局变量，但并不提倡使用。

这里有如下两个问题需要考虑。

（1）当全局变量定义在后，引用它的函数在前时，如何使用该全局变量？这就需要把该全局变量的作用域延伸至该函数。

（2）一个 C 语言程序可由一个或多个源程序文件组成，每个源程序文件作为一个编译单位单独进行编译，然后再连接生成一个可执行程序（*.exe）。假如在每个文件中都定义了一个同名全局变量，则分别编译时将分别给每个变量分配一个存储空间，连接时就会出现同一个变量名"重复定义"的错误。那么，能否使在某文件中定义的全局变量，在其他文件中无须再次定义而直接使用呢？这就需要把全局变量的作用域进行延伸。C 语言可通过外部变量说明达到此目的。

外部变量说明的一般形式为：

> extern　数据类型　全局变量 1[,全局变量 2,…];

其作用是声明这些变量是在别处已经定义的全局变量，通知编译程序无须再给它分配存储单元，这时该变量的作用域进行了延伸。若外部变量说明出现在引用它的函数中，则该变量的作用域从 extern 说明处起，延伸到该函数末尾。而函数外（通常在文件开头）的 extern 变量说明，表示该变量的作用域延伸至说明处至整个文件结束。

注意： 外部变量的定义和外部变量的说明是两回事。外部变量的定义必须在所有的函数之外，且一个变量在一个程序中只能定义一次，系统为它分配存储单元，并可初始化；而外部变量的说明，出现在要使用该外部变量的函数内或函数外，而且可以出现多次。它并不分配存储单元，只是让编译程序知道该变量是一个已经在别处定义过的变量，故不能在说明的同时进行初始化。

下面举例说明。

（1）在同一个文件中用 extern 说明符来扩展全局变量的作用域。

【例 6.19】　求下面程序的运行结果。

【源程序】

```
/* pro06_19.c*/
#include<stdio.h>
void try_1(void)
{
    extern int i;                    /*先用 extern 进行说明，说明 i 是在后面定义的外部变量 */
                                     /*i 的作用域延伸为从此处到整个文件的结尾*/
    i=i+5;
}
int i;                               /*外部变量定义*/
main( )
{
    try_1();
    printf("i=%d\n",i);
}
```

运行结果：

```
i=5
```

如果需要将全局变量的作用范围扩展至整个源文件，可以将外部变量说明放在文件头部。

（2）在其他文件内用 extern 说明符来扩展全局变量的作用域。

【例 6.20】　求下面程序的运行结果。

【源程序】

```
/* pro06_20.c FILE1*/
#include<stdio.h>
int i;                               /* 在 FILE1 中定义外部变量 i*/
void func( );                        /* 外部函数说明*/
```

```
main( )
{
  i=5;
  printf("FILE1:%d\n",i);
  func( );
}
/* pro06_20a.c,FILE2*/
extern int i;        /* 外部变量说明，说明文件 FILE2 中的变量 i 是引用 FILE1 中定义的外部变量 i*/
void func( )
{
  printf("FILE2:%d\n",i);
}
```

运行结果：

```
FILE1:5
FILE2:5
```

对于全局变量还有以下几点说明。

① 当程序中多个函数都使用同一数据时，全局变量将是很有效的，它可加强函数模块之间的数据联系，但又使这些函数依赖这些全局变量，因而使得这些函数的独立性降低。例如，在编制大型程序时就有一个重要的问题：变量值都有可能在程序其他地点被改变，从而引起难以查找的错误，从模块化程序设计的观点来看这是不利的。另外，无论是否需要，全局变量在整个程序运行期间都占用内存空间，因此尽量不要使用全局变量。

② 在同一源文件中，允许全局变量和局部变量同名。此时，在局部变量的作用域内，全局变量将被屏蔽而不起作用。

【例6.21】　下面求程序的运行结果。

【源程序】

```
/* pro06_21.c*/
#include<stdio.h>
void num( )
{
  extern int x,y;              /*外部变量说明，说明 num 函数中的 x，y 是后面定义的全局变量*/
  int a=15,b=10;              /*变量 a，b 是局部变量，其作用域只在 num 函数内部*/
  x=a-b;
  y=a+b;
}
int   x,y;                     /*全局变量定义*/
main( )
{
  int a=7,b=5;                /*变量 a，b 是局部变量，其作用域只在 main 函数内部*/
  x=a+b;
  y=a-b;
  num( );
  printf("%d,%d\n",x,y);
}
```

运行结果：

```
5,25
```

注意以下两点。

① 如果程序内 extern int x,y;语句中不加上 extern，则函数 num 内定义了局部变量 x,y，其作用范围为函数 num 内部，与 main 函数中用的全局变量 x,y 无关，故输出结果是：12，2。

② 如果程序内 extern int x,y;语句中不加上 extern，并且全局变量定义 int x, y; 位于程序文件顶部，输出结果仍是：12，2，因为此时虽然全局变量 x,y 的作用域是整个文件，但注意到在局部变量的作用域内，同名全局变量将被屏蔽而不起作用。

2．静态全局变量

当用 static 说明符说明全局变量时，此变量就称为静态全局变量或静态外部变量。此时 static 的作用不是把全局变量改为静态存储，因为它本身就是静态存储类，而是限制了它的作用域只能在本文件内，不能用 extern 说明符使其作用域扩展到程序的其他文件中，即它仅在定义它的文件中是可见的，因此虽然变量是全局的，但其他函数中的函数无法感知其存在，也无法修改它，有效地消除了副作用。

静态外部变量允许程序的一部分对其他部分充分隐蔽，这有利于管理大型复杂程序，程序员不必担心因全局变量重名而引起混乱。

静态外部变量的生存期和初始化都同全局变量一样。

例如，把例 6.20 中文件 FILE1 的外部变量定义 int i; 改为 static int i;，则分别编译两个文件时一切正常，但是当把这两个文件连接在一起时将产生文件 FILE2.c 中符号'i'无定义的错误信息，因为 static 的作用限制了外部变量 i 作用域的扩展，使它仅在定义它的文件中是可见的。

6.7　内部函数和外部函数

当一个源程序由多个源文件组成时，C 语言根据函数能否被其他源文件中的函数调用，将函数分为内部函数和外部函数。

6.7.1　内部函数

如果在一个源文件中定义的函数只能被本文件中的函数调用，而不能被同一源程序其他文件中的函数调用，这种函数称为内部函数（又称静态函数）。

定义一个内部函数，只需在函数类型前再加一个 static 关键字即可，定义格式如下：

```
static 函数类型 函数名(函数参数表)
{…}
```

例如：

```
static int fun(int a, int b, int c) {…}
```

关键字 static，译成中文就是"静态的"，所以内部函数又称静态函数。但此处 static 的含义不是指存储方式，而是指对函数的作用域仅局限于本文件。

使用内部函数的好处是：不同的人编写不同的函数时，不用担心自己定义的函数是否会与其他文件中的函数同名，因为同名也没有关系。

6.7.2　外部函数

在定义函数时，如果没有加关键字 static 或冠以关键字 extern，则表示此函数是外部函数，其定义格式为：

> [extern] 函数类型　函数名(函数参数表)
> {…}

其中[ ]内为可选项。如：

> int fun(int a, int b, int c) {…}　或　extern int fun(int a, int b, int c) {…}

若函数定义在其他文件内，或定义在调用点之前，则在调用外部函数时，必须对其进行说明：

> [extern]　函数类型　函数名(参数类型表[函数名 1[,参数类型表 2,…];

其中[ ]内为可选项。

【例 6.22】　外部函数应用示例。

（1）文件 mainf.c 中定义外部函数示例。

> main( )
> {　extern void input(…),process(…),output(…);　　/*说明本文件要用到其他文件中定义的函数*/
> 　　input(…); process(…); output(…);　　　　　　/*函数调用*/
> }

（2）文件 subf1.c 中定义外部函数示例。

> …
> extern void input(…)　　　　　　　　　　　　　/*定义外部函数 input*/
> {…}

（3）文件 subf2.c 中定义外部函数示例。

> …
> extern void process(…)　　　　　　　　　　　　/*定义外部函数 process*/
> {…}

（4）文件 subf3.c 中定义外部函数示例。

> …
> extern void output(…)　　　　　　　　　　　　/*定义外部函数 output*/
> {…}

6.8　编译预处理命令

在 C 语言中，凡是以字符"#"开头的行都称为"编译预处理"命令行。虽然它们实际上不是 C 语言的一部分，却扩展了 C 语言程序设计的环境。C 语言提供了编译预处理的功能，正确地使用这一功能，可以更好地体现 C 语言的易读、易修改和易移植的特点。

所谓"编译预处理"，就是在 C 编译程序对 C 源程序进行编译前，由编译预处理程序对这些编译预处理命令行进行处理的过程。

C 语言的预处理程程命令有：#define、#undef、#include、#if、#else、#elif、#endif、#ifdef、#ifndef、#line、#pragma、#error。这些命令均以字符"#"开头，一行只写一个命令，并且末尾不能加分号，以区别于其他 C 语句。这些命令行的语法与 C 语言中其他部分的语法无关，它们可以根据需要出现在程序中的任何一行的开始位置，但通常都写在程序的开始位置。

6.8.1　宏替换

1．不带参数的宏定义

不带参数的宏定义形式为：

```
#define   宏名  替换文本
```

或

```
#define   宏名
```

后一种形式不包含"替换文本"，仅说明标识符（宏名）"被定义"。在#define、宏名和替换文本之间用空格隔开。例如：

```
#define  PI  3.14
```

标识符 PI 称为"宏名"，是用户定义的标识符，通常大写，不得与程序中的其他名字相同；"3.14"是替换文本，也称"宏体"，编译时，在此命令行之后，预处理程序对源程序中的所有名为 PI 的标识符用字符串"3.14"来替换，这个替换过程称为"宏替换"。

替换文本中可以包含已定义过的宏名，例如：

```
#define  PI  3.14
#define  JAPI   (PI +1)
#define  JAJAPI   (2* JAPI)
```

说明：

（1）宏名一般习惯用大写字母表示，以便与变量名相区别。但这并非规定，也可以用小写字母表示。

（2）使用宏名代替一个字符串，可以增加程序的可读性，减少程序中重复书写某些符号常量，少犯错误，也便于修改。如当银行的利率发生改变时，可以只改变#define 命令行，从而做到一改全改。

（3）宏定义是用宏名代替一个字符串，也就是做简单的置换，不做正确性检查。如果写成：

```
#define   PI 3.l4
```

即把数字 1 写成了小写字母 l，预处理时也照样代入，而不管含义是否正确。

（4）宏定义不是 C 语句，结尾不能有分号。如果加了分号，则会连分号一起进行置换。例如：

```
#define   PI   3.14159;                              /*以分号结尾*/
```

则对程序中语句

```
printf("%f", PI*10*10);
```

预处理后将会被替换为：

```
printf("%f", 3.14159; *10*10);
```

显然这是错误的。

（5）对于程序中用双括号括起来的字符串内的字符，即使与宏名相同，也不进行置换。例如：

```
# define R   3.0
# define PI   3.14
# define L   2*PI*R                                  /*宏体是表达式*/
# define S   PI*R*R
```

则对程序中语句：

```
printf ("L=%f\nS=%f\n",L,S);
```

预处理后只会替换后面的 L 和 S，而前面双引号内的 L 和 S 则不会被替换。

（6）宏定义可以嵌套。如上例中，宏 L 和 S 中就嵌套了宏 PI 和 R。

（7）宏定义是一个专门用于预处理命令的专用名词，它与定义变量的含义不同，只做字符替换，不分配内存空间。

（8）宏替换不占运行时间，只占编译时间。而函数调用则占运行时间（分配单元、保留现场、值传递、返回）。宏替换是在编译时进行的，而函数调用是在程序运行时处理的。

2．带参数的宏定义

C 语言还可使用带参数的宏替换。带参数的定义格式如下：

```
#define   宏名(形参表)  替换文本
```

【例 6.23】　常用的宏定义示例。

```
#define MAX(a,b) (((a)>(b))?(a):(b))          /*求 a 和 b 中最大者*/
#define MIN(a,b) (((a)<(b))?(a):(b))          /*求 a 和 b 中最小者*/
#define MOD(a,b) (a)%(b)                      /*求 a 和 b 的模*/
#define SQR(x)   (x)*(x)                      /*求 x 的平方*/
```

例如，当程序中出现语句：

```
x=MAX(i*j,k+1);
```

程序在处理时，将被替换成语句：

```
x=(((i*j)>(k+1))?(i*j):(k+1);
```

如果程序中有语句：

```
i=MOD(5,4);
```

预处理时，它将被替换成如下语句：

```
i=(5)%(4);
```

下面分别用带参数的函数和宏替换两种方法来实现求 x^2 的值。

【例 6.24】　用函数方法求 x^2。

【源程序】

```
/* pro06_24.c*/
int SQR(int x)
{
    return(x*x);
}
main( )
{
    printf("%d",SQR(6));
}
```

【例 6.25】　用带参数的宏求 x^2。

【源程序】

```
/* pro06_25.c*/
#define SQR(x)   (x)*(x)
main( )
{
    printf("%d", SQR(6));
}
```

程序说明如下。

#define 命令定义一个带参数的宏，宏名为 SQR(x)，宏体为(x)*(x)，x 被称为"形式参数"。程序中对这个宏以 SQR(6)的形式使用一次，其中，数字 6 被称为"实际参数"。对于宏的使用，编译预处理将按以下步骤替换。

第 1 步：将 SQR(6)替换为(x)*(x)。

第 2 步：将(x)*(x)中的第 1 个 x 替换为 6，变为(6)*(x)。

第 3 步：将(6)*(x)中的 x 替换为 6，变为(6)*(6)。

最终，SQR(6)被替换为(6)*(6)。

带参数的宏在形式上有点像函数，但不是函数。它们在本质上有区别，有以下主要不同点。

（1）运行机制。带参数的宏只是表达式内容的替换，而函数则要使程序转到函数体中运行。

（2）函数调用结果有确定的数据类型，而带参数宏的替换会随着参数的不同而得出不同类型的结果。如例 6.23 中定义的宏 MAX 若是对两个整数求其中最大，将会返回一个整数；其中对两个实数求最大，将会返回实数。

宏定义的执行效率比调用函数高，但因为是一种直接替代形式，在编译后，程序体将会膨胀，因此占用空间较大。

3．使用宏替换应注意的问题

（1）宏名与宏体之间用空格相隔，所以宏名中不能含有空格。例如，有宏定义：

```
#define f (x) ((x)–1)              /*宏名 f(x)中有空格*/
```

进行宏替换时，编译系统会认为 f 是宏名，认为(x)((x)–1)是宏体，因此会用(x)((x)–1)替换所有的 f。

（2）尽管宏名是字符串，但不能用引号括起来。

（3）宏定义中的参数尽量用圆括号括起来以免错误。

例如，求平方的宏定义，如果写成：

```
#define   SQR(x)   x*x,
```

若程序中使用：

```
SQR(x+1);
```

则替换之后会得到 x+1*x+1，显然并不能得到预期的结果$(x+1)^2$。所以在宏定义时，一定要用圆括号将参数括起来。

（4）较长的宏定义在一行中写不下时，要在本行结尾使用反斜杠表示续行。例如：

```
#define OUTPUT printf ("This is an interesting program which teaches\
peoplehow to use #define command")
```

这是比较特殊的，因为在 C 语言中，一般情况下不需要有续行的标识，而预处理是个例外。

（5）宏定义可以写在程序中的任何地方，但因其作用域为从定义之处到文件末尾，所以一定要写在程序引用该宏之前，通常写在一个文件之首。

6.8.2　文件包含

文件包含是将另一个已存在文件的内容嵌入到当前文件中，从而使当前文件能够使用被包含文件中的一切内容。有了文件包含的功能，就可以将多个模块公用的数据（如符号常量和数据结构）或函数集中到一个单独的文件中。不必重复定义它们，从而减少重复劳动。C 语言提供#include 命令来实现文件包含的操作，它实际是宏替换的延伸，有两种格式。

格式一：

```
#include<filename>
```

其中，filename 为要包含的文件名称，用尖括号括起来，也称为头文件，表示预处理到系统规定的路径中去获得这个文件（即 C 编译系统所提供的并存放在指定的子目录下的头文件）。找到文件后，用文件内容替换该语句。

格式二：

```
#include"filename"
```

其中，filename 为要包含的文件名称。双引号表示预处理应在当前目录中查找文件名为 filename 的文件，若没有找到，则按系统指定的路径信息搜索其他目录。找到文件后，用文件内容替换该语句。

例如：

```
#include"stdio.h"
#include<stdio.h>
```

这两行代码均使用 C 编译程序读入并编译用于处理标准输入、输出的子程序。

说明：

（1）文件名可以由用户指定，其后缀不一定是 ".h"；

（2）当包含文件修改后，必须对包含该文件的源程序重新进行编译连接；

（3）包含文件中还可以包含其他文件。

6.8.3　条件编译

一般情况下，源程序的各行都参加编译。但是有时希望当满足某个条件时才对一段程序进行编译，否则就不对它编译，也就是对一段程序指定编译条件，这称为"条件编译"。使用条件编译，可以减少被编译的程序语句，保证生成的目标代码（可执行文件）不会太大，这在编写大型程序时尤其有用。

常用的条件编译命令有如下几种。

1．#if

形式为：

```
#if  e
   s1
#else
   s2
#endif
```

说明：e 为条件表达式，s1，s2 表示 C 语言的语句序列。整个条件编译命令表示，当表达式 e 的值为真（非 0）时，编译 s1，不编译 s2；否则编译 s2，不编译 s1。

【例 6.26】　使用条件编译命令的程序示例。

【源程序】

```
/* pro06_26.c*/
#include "stdio.h"
#define MAX 100
main( )
```

```
    {
      #if MAX > 999
        printf ("MAX is greater than 999\n");
      #else
        printf ("MAX is less than 999\n");
      #endif
    }
```

程序中条件编译命令的功能是：当符号常量 MAX 的值大于 999 时，只将语句：

```
printf("MAX is greater than 999\n");
```

编译成目标代码；否则只将语句：

```
printf("MAX is less than 999\n");
```

编译成目标代码。由于 MAX 的当前值定义为 100，因此只有第 2 条 printf 语句被编译成目标代码。

运行结果：

```
MAX is less than 999
```

【例 6.27】 不使用条件编译命令的程序示例。

【源程序】

```
/* pro06_27.c*/
#include"stdio.h"
#define MAX 100
main( )
{
  if(MAX>999)
      printf("MAX is greater than 999\n");
  else
      printf("MAX is less than 999\n");
}
```

运行结果：

```
MAX is less than 999
```

可以看出，这两个程序的运行结果完全相同。但编译系统却将例 6.27 的两条 printf 语句都编译成目标代码。因此，如果查看这两个程序编译后生成的.exe 文件，会发现它们的大小并不相同，例 6.26 的.exe 文件要比例 6.27 的.exe 文件小。

注意： 例 6.26 中的条件表达式并没有用圆括号括起来，而例 6.27 的条件表达式必须用圆括号括起来。

2．#ifdef

形式为：

```
#ifdef   p
  s1
#else
  s2
#endif
```

说明： p 为符合 C 语言规则的标识符，s1，s2 表示 C 语言的语句序列。整个条件编译命令的功能是：如果标识符 p 已被定义过，则只将 s1 编译成目标代码，否则只将 s2 编译成目标代码。

【例 6.28】 求 n 个由键盘输入的整数之和。数目 n 可以由程序定义，若程序没有定义数目 n，则从键盘输入，要求使用#ifdef 预处理。

【源程序】

```
/*pro6_28.c*/
#include"stdio.h"
#define N 2
main( )
{
    int i, num, no;
    int sum=0;
    #ifdef N
      no=N;
    #else
      printf("please Enter the total number\n");
      scanf("%d", &no);
    #endif
    printf("please Enter  %d numbers\n", no);
    for(i=0; i<no; i++)
    {
        scanf("%d", &num);
        sum=sum+num;
    }
    printf("sum=%d\n", sum);
}
```

运行结果：

```
please Enter 2 numbers
2    3√
sum=5
```

程序中的条件编译命令表示：首先判断符号常量 N 是否被定义，若已被定义，则只将程序段：

```
no=N;
```

编译成目标代码，程序运行时，将使用 N 作为要输入的整数个数；否则将只编译程序段：

```
printf("please Enter the total number");
scanf("%d", &no);
```

这时，程序将只接收键盘的输入作为要输入的整数个数。

如果将例 6.28 的预编译命令：

```
#define N 2
```

删去，则重新编译后程序的运行结果为：

```
please Enter the total number
3√
please Enter 3 numbers
2 3 4√
sum=9
```

3. #ifndef

形式为：

```
#ifndef p
```

```
s1
#else
s2
#endif
```

说明：p 为符合 C 语言规则的标识符，s1，s2 表示 C 语言的语句序列。整个条件编译命令的功能是：如果标识符 p 没有被定义过，则只将 s1 编译成目标代码，否则只将 s2 编译成目标代码。

从定义形式可以看出，#ifndef 实际上与#ifdef 类似，只是功能相反。

【例 6.29】　求 n 个由键盘输入的整数之和。数目 n 可以由程序定义，若程序没有定义数目 n，则从键盘输入，要求使用#ifndef 预处理。

【源程序】

```
/* pro06_29.c*/
#include"stdio.h"
#define N 2
main( )
{
    int i,num,no;
    int sum=0;
    #ifndef N
        printf("please Enter the total number\n");
        scanf("%d", &no);
    #else
        no=N;
    #endif
    printf("please Enter  %d numbers\n", no);
    for(i=0; i<no; i++)
    {   scanf("%d", &num);
        sum=sum+num;
    }
     printf("sum=%d\n", sum);
}
```

运行结果：

```
please Enter 2 numbers
2  3↙
sum=5
```

可见，例 28 和例 29 中两个程序的输出结果完全相同。

6.9　综 合 实 例

【例 6.30】　编写函数 fun，其功能是：计算 $f(x)=1+x-\dfrac{x^2}{2!}+\dfrac{x^3}{3!}-\dfrac{x^4}{4!}+\cdots+(-1)^{n-2}\dfrac{x^{n-1}}{(n-1)!}+$

$(-1)^{n-1}\dfrac{x^n}{n!}$ 的前 n 项之和。

【源程序】

```
/* pro06_30.c*/
#include <stdio.h>
```

```
#include <math.h>
double fun(double x, int n)
{    double f, t; int i;
     f = 1;
     t = -1;
     for (i=1; i<n; i++)
     {   t *= (-1)*x/i;
         f += t;
     }
     return f;
}
main( )
{    double x, y;
     x=2.5;
     y = fun(x, 15);
     printf("\nThe result is :\n");
     printf("x=%-12.6f y=%-12.6f\n", x, y);
}
```

运行结果：

```
The result is :
x=2.5000000        y=1.917914
```

【例 6.31】　编写函数 fun，其功能是：计算并输出 3 到 n 之间（含 3 和 n）所有素数的平方根之和。

【源程序】

```
/*pro06_31.c*/
#include<math.h>
#include<stdio.h>
double fun(int n)
{
     int i,j=0;
     double s=0;
     for (i=3; i<=n; i++)
     {
         for (j=2; j<i; j++)
             if(i%j==0)break;
         if(j==i)s=s+sqrt(i);
     }
     return s;
}
main( )
{    int n; double sum;
     printf("\n\nInput n: "); scanf("%d",&n);
     sum=fun(n);
     printf("\n\nsum=%f\n\n",sum);
}
```

程序运行时从键盘输入：100

运行结果：

```
sum=148.874270
```

【例 6.32】　编写函数 fun，其功能是：将形参 n 中，个位上为偶数的数取出，并按原来从高位到低位相反的顺序组成一个新的数，作为函数值返回。

【源程序】

```
/*pro06_32.c*/
#include<stdio.h>
unsigned long fun(unsigned long n)
{    unsigned long x=0; int t;
     while(n)
     {    t=n%10;
          if(t%2==0)
               x=10*x+t;
          n=n/10;
     }
     return x;
}
main( )
{    unsigned long n=-1;
     while(n>99999999||n<0)
     { printf("Please input(0<n<100000000): "); scanf("%ld",&n);}
     printf("\nThe result is: %ld\n",fun(n));
}
```

程序运行时从键盘输入：27638496

运行结果：

The result is:64862

6.10　MATLAB 函数简介

6.10.1　m 文件概述

在 MATLAB 命令窗口中，输入一行命令，系统会立刻执行该命令，这种人机交互的工作方式称为命令行运行模式。当运行的命令较多时，如果采用命令行运行模式，直接从键盘上逐行输入命令显然比较麻烦，并且程序可读性差、难以存储，此时应该采用 M 程序运行模式。所谓 M 程序运行模式，是指由 MATLAB 语句构成程序、以 ASCII 码文本文件的形式存储、用 m 作为文件扩展名的 MATLAB 程序在命令窗口中的自动运行。

MATLAB 向用户提供了一个自主编写程序的环境，用户可以根据自己的需要，灵活运用 MATLAB 的函数（M 函数）或者命令编程。

单击 MATLAB 主窗口工具条上的 New File 图标 ⬜，就可弹出如图 6.8 所示的 MATLAB 文件编辑调试器 MATLAB Editor/Debugger。其窗口初始名为 untitled ，用户即可在空白窗口中编写程序。

【例 6.33】　m 文件实例。

【源程序】

```
%pro06_33.m
t=-10:0.1:10;
ft=1/2*sin(t);
ft1=ft.*cos(10*t);
```

```
plot(t,ft,'r')
hold on
plot(t,ft1,'g')
```

写完文件用 pro06_33.m 文件名保存（save），在命令窗口中输入文件名 pro06_33 后回车，则显示出运行该文件的结果，如图 6.9 所示。

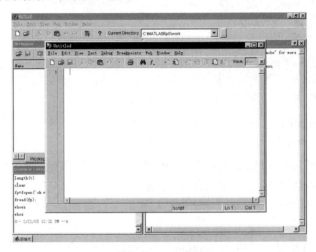

图 6.8　MATLAB 文件编辑调试器

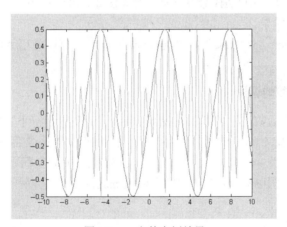

图 6.9　m 文件实例结果

编写 m 文件的一般格式是：用 clear、close all 等语句开头，清除掉工作空间中原有的变量和图形，以免其他已执行过的程序残留数据对本程序产生影响；文件名长度一般不要超过 8 个字符（英文字母、数字和下画线），文件扩展名要用.m。

6.10.2　用 m 文件实现 MATLAB 函数

1．MATLAB 通过 m 文件构造函数

首先来看一个例子。

【例 6.34】　编写程序通过 swap(x,y)函数实现主函数中变量 x，y 的交换。

【源程序】 swap.m 文件

```
%swap.m
function swap(x, y){
```

```
fprintf('Before swap: x=%d y=%d\n', x,y);
t=x;
x=y;
y=t;
fprintf('After swap: x=%d y=%d\n', x,y);
}
```

在 MATLAB 命令窗口依次输入：

```
x=10; ↙
y=30; ↙
swap(x, y); ↙
```

运行结果：

```
Before swap: x=5 y=6
After   swap: x=6 y=5
```

对比 C 语言函数实例，可以发现 MATLAB 语法与 C 语言有极大相似性。同时，就函数而言，与 C 语言相比，MATLAB 遵循以下特定规则。

（1）函数以 m 文件的形式保存，且文件名与函数名必须相同。例如，函数 swap 存储在名为 swap.m 的文件中。

（2）函数第一行总是以关键字"function"引导的函数声明行。

（3）m 文件函数可以 MATLAB 命令一样工作，例如，可以在 MATLAB 命令窗口直接输入 swap(x,y)函数获得运行结果。

在菜单中选择"File"->"New"->"Function"选项，可以使用 MATLAB 函数模板创建一个新的函数。

2．MATLAB 中函数的调用

MATLAB 中建立的函数，除了可以在 MATLAB 的命令提示符下直接以文件名（或者说函数名）调用外，还可以像 C 语言的函数调用一样，在另外一个 m 文件中调用。

在菜单中选择"File"-> "Script"选项，创建例 6.35 中的主程序 main.m。

【例 6.35】　编写调用 swap(x,y)函数的主函数 main.m。

【源程序】main.m 文件

```
%main.m
x=10;
y=20;
swap(x,y);
```

在 MATLAB 命令提示符">>"下输入：

```
>>main↙
```

即可以看到例 6.34 运行之后的结果。

6.11　实 例 拓 展

细心的读者可能已经发现，第 5 章介绍的程序已经略显庞大，阅读起来很不方便。那么怎样避免程序因过大而失控呢？怎样使程序结构清晰、阅读方便呢？可以使用本章介绍的函数来完成这个任务。

6.11.1 工程计算实例

【例 6.36】 将前面各章中编写好的程序进行如下处理：主程序为主控程序，以菜单的形式管理各功能模块，这里将求和、求平均两个功能变成了两个函数，由主程序调用。具体 C 语言程序如下。

【源程序】

```
#include <stdio.h>
/*原型说明*/
void summury( );
void averag( );

/*程序从这里开始执行*/
main( )
{
  int Choice=0;
  for(; ;)
  {
    printf("请输入数字选择如下操作： \n ");
    printf("0.退出\n");
    printf("1.求和\n");
    printf("2.求平均\n");
    printf("3.求方差\n");
    printf("4.矩阵运算\n ");
    printf("5.方程求解\n ");
    scanf("%d",&Choice);
    if(Choice<0 || Choice>5)
    {
      printf ("您的选择超出范围了，请重新选择！ ");
      continue;                              /*返回菜单选择*/
    }
    else
    {
      switch(Choice)
      {
        case 0: printf("您选择了退出本程序\n");   exit( );
        case 1: summury( );   break;
        case 2: averag( );   break;
        case 3: printf("您选择了求方差\n");   break;
        case 4: printf("您选择了矩阵运算\n");   break;
        case 5: printf("您选择了方程求解\n");   break;
      }                                      /* end of switch */
    }                                        /*end of if-else */
  }                                          /* end of for */
}                                            /* end of main( ) */
/*求和*/
void   summury( )
{
  int   sum=0,x;
  printf("请输入您要求和的数列，以 0 结束:\n");
  for(; ;)
  {
```

```
    scanf("%d",&x);
    if(x= =0) break;                              /*输入的数据以 0 作为结束标志*/
    sum+=x;
    }
    printf("您所输入的数据的和是：%d\n",sum);
}
 /*求平均*/
void    averag( )
{
  int i=0;
  int   sum=0,x;
  printf("请输入您要求平均的数列，以 0 结束:\n");
  for(; ;)
  {
    scanf("%d",&x);
    if(x= =0) break;                              /*输入的数据以 0 作为结束标志*/
   /*累加*/
    sum+=x;
   /*统计输入数据的个数*/
    i++;
    }
    printf("您所输入的数据的平均值是：%f\n",sum1.0/i);
}
```

6.11.2　MATLAB 实例

【例 6.37】　下面我们使用 MATLAB 来实现例 6.36 的功能。

【源程序 1】主控程序

```
% engine4.m
while 1,
  fprintf('请输入数字选择如下操作：\n');
  fprintf('0.退出 \n');
  fprintf('1.求和 \n');
  fprintf('2.求平均\n');
  fprintf('3.求方差\n');
  fprintf('4.矩阵运算\n');
  fprintf('5.方程求解\n ');
  Choice=input( ' Your choice :');
  if Choice<0 | Choice>5
      fprintf ('您的选择超出范围了，请重新选择！');
  else
    switch   Choice
      case 0,
                fprintf('您选择了退出本程序\n');break;
      case 1,
                fprintf('您选择了求和\n');sum( );
      case 2,
                fprintf('您选择了求平均\n');avg( );
      case 3,
                fprintf('您选择了求方差\n'); %此处放入求方差的函数 variance( )
      case 4,
                fprintf('您选择了矩阵运算\n'); %此处放入矩阵运算的函数 matrix( )
      case 5,
```

```
                    fprintf('您选择了方程求解\n'); %此处放入求方程的函数 equation( )
        end
      end
    end
```

【源程序 2】 求和子程序 sum.m

```
    %sum.m
    function    sum( )
    S=0;
    while 1
        number=input('请输入待求和的数，以 0 结束：');
        if number==0,
            break;
        else
            S=S+number;
        end
    end
    fprintf('该数据序列的和是：\n');
    A
    end
```

【源程序 3】 求平均子程序 avg.m

```
    %avg.m
    function avg( )
    A=0;
    j=0;
    while 1
        number=input('请输入待求平均的数列，以 0 结束：');
        if number==0,
            break;
        else
            A=A+number;
            j=j+1;
        end
    end
    fprintf('您输入的数列的平均值是：\n');
    A/j
    end
```

读者可以仿照本例编写出其他子程序。

6.12　小　　结

1．C 语言中，程序从 main( )函数开始执行，到 main( )函数中终止，其他函数通过调用后方能执行；函数定义负责定义函数的功能，未经定义的函数不能使用；函数说明就是通知编译系统该函数已经定义过了；函数调用完成一个函数的执行。

2．函数调用时，注意形式参数与实际参数之间的数据传递；掌握函数的调用及嵌套调用和递归调用；掌握局部变量、全局变量及静态变量的区别及应用。

3．C 语言中变量必须先定义后使用，变量的数据类型决定了计算机为变量预留多少存储空间及该变量上应具有的运算；变量的存储类型确定了一个变量的作用域和生存期。

4．编译预处理，就是在 C 编译程序对 C 语言源程序进行编译前，由编译预处理程序对编译预处理命令行进行处理的过程。正确地使用这一功能，可以更好地体现 C 语言的易读、易修改和易移植的特点。

5．MATLAB 向用户提供了一个自主编写程序的环境，用户可以根据自己的需要，灵活运用 MATLAB 的函数（m 函数）或者命令编程。MATLAB 中建立的函数，除了可以在 MATLAB 的命令提示符下直接以文件名（或者说函数名）调用外，还可以像 C 语言的函数调用一样，在另外一个 m 文件中调用。特别要注意的是 MATLAB 的函数名与文件名必须相同。

习 题 6

一、选择题

1．C 语言中，函数的隐含存储类别及形参的默认存储类别分别是（   ）。

    A．auto、static   B．static、auto

    C．auto、extern   D．extern、auto

2．若有以下函数调用语句：

```
func(f2(v1,v2),(v3,v4,v5),(v6,max(v7,v8)));
```

此函数调用语句中实参的个数是（   ）。

    A．3   B．4   C．5   D．8

3．以下对 C 语言函数的有关描述中，正确的是（   ）。

    A．在 C 语言中，调用函数时，只能把实参的值传送给形参，形参的值不能传送给实参

    B．C 语言中的函数既可以嵌套定义又可以直接或间接递归调用

    C．函数必须有返回值，否则不能使用函数

    D．C 程序中有调用关系的所有函数必须放在同一个源程序文件中

4．以下叙述不正确的是（   ）。

    A．在不同的函数中可以使用相同名字的变量

    B．在一个函数内定义的变量只在本函数范围内有效

    C．在一个函数内的复合语句中定义的变量在本函数范围内有效

    D．函数中的形式参数是局部变量

5．以下叙述中正确的是（   ）。

    A．在 C 语言程序中，main 函数必须放在其他函数的最前面

    B．每个后缀为.c 的 C 语言源程序都可以单独进行编译

    C．在 C 语言程序中，只有 main 函数才可单独进行编译

    D．每个后缀为.c 的 C 语言源程序都应该包含一个 main 函数

6．以下叙述中错误的是（   ）。

    A．用户定义的函数中可以没有 return 语句

    B．用户定义的函数中可以有多个 return 语句，以便可以调用一次返回多个函数值

    C．用户定义的函数中若没有 return 语句，则应当定义函数为 void 类型

    D．函数的 return 语句中可以没有表达式

7．下面程序的输出结果是（   ）。

```
#include<stdio.h>
void  func(int  n)
```

```
{ int  i;
  for (i=0; i<=n; i++)   printf("*");
  printf("#");
}
main( )
{   func(3);   printf("????");   func(4);   printf("\n");   }
```

    A. ****#????****#   B. **#????*****#   C. ****#????*****#   D. ***#????****#

8. 下面程序的输出结果是（　　　）。

```
#include"stdio.h"
int w=3;
int fun(int k)
{ if(k= =0) return w;
  return(fun(k−1)*k);
}
main( )
{ int w=10;   printf("%d\n",fun(5)*w);   }
```

    A. 360   B. 3600   C. 1080   D. 1200

9. 以下程序的输出结果是（　　　）。

```
#include"stdio.h"
void fun(int a,int b,int c)
{ a=456;b=567;c=678;}
main( )
{ int x=10, y=20,z=30;
  fun(x,y,z);
  printf("%d,%d,%d\n",x,y,z);
}
```

    A. 30,20,10   B. 10,20,30

    C. 456,567,678   D. 678,567,456

10. 以下程序的输出结果是（　　　）。

```
#include"stdio.h"
int   abc(int u, int v);
main( )
{    int a=24,b=16,c;
     c=abc(a,b);
     printf("%d\n",c);
}
int abc(int u,int v)
{    int   w;
     while(v)
     { w=u%v;   u=v;   v=w;}
     return u;
}
```

    A. 6   B. 7   C. 8   D. 9

11. 以下程序的输出结果是（　　　）。

```
#include<stdio.h>
int f(int x);
main( )
{  int a,b=0;
   for(a=0; a<3; a++)
```

```
    {   b=b+f(a); putchar('A'+b);  }
}
int f(int x)
{    return x*x+1; }
```

  A．ABE   B．BDI   C．BCF   D．BCD

12．以下程序的输出结果是（ ）。

```
#include<stdio.h>
#define S(x)    4*(x)*x+1
main( )
{   int k=5,j=2;
    printf("%d\n",S(k+j));
}
```

  A．197   B．143   C．33   D．28

13．以下程序的输出结果是（ ）。

```
#include"stdio.h"
int   d=1;
fun(int p)
{    int    d=5;
     d+=p++;
     printf("%d",d);
}
main( )
{    int   a=3;
     fun(a);
     d+=a++;
     printf("%d\n",d);
}
```

  A．84   B．99   C．95   D．44

14．下列程序的输出结果是（ ）。

```
#include<stdio.h>
int a=1, b=2;
void    fun1(int a, int b)
{   printf("%d %d ",a,b);
}
void fun2( )
{   a=3; b=4; }
main( )
{   fun1(5,6); fun2( );
    printf("%d %d\n",a,b);
}
```

  A．1 2 5 6   B．5 6 3 4   C．5 6 1 2   D．3 4 5 6

15．以下程序的输出结果是（ ）。

```
#include<stdio.h>
void  fun(char   c)
{   if(c>'x')   fun(c-1);
    printf("%c",c);
}
main( )
{   fun('z');   }
```

  A．wxyz   B．zyxw   C．xyz   D．zyx

16. 以下程序的输出结果是（ ）。

```c
#include"stdio.h"
int d=1;
int fun(int   p)
{ static  int  d=5;
   d+=p;
   printf("%d ",d);
   return(d);
}
main( )
{    int a=3;printf("%d \n",fun(a+fun(d)));    }
```

A. 6 9 9   B. 6 6 9   C. 6 15 15   D. 6 6 15

17. 以下程序的输出结果是（ ）。

```c
#include"stdio.h"
#define f(x) x*x
main( )
{    int a=6,b=2,c;
     c=f(a)/f(b);
     printf("%d \n",c);
}
```

A. 9   B. 6   C. 36   D. 18

18. 设 fun( )函数的定义形式为：

```c
void fun(char ch, float x) {…}
```

则下列对函数 fun 的调用语句中，正确的是（ ）。

A. fun("abc", 3.0);   B. t=fun('D', 16.5);

C. fun('65', 2.8);   D. fun(32, 32);

19. 以下程序的输出结果是（ ）。

```c
#include<stdio.h>
int a=5;
void fun(int b)
{    int a=10;
     a+=b;printf("%d,",a);
}
main( )
{    int c=20;
     fun(c); a+=c; printf("%d\n",a);
}
```

A. 30,25   B. 30,50   C. 25,25   D. 25,45

20. 以下程序的输出结果是（ ）。

```c
#include<stdio.h>
int fun (int x,int y)
{    if (x!=y)   return  ((x+y)/2);
     else    return (x);
}
main( )
{    int a=4,b=5,c=6;
     printf("%d\n",fun(2*a,fun(b,c)));
}
```

A. 3   B. 6   C. 8   D. 12

21. 以下程序的输出结果是（　　　）。

```
#include"stdio.h"
int    f(int    x)
{       int y;
        if(x==0||x==1) return (3);
        y=x*x-f(x-2);
        return    y;
}
main( )
{       int z;
        z=f(3); printf("%d\n",z);
}
```

A. 0　　　　　　　　B. 9　　　　　　　　C. 6　　　　　　　　D. 8

22. 以下程序的输出结果是（　　　）。

```
#include<stdio.h>
int fun(int a,int b)
{       if(b= =0) return a;
        else    return(fun(- -a,- -b));
}
main( )
{       printf("%d\n",fun(4,2));  }
```

A. 1　　　　　　B. 2　　　　　　C. 3　　　　　　D. 4

23. 下面程序的输出结果是（　　　）。

```
#include<stdio.h>
func(int a, int b)
{       int c; c=a+b; return c;}
main( )
{       int x=6,y=7,z=8,r;
        r=func((x- -,y++,x+y),z- -);
        printf("%d\n",r);
}
```

A. 11　　　　　　B. 20　　　　　　C. 21　　　　　　D. 31

24. 以下程序的输出结果是（　　　）。

```
#include<stdio.h>
#define    SUB(X,Y)(X) * Y
main( )
{       int a=3,b=4;
        printf("%d\n",SUB(a++,b++));
}
```

A. 12　　　　　　B. 15　　　　　　C. 16　　　　　　D. 20

25. 以下叙述正确的是（　　　）。

    A. 每个 C 语言程序都必须在开头使用预处理命令：#define"stdio.h"

    B. 预处理命令必须在 C 源程序的首部

    C. 在 C 语言中，预处理命令都以"#"开头

    D. C 语言的预处理命令只能实现宏定义和条件编译功能

26. C 语言的编译系统对宏替换命令是（　　　）。

    A. 在程序运行时进行代换的

　　B．在程序连接时进行代换的

　　C．和源程序中其他 C 语言同时进行编译的

　　D．在对源程序中其他成分正式编译之前进行处理的

27．以下关于宏的叙述正确的是（　　）。

　　A．宏名必须用大写字母表示

　　B．宏定义必须位于源程序所有语句之前

　　C．宏替换没有数据类型限制

　　D．宏替换比函数调用耗费时间

28．以下程序的输出结果是（　　）。

```
#include<stdio.h>
#define   P   3
#define   F(int x) {return ( P*x*x);}
main( )
{    printf("%d\n",F(3+5));    }
```

　　A．192　　　　　　　　　B．29　　　　　　　　　C．24　　　　　　　D．编译出错

二、写出下列程序的运行结果

1．下面程序的输出结果是_____。

```
#include<stdio.h>
int fun(int x)
{    int p;
     if(x==0||x==1)   return(3);
          p=x-fun(x-2);
     return p;
}
main( )
{    printf("%d\n",fun(9));    }
```

2．下面程序的输出结果是_____。

```
#include <stdio.h>
long fun (long s)
{    long t,sl=10;
     t = s % 10;
     while (s > 0)
     {     s = s/100;
           t = s%10*sl + t;
           sl = sl * 10;
     }
     return t;
}
main( )
{    long s=7654321,t;
     t=fun(s);
     printf("t=%ld\n", t);
}
```

3．下面程序的输出结果是_____。

```
#include<stdio.h>
fun(int x)
```

```
{    if(x/2>0) fun(x/2);
     printf("%d ",x);
}
main( )
{    fun(6);printf("\n"); }
```

4. 下面程序的输出结果是_____。

```
#include<stdio.h>
int fun(int x,int   y)
{    static int m=0,i=2;
     i+=m+1;
     m=i+x+y;
     return m;
}
main( )
{    int j=4,m=1,k;
     k=fun(j,m);          printf("%d,",k);
     k=fun(j,m);          printf("%d\n",k);
}
```

5. 下面程序的输出结果是_____。

```
#include<stdio.h>
void t(int x,int y,int cp,int dp)
{   cp=x*x+y*y;
    dp=x*x-y*y;
}
main( )
{   int a=4,b=3,c=5,d=6;
    t(a,b,c,d);
    printf("%d  %d \n",c,d);
}
```

6. 下面程序的输出结果是_____。

```
#include<stdio.h>
int func(int a,int b)
{    int m=0,i=2;
     i+=m+1;
     m=i+a+b;
     return m;
}
main( )
{    int k=4,m=1,p;
     p=func(k,m);
     printf("%d,",p);
     p=func(k,m);
     printf("%d\n",p);
}
```

7. 下面程序的输出结果是_____。

```
#include<stdio.h>
void fun( )
{   static int a=0;
```

```
        a+=3; printf("%d ",a);
    }
main( )
{   int i;
    for(i=1;i<5;i++) fun( );
    printf("\n");
}
```

8. 有如下宏定义：

```
#define MOD(X,Y)   X%Y
```

执行以下程序段后的输出结果是_____。

```
int z, a=15, b=100;
z=MOD(b,a);
printf("%d\n", z++);
```

9. 如下宏定义：

```
#define   S(x)   (x)*x*2
```

执行以下 printf 语句后的输出结果是_____。

```
int   k=5, j=2;
printf("%d,", S(k+j));   printf("%d\n",S((k-j)));
```

10. 如下宏定义：

```
#define N 2
#define Y(n) ((n+1)*n)
```

则执行语句：

```
Z=2*(N+Y(5));
Z=2*(N+Y(4+1));
```

Z 的值应分别为_____。

11. 下面程序的输出结果是_____。

```
#include<stdio.h>
#define   SUB(a)   (a)-(a)
main( )
{   int a=2,b=3,c=5,d;
    d=SUB(a+b)*c;
    printf("%d\n",d);
}
```

12. 下面程序的输出结果是_____。

```
#include<stdio.h>
int fun(int x)
{   static int t=0;
    return(t+=x);
}
main( )
{   int s,i;
    for(i=1;i<=5;i++) s=fun(i);
    printf("%d\n",s);
}
```

13. 下面程序的输出结果是_____。

```
#include<stdio.h>
int m=13;
int fun2(int x,int y)
{    int m=3;
     return(x*y−m);
}
main( )
{    int a=7,b=5;
     printf("%d\n",fun2(a,b)/m);
}
```

14. 下面程序的输出结果是_____。

```
#include<stdio.h>
unsigned fun(unsigned w)
{
    unsigned t,s=0,s1=1,p=0;
    t=w;
    while(t>10)
    {
      p=t%10;
      s=s+p*s1;
      s1=s1*10;
      t=t/10;
    }
    return s;
}
main( )
{    unsigned x=5923,y;
     y=fun(x);
     printf("y=%u\n", fun(x));
}
```

三、编程题（以下各题均用函数实现）

1. 超级素数是指一个素数依次从低位去掉一位、两位、……所得的数依然是素数。如 239 就是超级素数。试编写程序求 100～9999 之内：

（1）超级素数的个数；

（2）所有超级素数之和；

（3）最大的超级素数。

2. 平方等于某两个正整数平方和的正整数称为弦数，例如，因 $5^2 = 3^2 + 4^2$，故 5 是弦数，编写程序求（121，130）之间有多少个弦数，并求最大的弦数和最小的弦数。

3. 有一个 8 层灯塔，每层所点灯数都等于该层上一层的两倍，一共有 765 盏灯，编写程序求塔底的灯数。

4. 编写程序，求 $\sum\limits_{1}^{10} n!$ 的结果。

5. 已知 $y = \dfrac{f(x,n)}{f(x+2.3,n)+f(x-3.2,n+3)}$，其中，$f(x, n) = 1 - x^2/2! + x^4/4! \cdots (-1)^n x^{2n}/(2n)!$（$n \geqslant 0$），当 $x = 5.6$，$n = 7$ 时，编写程序求 y 的值。

6. 编写程序，求三个数的最小公倍数。

7. 已知：$S = \dfrac{2^2}{1\times 3} \times \dfrac{4^2}{3\times 5} \times \cdots \times \dfrac{(2k)^2}{(2k-1)\times(2k+1)}$，编写程序，求 S 的值。例如，当 k 为 10 时，S 的值应为：1.533852。

第7章 数　　组

数组是具有相同数据类型且按一定次序排列的一组变量的集合，这些变量在内存中占有连续的存储单元。数组有一个统一的名字，叫做数组名，C 语言中可以用如 a[0]、a[1]、a[2]……的形式来表示数组中连续的存储单元，它们被称为数组元素或"带下标的变量"。数组按下标个数分为一维数组和多维数组。

7.1　一　维　数　组

7.1.1　一维数组的定义

当数组中每个元素只有一个下标时，称为一维数组。在 C 语言中，数组必须显示地说明，以便编译程序为它们分配内存空间。定义一个一维数组的一般形式为：

　　　类型名　数组名［常量表达式］；

例如：

　　　int a[5];

这里，int 是类型名，a[5]就是一维数组说明符。以上语句说明了下面几点：

（1）定义了一个名为 a 的一维数组。

（2）方括号中的 5 规定了 a 数组含有 5 个元素，由于 C 语言规定每个数组第一个元素下标总为 0，所以这 5 个数组元素表示为 a[0]、a[1]、a[2]、a[3]、a[4]。注意此处不能使用数组元素 a[5]。

（3）类型名 int 规定了 a 数组中的每个元素都是整型，即每个元素中只能存放整型数。

（4）C 编译程序将为 a 数组在内存中开辟如图7.1所示的 5 个连续的存储单元，在图7.1中标明了每个存储单元的名字，可以用这样的名字直接引用各个存储单元。

| a[0] | a[1] | a[2] | a[3] | a[4] |

图 7.1　存储单元

注意：① 定义数组时类型名可以是前面学过的基本类型，如 int、char、float、double、unsigned 等，还可以是后面将要学习的其他类型；② 数组名命名规则和变量的命名规则相同，遵循标识符命名规则；③ 数组名后是用方括号括起来的常量表达式，不能用圆括号；④ 常量表达式是一个正的整型常量表达式，也可以是字符常量和符号常量，通常是一个整型常量。常量表达式是数组的长度，即数组中所包含的元素个数。

在定义数组时，应注意数组的长度不能依赖于程序运行过程中变化着的变量。相同类型的数组、变量可以在一个类型说明符下一起说明，之间用逗号隔开。

下面是合法的数组定义：

① int x[10];

② char ch[20];

③ float score[30],f,avg[30];

④ #define N 10

　　long num[N];

　　short w[2*N];

下面的定义是非法的：

① int a(5);

② int n=10;

　　char c[n];

7.1.2　一维数组元素的引用

数组必须先定义后使用。C 语言规定只能逐个引用数组元素，而不能一次引用一个数组。一维数组元素的引用形式如下：

　　　　　数组名[下标表达式]

【例 7.1】　编程将数字 0～4 放入一个整型数组并输出。

【源程序】

```
/* pro07_01.c*/
#include<stdio.h>
main( )
{
  int i ,x[5];
  for(i=0;i<5;i++)
      x[i]=i;                          /*数组的合法引用*/
  for(i=0;i<5;i++)
      printf("%d\n",x[i]);             /*数组的输出*/
}
```

注意：

（1）一个数组元素实质上就是一个变量名，代表内存中的一个存储单元。一个数组占有一串连续的存储单元。

（2）在 C 语言中，一个数组不能整体引用。如例 7.1 中的 x 数组，不能用 x 代表 x[0]到 x[4]这 5 个元素。数组名中存放的是一个地址常量，它代表整个数组的首地址。关于这方面的内容将在第 8 章中详细讨论。

（3）C 语言程序在运行时，系统并不自动检验数组元素的下标是否越界。因此数组的两端都有可能越界进而破坏其他存储单元中的数据，甚至破坏程序代码。所以编写程序时保证数组下标不越界是十分重要的。数组越界的检查是程序员的职责，不能依靠 C 语言的语法检查。例如在例 7.1 中假如对 x[5]进行了错误的引用，则可能破坏 x 数组后的其他数据或程序，造成不可预料的损失，使用时应该特别注意。

7.1.3　一维数组的初始化

C 语言允许在定义数组时对数组各元素指定初值，即初始化。初始化是在编译阶段完成的。也可以用赋值语句或输入语句使数组中的元素得到值并保存在对应的各存储单元中。但赋值要在运行时完成，占用运行时间。

对数组的初始化有以下几种情况。

（1）在定义数组时对数组元素赋初值。例如：

```
int a[5]={1,2,3,4,5};
```

用花括弧把赋给各元素的初值括起来，各值以逗号分隔。在初始化后各元素的值为：

```
a[0]=1,a[1]=2, a[2]=3, a[3]=4, a[4]=5
```

（2）给部分元素赋初值：

```
int a[5]={5,4};
```

表明只给前两个元素赋初值，即 a[0]=5，a[1]=4，其他元素自动赋 0 值。

（3）对全部元素赋初值时，可以不指定数组长度，系统自动根据初值个数来决定数组长度。例如：

```
int a[]={1,2,3,4,5};
```

系统将 a 定义为有 5 个元素的数组。

值得注意的是：

（1）若一个静态（static）或外部数组不进行初始化，则对数值型数组隐含初值为 0；对字符数组，隐含初值为空字符'\0'（即 ASCII 码为 0 的字符）；

（2）如果不对自动（auto）数组赋初值，则其初始值为一些不可预料的数。

【例 7.2】 初始化数组示例。

【源程序】

```
/* pro07_02.c*/
#include<stdio.h>
main( )
{   int i,a[5]={3,6,9,12,15};
    int b[5];
    printf("\nArray a:");
    for(i=0;i<5;i++)
        printf("%6d",a[i]);
    printf("\nArray b:");
    for(i=0;i<5;i++)
        printf("%6d",b[i]);
}
```

运行结果：

Array	a:	3	6	9	12	15
Array	b:	−32	1398	32	1170	199

数组 a 初始化后，就有了确定的值。数组 b 未进行初始化，虽然元素也有值（如 b 的输出），但其值是不确定的（程序在不同的时间或机器上运行可能得到不同的结果）。

【例 7.3】 从键盘上输入 10 个整数存入一数组中，然后将该数组中的各元素按逆序存放后显示出来。

【源程序】

```
/* pro07_03.c*/
#include"stdio.h"
main( )
{
    int a[10],i,temp;
    for(i=0;i<10;i++)                              /*数组赋初值*/
```

```
        scanf("%d",&a[i]);
    putchar('\n');
    for(i=0;i<10/2;i++)                           /*按逆序存放*/
    {
        temp=a[i];
        a[i]=a[10-i-1];
        a[10-i-1]=temp;
    }
    for(i=0;i<10;i++)                             /*按逆序存放后输出*/
        printf("%d ",a[i]);
    printf("\n");
}
```

本例将 a[0]和 a[9]交换、a[1]和 a[8]交换、…、a[i]和 a[10−i−1]交换，i 从 0 到 n/2。即为元素个数的一半即可。

【例 7.4】 从键盘上输入 10 个数，用选择法将其按由小到大的顺序排列。

分析：选择法的基本思想是，先把第一个元素作为最小者，与后面元素比较，如第一个元素大，则与其交换（保证第一个元素总是最小），直到与最后一个元素比较完，第一趟就找出了最小元素，且保存在第一个元素位置。再以第二个元素作为最小者（次小）与后面元素比较，若后面元素小，则交换，直到最后一个元素，则第二小的元素已找到。以此类推，经 9 趟后排序完成。

【源程序】

```
/* pro07_04.c*/
#include<stdio.h>
main()
{
    int i,j,temp;
    int a[10];
    for(i=0;i<10;i++)
        scanf("%d",&a[i]);
    for(i=0;i<9;i++)                        /*10 个元素选择 9 趟*/
    for(j=i+1;j<10;j++)                     /*每趟进行 10-i-1 次比较*/
        if(a[i]>a[j])                       /*将 a[i]与 a[j]进行交换*/
        {
            temp=a[i];
            a[i]=a[j];
            a[j]=temp;
        }
    printf("\n");
    for(i=0;i<10;i++)
        printf("%6d",a[i]);
    printf("\n");
}
```

运行结果：

12	23	67	−21	66	78	34	105	−9	85✓
−21	−9	12	23	34	66	67	78	85	105

本例中，使用两重循环来实现排序。外层循环控制排序趟数，若数组有 n 个元素，则共进行 $n−1$ 趟。内层循环完成在剩余的数中选择最小的数，比较次数随趟数递减，循环控制变量 j 的初值与外循环执行次数有关：j=i+1，终值为 n。当后面元素较大时，马上交换。值得注意

的是，以上程序执行时元素的交换并不都是必需的。事实上，只要记住比较时小元素的位置，即下标，在内循环结束后做一次交换即可，从而可提高程序执行的效率。

例 7.4 经改写后程序如下：

```
/* pro07_04.c*/
#include<stdio.h>
main( )
{
    int i,j,temp,k;
    int a[10];
    for(i=0;i<10;i++)
        scanf("%d",&a[i]);
    for(i=0;i<9;i++)
    {
        k=i;                          /*k 始终存放本趟最小元素的下标，开始时为 i*/
        for(j=i+1;j<10;j++)
            if(a[k]>a[j]) k=j;        /*记住新的小元素的序号*/
            if(k!=i)                  /*若 k 不等于 i，说明 a[i]不是最小的数，需要交换*/
            {
                temp=a[i];
                a[i]=a[k];
                a[k]=temp;
            }
    }
    printf("\n");
    for(i=0;i<10;i++)
        printf("%6d",a[i]);
    printf("\n");
}
```

改进后的程序每一趟只需交换一次元素，提高了程序执行效率。

7.2　二　维　数　组

7.2.1　二维数组的定义和引用

1. 二维数组的定义

当数组中每个元素都带有两个下标时，称这样的数组为二维数组。在逻辑上可以把二维数组看成是一张具有行和列的二维表格或一个矩阵。

二维数组的定义形式如下：

类型名　　数组名[常量表达式 1][常量表达式 2];

常量表达式 1 表示最大行数，常量表达式 2 表示最大列数，下标都从 0 开始。例如：

int a[2][3];

以上定义了一个 2×3（也称 2 行 3 列）的数组 a，共有 6 个元素，每个元素都是整型。

	第 0 列	第 1 列	第 2 列
第 0 行	a[0][0]	a[0][1]	a[0][2]
第 1 行	a[1][0]	a[1][1]	a[1][2]

数组中的每个元素都具有相同的数据类型，且占有连续的存储空间，一维数组的元素是按下标递增的顺序存放的，二维数组是按行的顺序存放的，即先存放第 0 行的元素，再存放第 1 行的元素，以此类推。

在 C 语言中，可以把一个二维数组看成是一个一维数组，每个元素又包含若干个元素的一维数组。如果以上 a 数组可以看成是由 a[0]、a[1]两元素组成的一维数组；其中每个元素又是由 3 个整型元素组成的一维数组。建立起这样的概念十分重要，因为 C 语言编译系统确实是把二维数组 a 中的 a[0]、a[1]作为数组名来处理的，它们含有的分别是 a 数组第 0 行、第 1 行元素的首地址，a 代表整个二维数组，其内容是整个数组的首地址。有关这方面的内容将在后续章节中讨论。

2．二维数组的引用

引用二维数组元素时必须带有两个下标。引用形式如下：

数组名 [下标表达式 1][下标表达式 2]；

其中，下标表达式可以是整型常量、整型变量及其表达式。

例如，若有如下定义语句：

double　a[2][3]；

a[i][j]、a[i+k][j+k]、a[0][0]都是合法的数组引用形式，只是每个下标表达式的值必须是整数，且不得超过数组定义中的上、下界。

注意：引用二维数组元素时必须把两个下标分别放在两个方括号内，引用 a 数组元素时，a[i, j]、a[i+k, j+k]、a[0, 0]都是不合法的数组引用形式，而引用 a[2][3]是错误的。

操作二维数组元素的常规方法是使用双重循环，用外层循环控制二维数组行下标的变化，用内层循环控制二维数组列下标的变化，程序将按行的顺序操作数组的每个元素。

【例 7.5】　分析下面的程序。

【源程序】

```
/* pro07_05.c*/
#include<stdio.h>
main( )
{
   int   i,j,a[2][3];
   for(i=0;i<2;++i)
     for(j=0;j<3;++j)
        a[i][j]=i+j;
}
```

在此例中，a[0][0]的值为 0，a[0][1]的值为 1，…，a[1][2]的值为 3。二维数组 a 的内存存储示意图如图 7.2 所示。

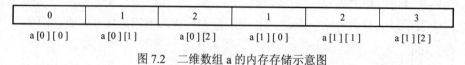

0	1	2	1	2	3
a[0][0]	a[0][1]	a[0][2]	a[1][0]	a[1][1]	a[1][2]

图 7.2　二维数组 a 的内存存储示意图

二维数组第一个下标代表行，第二个下标代表列，这意味着按照在内存中的实际存储顺序访问数组元素时，右边的下标比左边的下标变化快一些。

数组一旦被定义说明，所有的数组元素都将分配相应的存储空间。对于二维数组，可用下列公式计算所需的内存字节数：

$$行数×列数×类型字节数 = 总字节数$$

7.2.2 二维数组元素的初始化

二维数组的初始化有以下几种方法。

（1）将所有元素的初值写在一对花括号内（称为初始值表），编译系统会按行的顺序给各元素赋初值。例如：

```
int a[2][3]={1,2,3,4,5,6};
```

这时，各个数组元素分别赋如下初值：

```
a[0][0]=1,a[0][1]=2,a[0][2]=3,a[1][0]=4,a[1][1]=5,a[1][2]=6
```

也可以用这种方式只为数组的部分元素赋初值，如：

```
int a[2][3]={1, 2, 3};
```

此时，第 0 行元素赋下列初值：

```
a[0][0]=1,a[0][1]=2,a[0][2]=3
```

而其余元素的初值设置为 0。

（2）分行给二维数组赋初值，每对花括号内的数据对应一行元素。例如：

```
int a[2][3]={{1,2,3},{4,5,6}};
```

同样，元素值为：

```
a[0][0]=1,a[0][1]=2,a[0][2]=3,a[1][0]=4,a[1][1]=5,a[1][2]=6
```

显然，第二种方式比第一种方式更直观，行列清楚，不易出错。

也可以用这种方式对部分元素赋值，没有初值对应的元素将赋 0 或空字符（对于字符数组），如：

```
int a[2][3]={{1,2},{4}};
```

各数组元素值为：

$$\begin{bmatrix} 1 & 2 & 0 \\ 4 & 0 & 0 \end{bmatrix}$$

（3）给全部元素赋初值或分行初始化时，可以不指定第一维大小，系统自动根据初值数目与列数自动确定第一维大小，但第二维大小必须指定。例如：

```
int a[ ][3]={1,2,3,4,5,6};
```

这定义了一个 2×3 数组 a。

在按行为数组的部分元素赋初值时，也可以省略第一维的长度。例如：

```
int a[ ][3]={{ },{0,5}};
```

定义的数组 a 的初值为：

$$\begin{bmatrix} 0 & 0 & 0 \\ 0 & 5 & 0 \end{bmatrix}$$

如果没有初始值表，在定义二维数组时，所有维的长度都必须给出。

【例 7.6】 将一个二维数组的行和列元素互换，存到另一个二维数组中。

【源程序】

```
/* pro07_06.c*/
#include <stdio.h>
main( )
{    int i,j;
     int a[3][3]={1,2,3,4,5,6,7,8,9},b[3][3];
     for (i=0;i<3;i++)
          for(j=0;j<3;j++) b[i][j]=a[j][i];
     for(i=0;i<3;i++)
          {for(j=0;j<3;j++)
               printf("%6d",b[i][j]);
            printf("\n");
          }
}
```

运行结果：

```
1      4      7
2      5      8
3      6      9
```

【例 7.7】 有一个 3×4 的矩阵，要求编程求出其中最大元素值及其行列号。

【源程序】

```
/* pro07_07.c*/
#include <stdio.h>
main( )
{   int a[3][4]={{1,2,3,4},{9,8,7,6},{−10,10,−5,2}};
    int i,j,row=0,colum=0,max;
    max=a[0][0];
    for(i=0;i<=2;i++)
    for(j=0;j<=3;j++)
       if(a[i][j]>max)
       {   max=a[i][j];
           row=i;
           colum=j;
       }
       printf("max=%d,row=%d,colum=%d\n",max,row,colum);
}
```

运行结果：

```
max=10,row=2,colum=1
```

7.3　多　维　数　组

C 语言允许使用多维数组，维数的限制（如果有的话）是由具体编译程序决定的。

7.3.1　多维数组的定义、使用与存储

多维数组的一般说明形式为：

类型名　数组名 [常量表达式 1][常量表达式 2],…;

多维数组和一维数组、二维数组一样，只能对数组的各个元素进行操作，数组元素也是由下标来区分的。数组元素的使用形式为：

数组名 [下标表达式 1][下标表达式 2]…；

对数组做整体处理时，数组赋初值、函数间的数据传递等与数据的存储顺序有关系，所以掌握数组元素与存储位置的对应关系是很有必要的，特别是多维数组。前面已经谈到，数组元素在内存中是按行的顺序连续存储的，即在内存中占据一片连续的存储单元，逻辑上相邻的元素在物理空间上也是相邻的。数组名是数组元素的内存首地址（在第 8 章中非常有用）。一个一维数组可以看成是数学上的一个列向量，各个元素按下标从小到大的顺序连续存放在内存单元中。二维数组是按行存放的（有的语言中是按列存放的），即先存放第一行，再存放第二行，……，每行中的元素又是按列下标从小到大的顺序存放的。

同样，对于多维（大于二维）数组，也是采取类似方式存放的。可以把下标看做是一个计数器，右边为低位，每一位都在 0 到上界之间变化。当某一位超过上界时，就向左进一位，本位及右边各位回到 0。很明显，最左一维的下标值变化最慢，最右边一维下标值变化最快。其他各维下标值变化的情况以此类推。上界是下标最大值减 1。

由于大量占用内存的关系，三维和三维以上的数组较少使用。最常用的是一维数组。因此，这里只介绍三维数组。例如：

int a[2][2][3];

这样，定义了一个三维数组，其存储结构图如图 7.3 所示。可以把它理解为由两个（层）2 行 3 列的二维数组组成。元素的存放顺序：先 0 层后 1 层，每层依行的顺序存放。

a[0][0][0]	a[0][0][1]	a[0][0][2]
a[0][1][0]	a[0][1][1]	a[0][1][2]
a[1][0][0]	a[1][0][1]	a[1][0][2]
a[1][1][0]	a[1][1][1]	a[1][1][2]

图 7.3 三维数组的存储结构图

7.3.2 多维数组的初始化

多维数组的初始化和一维数组一样，遵守相同的规则。如果给出全部元素的初值，第一维的下标个数可以不用显示说明。例如：

int a[ ][2][3]={1,2,3,4,5,6,7,8,9,10,11,12};

【例 7.8】 分析下面的程序。

【源程序】

```
/* pro07_08.c*/
#include<stdio.h>
main( )
{
    int i,j,k,a[][2][3]={1,2,3,4,5,6,7,8,9,10,11,12};
    for(i=0;i<2;i++)
    {
        for(j=0;j<2;j++)
        {
            for(k=0;k<3;k++)
                printf("%3d",a[i][j][k]);
        }
        printf("\n");
    }
}
```

运行结果：

```
1   2   3   4    5    6
7   8   9   10   11   12
```

多维数组的初始化可以按第一维下标进行分组，使用括号将每一组数据括起来。例如：

```
int a[ ][2][3]={{1,2,3,4,5,6},{7,8,9,10,11,12}};
```

也可以写为：

```
int a[2][2][3]={{1,2,3,4,5,6},{7,8,9,10,11,12}};
```

但是，不能写成：

```
int a[2][2][3]={{1,2,3},{4,5,6},{7,8,9},{10,11,12}};          /*编译不通过*/
```

如果写成：

```
int a[ ][2][3]={{1,2,3},{4,5,6},{7,8,9},{10,11,12}};          /*结果不对*/
```

读者不妨试一下，输出结果会是什么样子？

采用括号分组的方法，便于理解，可读性较好，但要注意分组的正确性。

7.4　字符串与字符数组

C 语言本身并没有设置一种类型来定义字符串变量，字符串的存储完全依赖于字符数组，但字符数组又不是字符串变量。

7.4.1　字符串与字符数组

1．字符串的概念

C 语言中，字符串是用双引号括起来的若干字符序列，可以包括转义字符及 ASCII 码表中的字符（控制字符以转义字符出现），并规定以字符'\0'作为字符串结束标志。'\0'是一个转义字符，称为"空值"，它的 ASCII 码值为 0。当借助数组存放字符串时，'\0'作为标志占用存储空间，但不计入字符串的实际长度。

虽然 C 语言中没有字符串数据类型，但允许使用"字符串常量"。每一个字符串常量都分别占用内存中一串连续的存储空间，这些连续的存储空间实际上就是字符型一维数组。这些数组虽然没有名字，但 C 编译系统以字符串常量的形式给出存放每一个字符串的首地址，不同的字符串具有不同的起始地址。也就是说，在 C 语言中，字符串常量被隐含处理成一个以'\0'结尾的无名字符型一维数组。例如，字符串常量"Hello!"，系统存储时会在字符串的结尾自动追加'\0'。

2．字符数组

其元素类型为字符型的数组是字符数组，每个元素中可存放一个字符，字符数组既可以是一维的，又可以是多维的，主要用于字符串的操作。

下面来看如何定义一个字符数组。

```
char string[10];            /*含有 10 个字符的字符数组*/
char c[10];                 /*含有 10 个字符的字符数组*/
char ch[3][8];              /*表示一个二维数组，共 3 行 8 列，有 24 个元素的字符数组*/
```

注意：在进行字符数组引用时不能用赋值语句给字符数组整体赋一串字符。

例如:

```
char str[10];
str="C program";                /*赋值不合法*/
```

以上赋值方式是不允许的,因为数组名 str 是一个地址常量,不能被重新赋初值。同理,以下赋值方式也是错误的:

```
char str1[10] ="C program",str2[10];
str2=str1;                    /*赋值不合法*/
```

7.4.2　字符数组的初始化

(1) 字符数组初始化的第一种方式

逐个地为数组中各个元素指定初值字符,这种方法的实质是把字符数组当作一个存储多个字符的数组来处理的。

例如,若想将上面的字符数组变量 string 在定义的同时赋初值为: "this is a book"。语句描述如下:

```
char string[15] ={'T','h','i','s',' ', 'i','s',' ','a',' ','b','o','o','k'};
```

初始值表中的初值个数可以少于数组元素的个数,它将对应数组的前几个元素赋初值,其余的元素将自动被赋 \0'。如果初值表中的初值个数多于数组元素的个数,则被当成语法错误来处理。

(2) 字符数组初始化的第二种方式

给字符数组直接赋字符串常量,由编译系统自动在字符串的末尾加上一个字符'\0'。

```
char string[15]={"This is a book"};
```

习惯上均省略花括号,简写成:

```
char string[15]="This is a book"
```

但需要注意的是,以上两种方法初始化得到的字符数组在存储上的内容不同,结果分别如图 7.4 和图 7.5 所示。

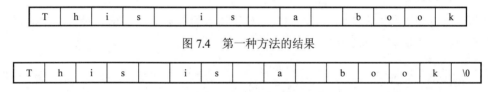

图 7.4　第一种方法的结果

图 7.5　第二种方法的结果

可以看出,第二种赋值方法比第一种方法多存了一个'\0'字符,这是因为字符串常量

```
"This is a book"
```

中的'\0'字符在赋值过程中也被转给了字符数组 string。因此,在使用字符串直接赋值时,数组长度一定要足够大,以便能容下全部字符和'\0'。如在上面的初始化赋值中若规定 string 的长度为 14,则

```
char string[14]={'T', 'h', 'i', 's', ' ', 'i', 's', ' ', 'a', ' ', 'b', 'o', 'o', 'k'};
```

是正确的。而

```
char string [14]={"This is a book"};
```

则会出现数组长度定义过少的错误。因此，在给字符数组的全部元素初始化时，常常不给出数组的具体长度，而是让系统来决定。例如，上面的赋值可写成如下形式：

```
char string1[]={'T', 'h', 'i', 's', ' ', 'i', 's', ' ', 'a', ' ', 'b', 'o', 'o', 'k'};
char string2[]={"This is a book"};
```

则系统认为数组 string1 的长度为 14，而数组 string2 的长度为 15。

　　C 语言并不要求所有字符数组的最后一个字符一定是'\0'，但为了处理上的方便，往往要以'\0'作为字符串的结尾。另外，C 语言库函数中有关字符串的处理一般都要求所处理的字符串必须以'\0'结尾，否则会出现错误。可以说，字符串是字符数组的一种具体应用。

7.4.3　字符数组的输入/输出

字符串是存放在字符数组中的，所以字符串的输入/输出实际上就是字符数组的输入/输出。

1．字符串的输入方法

（1）使用 scanf 函数输入字符串

① 一种方法是用"%c"，每次输入一个字符。

【例 7.9】　将字符数组的所有元素逐一输入的示例。

【源程序】

```
/* pro07_09.c*/
#include<stdio.h>
main( )
{
    int i;
    char string[15];
    for(i=0;i<14;i++)
        scanf("%c", &string[i]);
}
```

此时假如输入：

```
This is a book
```

数组中的存储内容如图 7.4 所示。如果想给字符数组的最后加上'\0'，使数组中的存储内容如图 7.5 所示，可将程序修改如下：

```
/* pro07_9a.c*/
#include<stdio.h>
main( )
{
    int i;
    char string[15];
    for(i=0;i<14;i++)
        scanf("%c", &string[i]);
    string[i]='\0';
}
```

因为 scanf 函数无法从终端读入'\0'，所以输入结束后，再将'\0'赋给 string[14]。

② 另一种方法是采用"%s"格式符，每次输入一个字符串。

在 scanf 函数中使用格式控制符"%s"可以实现字符串的整体输入，例如：

```
scanf ("%s", string);
```

由于在数组中数组名代表数组的首地址,输入的字符将依次存入以这一地址为起点的存储单元。

注意:下面是错误的描述方式:

```
scanf("%s", &string);
```

另外,从键盘输入字符串的长度(字符的个数)应短于已定义的字符数组的长度,因为在输入有效字符的后面,系统将自动添加字符串结束标志'\0'.

【例 7.10】　用"%s"格式形式输入字符串的示例。

【源程序】

```
/* pro07_10.c*/
#include<stdio.h>
main( )
{
    char string[15];
    scanf("%s",string);
}
```

此时输入:

```
This is a book
```

则前 4 个数组元素分别为 This,以后的都补'\0'.

这是因为,系统根据"%s"格式控制符的要求,会从输入设备上得到一个字符串数据。但 C 语言规定。用 scanf 函数输入一个字符串时,遇到空格或回车符时结束,因此对以上输入,当读完 This、遇到第一个空格时就会结束输入过程,系统将在它后面加上字符'\0',作为字符串常量赋给字符数组 string。

(2)使用 gets( )函数输入字符串

为了解决 scanf( )函数不能完整地读入全部字符(包括空格)的问题,C 语言提供了一个专门读入字符串的函数 gets( ),这个函数可以读入包括空格在内的所有字符,直到遇到换行符才结束,函数值为读入的字符串。

【例 7.11】　用函数 gets( )完整读入全部字符的示例。

【源程序】

```
/* pro07_11.c*/
#include<stdio.h>
main( )
{
    char string[15];
    gets(string);
}
```

此时假如输入:

```
This is a book
```

则数组中的存储内容与图 7.5 相同。

系统将包括空格在内的所有字符全部读入,直到遇到回车符为止,并且系统将读入的数据末尾自动加一个结束符'\0'赋给数组 string。

2．字符串的输出方法

(1)使用 printf( )函数输出字符串

① 一种方法是用"%c",每次输出一个字符。

【例 7.12】 编程使用"%c"把数组元素逐一输出。

【源程序】

```
/* pro07_12.c*/
#include<stdio.h>
main( )
{
    int i;
    char string[15]="This a book";
    for(i=0;i<15;i++)
        printf("%c", string[i]);
    printf("\n");
}
```

运行结果：

```
This is a book
```

② 另一种是采用"%s"格式符，每次输出一个字符串。

若字符数组内存放的是字符串（以'\0'作为标记），则可将字符数组按字符串的形式输出。

【例 7.13】 编程使用"%s"将数组按字符串形式输出。

【源程序】

```
/* pro07_13.c*/
#include<stdio.h>
main( )
{
    char string[15];
    gets(string);
    printf("%s\n",string);
    puts(string);
}
```

运行结果：

```
This is a book
This is a book
```

程序使用 printf( )函数输出字符串，其中格式控制为"%s"，输出变量是字符数组的名称。可以看到，输出时从数组的第一个字符开始逐个字符输出，直到遇到第一个'\0'为止（其后即使还有字符也不输出）。字符串中的字符'\0'没有被输出，因为当系统遇到字符'\0'时，会认为已到字符串结尾，停止输出。

（2）使用 puts( )函数输出字符串

例如：

```
puts(string);
```

将字符数组中包含的字符串输出，同时将'\0'转换成换行符。因此，用 puts( )函数输出一行，不必另加换行符'\n'。使用 gets( )函数和 puts( )函数时，必须使用#include 命令将<stdio.h>头文件包含在源文件中。

下面再举一个有关字符输出的例子。

【例 7.14】 分析下面的程序。

【源程序】

```
/* pro07 14.c*/
#include<stdio.h>
void main( )
{
    char a[20]="How are you?",b[20];
    scanf("%s",b);
    printf("%s  %s\n",a,b);
}
```

程序运行时从键盘输入：

How are you?

运行结果：

How are you? How

在上例中，若将 scanf("%s",b);换成 gets(b);其余不变，同样从键盘输入：

How are you?

运行结果：

How are you? How are you?

7.4.4　字符串处理函数

C 语言中没有提供对字符串进行整体操作的运算符，由于字符串应用广泛，为方便用户对字符串的处理，C 语言库函数中提供了一些常用的库函数，其函数原型说明在文件 string.h 中。

1. 字符串复制函数 strcpy( )

调用格式：

strcpy(str1,str2);

功能：将字符串 str2（以'\0'结尾）复制到字符数组 str1 中。函数返回 str1 的值，即 str1 的首地址。

说明：str1 的长度应不小于 str2 的长度；str1 必须写成数组名形式，而 str2 可以是字符串常量，也可以是字符数组名形式，例如：

static char str1[10],str2[8]={"student"};
strcpy (str1,str2);

注意：不能直接使用赋值语句来实现复制（或赋值）。

str1=str2;　　　　　　　/*错误*/
str1="student";　　　　　/*错误*/

以上两个赋值语句是非法的，因为数组是不能整体赋值的。 但是，下列初始化语句是合法的。

static char str2[]="string";

另外，复制时，字符串 str2 中的'\0'也一起复制，str1 的其他字符保持不变。

2. 字符串连接函数 strcat( )

调用格式：

strcat(str1,str2);

功能：将 str2 连同'\0'连接到 str1 的最后一个字符（非'\0'字符）后面。连接后的新字符串在 str1 中。函数返回 str1 的地址值。例如：

```
static char str1[14]={"I am a"};
static char str2[8]={"student"};
strcat(str1,str2);
```

图7.6表示连接前后 str1 与 str2 的内容变化。需要指出的是，str1 数组必须足够长，以便能装下 str2 字符数组中的全部内容。

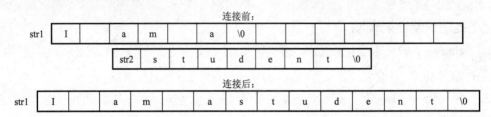

图 7.6   连接前后 str1 与 str2 的内容变化图

3. 字符串比较函数 strcmp( )

调用格式：

```
strcmp(str1,str2);
```

功能：若 str1==str2，则函数返回值为 0；若 str1>str2，则函数返回值为一个正整数；若 str1<str2，则函数返回值为一个负整数。

字符串的比较规则是：依次对 str1 和 str2 中对应位置上两个字符串自左向右逐个字符比较，直到出现不同字符或遇到'\0'为止。如果全部字符相同，则两个字符串相等；若出现不同字符，则遇到的第一个不同字符的 ASCII 码大者为大。比较结果由函数值返回。

一般用下面的语句形式比较两个字符串是否相等：

```
if(strcmp(str1,str2)= =0){…}
```

而不能直接判断：

```
if(str1= =str2){…}
```

4. 字符串长度函数 strlen( )

调用格式：

```
strlen(字符串);
```

功能：求字符串的实际长度（不包括'\0'），由函数值返回。例如：

```
static char str[10]="student";
int len;
len=strlen(str);
```

len 的值为 7，而 strlen("good")函数值为 4。

在前面介绍过求字节运算符 sizeof，它用来求表达式或数据类型在内存中所占的字节数。例如 sizeof(double)，它是求 double 类型在内存中所占的字节数，结果为 8。其实，sizeof 还可以用于数组，其结果是数组的总字节数。如上例中，sizeof(str)结果为 10 而非 7。例如：

```
int a,b;
```

```
        a=strlen("very\0good");
        b=sizeof("very\0good");
```

a 的值为 4，b 的值为 10。

限于篇幅，其余字符串函数在这里不一一介绍，可参见有关系统的库函数。

7.5　字符串数组

所谓字符串数组，就是数组中的每个元素又都是一个存放字符串的数组。利用 C 语言中数据构造的特点很容易实现这一数据结构。

在 C 语言中，可以把一个二维数组看成是一个一维数组，每个元素又是包含若干个元素的一维数组。从这一概念出发，可以将一个二维数组视为一个字符串数组。例如：

```
        char    name[3][10];
```

数组 name 可以看成共有 3 个元素且每个元素可以存放 10 个字符，作为字符串使用时，最多可以存放 9 个有效字符，最后一个存储单元留给'\0'。因此，可以认为：二维字符数组的第一个下标决定了字符串的个数；第二个下标决定了字符串的最大长度。所以把它看成一个字符串数组。

字符串数组也可以在定义的同时赋初值。例如：

```
        char    name[3][10]={"zhangsan","lisi","wangwu"};
```

其存储示意图如图 7.7 所示。

name[0]	z	h	a	n	g	s	a	n	\0	
name[1]	l	i	s	i	\0					
name[2]	w	a	n	g	w	u	\0			

图 7.7　数组 name 的存储示意图

由图 7.7 可以看出数组元素按行占据连续的、固定的存储单元。其中有些存储单元是空着的，各字符串并不是一串紧挨着一串存放的，而是从每行的第 0 个元素开始存放一个新的字符串。

【例 7.15】　分析下面的程序。

【源程序】

```
/* pro07 15.c*/
#include<stdio.h>
main( )
{  char p[][4]={"ABC","DEF","GHI"};
    int i;
    for(i=0;i<3;i++)
    puts(p[i]);
    printf("the result of using printf is:\n");
    for(i=0;i<3;i++)
    printf("%s",p[i]);
}
```

运行结果：

```
ABC
DEF
GHI
The result of using printf is:
ABCDEFGHI
```

7.6　数组作为函数参数

数组是相同类型变量的集合体，其中的每一个元素都是变量。因此，如果要将数组中的数据通过参数传送到另一函数，可以采用两种方法。

7.6.1　数组元素作为函数参数

当调用函数时，数组元素可以作为实参传递给形参，每个数组元素实际代表内存中的一个存储单元，故和普通变量一样，对应的形参必须是类型相同的变量。

【例7.16】　分析下面的程序。

【源程序】

```
/* pro07_16.c*/
#include<stdio.h>
void fun(int a, int b)
{   int t;
    t=a; a=b;b=t;
}
 main( )
{
    int c[10]={1,2,3,4,5,6,7,8,9,0},i;
    for(i=0;i<10;i+=2) fun(c[i],c[i+1]);
    for(i=0;i<10;i++) printf("%d,",c[i]);
    printf("\n");
}
```

在调用 fun( )函数时，将 c[i]、c[i+1]作为实际参数，把值分别传送给 fun( )函数中的形式参数 a、b，这种参数传送根据的是值调用的方式，是一个单向过程，与一般变量一样，形参和实参分别占用不同的存储单元，只能将实参的值传给形参，而不能将形参的值传给实参，形参值的改变不影响其对应的实参。因此，形参 a、b 值的改变，并不会影响对应的实参 c[i]、c[i+1]。

7.6.2　地址量作为函数参数

当调用函数时，地址量可以作为函数参数，如数组名、数组元素的地址、指针变量（第8章介绍）。

下面介绍几种数组名作为函数参数的调用方法，例如：

```
int fun(int array[10])
{
    …
}
```

其中的形参 array 被说明为具有 10 个元素的一维整型数组。为了提高函数的通用性，允许在对形参数组说明时不指定数组的长度，而仅给出类型、数组名和一对方括号，以便用来处理不同长度的数组。为了使程序能了解当前处理的数组的实际长度，往往用另一个参数来表示数组的长度。例如：

```
int   fun (int array[], int   n)
{
    …
}
```

多维数组传递给函数时，除第一维外，其他各维都必须说明。例如，将数组 array 定义成：

```
int array[2][4][5];
```

那么接收 array 的函数应写成：

```
fun (int array[][4][5])
```

当然，如果愿意，也可加上第一维的说明。

【例 7.17】 求数组元素的最大值与最小值，并把它分放在第一、第二个元素中。

【源程序】

```
/* pro07_17.c*/
#include"stdio.h"
maxmin(int b[][4])
{
    int i,j,max,min;
    max=min=b[0][0];
    for(i=0;i<3;i++)
        for(j=0;j<4;j++)
            if(b[i][j]>max )   max=b[i][j];
            else if (b[i][j]<min) min=b[i][j];
    b[0][0]=max;
    b[0][1]=min;
    return(max);
}
main( )
{
    int a[3][4]={1,2,3,4,5,6,12,11,10,9,8,7};
    printf("\na[0][0]=%d,a[0][1]=%d",a[0][0],a[0][1]);
    printf("\nmax is %d",maxmin(a));
    printf("\nmax=a[0][0]=%d,min=a[0][1]=%d",a[0][0],a[0][1]);
    printf("\n");
}
```

运行结果：

```
a[0][0]=1,a[0][1]=2
max is 12
max=a[0][0]=12,min=a[0][1]=1
```

使用数组作为函数参数需要注意以下几点。

（1）实参与形参类型要一致。

（2）实参数组与形参数组大小可以不一致。C 语言编译时不检查形参大小，若要得到实参的全部元素，则形参数组应不小于实参大小。

（3）形参数组可以不指定大小，在定义数组时在数组名后跟一个空的方括号。考虑到在被调用函数中处理数组元素的需要，可另设一参数来传递数组元素个数。

（4）数组名作为函数参数时，把数组的起始地址传给了形参数组，这样形参与实参数组共用同一段内存单元。这种地址传递方式下，形参中数组元素的变化会使实参数组元素的值同时变化。有时可以利用这一点返回多个值。

（5）用多维数组作为函数参数时，形参的第一维可以不指定大小，但其他维必须指定。

数组的排序使用很广泛。排序的方法有很多种，前面已介绍了选择法排序，下面再介绍一种方法，即冒泡排序法。

【例 7.18】 用冒泡排序法将 10 个数按由小到大的顺序排序。

【源程序】

```
/* pro07_18.c*/
#include<stdio.h>
main( )
{
    int a[100];
    int i,m;
    void sort(int b[],int k);                 /*函数的声明*/
    void print(int b[],int k);                /*函数的声明*/
    printf("\nInput m");
    scanf("%d",&m);                           /*输入要排序的元素的个数*/
    for(i=0;i<m;i++)
        scanf("%d",&a[i]);                    /*输入 m 个元素到数组 a 中*/
    sort(a,m);
    print(a,m);
}
void sort(int b[],int k)
{
    int i,j,t,flag;
    for(j=0;j<k-1;j++)
    {
        flag=0;
        for(i=0;i<k-j-1;i++)
            if(b[i]>b[i+1])                   /*相邻元素交换位置*/
            {
                t=b[i];
                b[i]=b[i+1];
                b[i+1]=t;
                flag=1;                       /*只要有元素交换位置，flag 置 1*/
            }
            if(flag= =0) break;               /*没有交换元素，结束循环*/
    }
}
void print(int b[],int k)
{
    int i;
    for(i=0;i<k;i++)
    {
        if(i%10= =0) puts("\n");
        printf("%6d",b[i]);
    }
    puts("\n");
}
```

运行结果：

```
Input m=10↙
2       5       7    23  -45    78    95    38    44    59↙
-45     2       5     7   23    38    44    59    78    95
```

冒泡排序法的基本思想是：相邻两数比较，若前面数大，则两数交换位置，直至最后一个元素被处理，最大的元素就"沉"到最下面，即在最后一个元素的位置。这样，如果有 n 个元素，共进行 $n-1$ 趟，每趟让剩余元素中最大的元素"沉"到下面，从而完成排序。事实上，$n-1$ 趟是最多的排序趟数，而只要在某一趟的排序中没有进行一次元素交换，说明已排好序，可以提前退出外循环。例 7.18 中通过增加标志变量 flag 来实现，若有交换，flag=1；否则 flag=0 不变，用 break 提前结束排序过程。

程序中排序是由 sort 函数实现的，其形参数组 b 没有说明长度，而是通过另一形参 k 来决定实参与形参数组元素的结合个数。由于数组名作为函数参数时，传递的是数组的起始地址，形参与实参公用相同的存储区域，sort 函数中将 b 数组排好序，也就是将 a 数组排好序了。

【例 7.19】 用一个二维数组存放某一教师任教的各班学生的分数。假定教师有 3 个班，每班最多有 30 名学生。注意各函数存取数组的方法。

【源程序】

```
/* pro07_19.c*/
#define classes 3
#define grades 30                        /*调试程序时设为 2 或 3*/
#include<stdio.h>
#include<stdlib.h>                        /*toupper()、exit()、atoi()等函数需要该头文件*/
main( )
{
    void enter_grades(int a[classes][grades]);   /*输入成绩函数声明*/
    void disp_grades(int a[classes][grades]);    /*显示成绩函数声明*/
    int a[classes][grades];                      /*定义二维数组，每行存放一个班学生成绩*/
    char ch;
    for(;;)
    {
        do
        {                                        /*菜单显示*/
            if(ch!='\012')                       /*换行符则不显示，否则以下内容将显示两次*/
            {
                printf("(E)nter grades\n");
                printf("(R)eport grades\n");
                printf("(Q)uit \n " ) ;
            }
            ch=toupper(getchar( ));              /*将键盘输入字符转换为大写*/
        }while(ch!='E' && ch!='R' && ch!='Q');
        switch(ch)
        {
            case 'E':
                enter_grades(a);
                break;
            case 'R':
                disp_grades(a);
                break;
            case 'Q':
                exit(0);
        }
    }
}
void enter_grades(int a[][grades])
```

```
    {
        int t, i;
        int get_grades(int);                    /*输入一个学生成绩的函数声明*/
        for(t=0;t<classes;t++)
        {
            printf("class #%d:\n",t+1);
            for(i=0;i<grades;i++)
                a[t][i]=get_grades(i);
        }
    }
    int get_grades(int num)
    {
        char s[80];
        printf("enter grade for student #  %d:\n",num+1);
        gets(s);                                /*输入成绩*/
        if(atoi(s)= =0) gets(s);                /*若上一句接收了换行符作为输入，则重输一遍*/
        return(atoi(s));                        /*字符串转换为整型数的库函数*/
    }
    void disp_grades(int g[][grades])           /*显示学生成绩*/
    {
        int t,i;
        for(t=0;t<classes;++t)
        {
            printf("class #  %d:\n",t+1);
            for(i=0;i<grades;++i)
                printf("grade for student #%d is  %d\n",i+1,g[t][i]);
        }
    }
```

如果将实际问题简化为共有两个班，每班两个学生，即将程序中的常量定义修改如下：

```
#define classes 2
#define grades 2
```

运行程序，首先看到一个菜单，选择"e"输入成绩，选择"r"显示成绩，选择"q"退出。atoi 函数用于将实参字符串转换为整型。exit(0)函数用于出运行。

由于输入单个字符"e"、"r"、"q"后，都要按 Enter 键（即输入换行符），这个换行符会作为 get_grades(int num)函数中 gets(s)语句的输入，实际上不等用户输入，return(atoi(s))则返回 0，再一次调用该函数，因而两次显示：

```
enter grade for student # 1:
enter grade for student # 2:
```

为了避免这种情况，在函数 int get_grades(int num)中增加了一句：

```
if(atoi(s)= =0) gets(s);
```

同理，在

```
for( ; ;)
{
    do
    {
        if(ch!= '\012')
            …
```

```
        }
        …
    }
```

中增加了 if(ch!='\012')以避免两次显示提示信息。在字符和字符串输入中，控制字符也是作为一个字符处理的，因此读者要特别注意。

7.7　综　合　实　例

【例 7.20】　　编写函数 fun，函数的功能是：将 *M* 行 *N* 列的二维数组中的数据，按列的顺序依次放到一维数组中。

【源程序】

```
/*pro07_20.c*/
#include<stdio.h>
int fun(int s[][4],int b[],int mm,int nn)
{
    int i,j,n=0;
    for(j=0;j<nn;j++)
      for(i=0;i<mm;i++)
       {
         b[n++]=s[i][j];
       }
         return n;
}
main( )
{   int w[3][4]={{33,33,33,33},{44,44,44,44},{55,55, 55,55}},i,j;
    int a[12]={0}, n;
    printf("The matrix:\n");
    for(i=0; i<3; i++)
    {   for(j=0;j<4; j++)printf("%4d",w[i][j]);
        printf("\n");
    }
    n=fun(w,a,3,4);
    printf("The A array:\n");
    for(i=0;i<n;i++)printf("%4d",a[i]);printf("\n");
}
```

运行结果：

```
The matrix:
   33   33   33   33
   44   44   44   44
   55   55   55   55
The A array:
   33   44   55   33   44   55   33   44   55   33   44   55
```

【例 7.21】　　编写函数 fun，函数的功能是：将 s 所指字符串中除了下标为偶数、同时 ASCII 值也为偶数的字符外，其余的全部都删除，串中剩余字符所形成的一个新串放在 t 所指的数组中。

【源程序】

```
/*pro07_21.c*/
#include<stdio.h>
```

```
#include<string.h>
void fun(char s[], char t[])
{
    int i, j=0;
    for(i=0; i<strlen(s); i+=2)
      if(s[i]%2= =0)t[j++]=s[i];
        t[j]='\0';
}
main( )
{
    char s[100], t[100];
    printf("\nPlease enter string S:"); scanf("%s", s);
    fun(s, t);
    printf("\nThe result is: %s\n", t);
}
```

程序运行时从键盘输入：ABCDEFG123456

运行结果：

The result is:246

【例 7.22】　假定输入的字符串中只包含字母和*号，编写函数 fun，它的功能是：除了字符串前导的*号之外，将串中其他*号全部删除。在编写函数时，不得使用 C 语言提供的字符串函数。

【源程序】

```
/*pro07_22.c*/
#include <stdio.h>
void fun(char a[])
{
    int i,j,n=0;
    for(i=0;a[i]=='*';i++);
    n=i;
    for(j=i;a[j]!='\0';j++)
        if(a[j]!='*') { a[n]=a[j]; n++; }
    a[n]='\0';
}
main( )
{char s[81];
    printf("Enter a string:\n");gets(s);
    fun(s);
    printf("The string after deleted:\n");puts(s);
}
```

程序运行时从键盘输入：****A*BC*DEF*G*******

运行结果：

The string after deleted: ****ABCDEFG

7.8　MATLAB 数组

MATLAB 的基本操作对象是矩阵，可以理解为二维数组。而一维数组可以认为是一维矩阵或一维向量，定义数组十分简单，还可以直接赋值，例如：a=[1　2　3　4　5　6]定义了有 6 个元素的一维数组，而 a=[1　2　3；4　5　6]则定义了有 6 个元素的二维数组。

7.8.1　向量的创建

向量的创建有如下 4 种方式。

（1）直接输入

行向量：a=[1,2,3,4,5]

列向量：a=[1;2;3;4;5]

（2）用 ":" 生成向量

a=J:K　　　：生成行向量 a=[J,J+1,…,K]

a=J:D:K　　：生成行向量 a=[J,J+D,…,J+m*D],m=fix((K−J)/D)

（3）函数 linspace 用来生成数据按等差形式排列的行向量

x=linspace(X1,X2)：在 X1 和 X2 间生成 100 个线性分布的数据，相邻的两个数据的差保持不变。构成等差数列。

x=linspace(X1,X2,n)：　在 X1 和 X2 间生成 n 个线性分布的数据，相邻的两个数据的差保持不变。构成等差数列。

（4）函数 logspace 用来生成等比形式排列的行向量

x =logspace(x1,x2)：在 x1 和 x2 之间生成 50 个对数等分数据的行向量。构成等比数列，数列的第一项 x(1)=10x1,x(50)=10x2。

x =logspace(x1,x2,n)：在 x1 和 x2 之间生成 n 个对数等分数据的行向量。构成等比数列，数列的第一项 x(1)=10x1,x(n)=10x2。

注：向量的的转置：x=(0,5)'

7.8.2　矩阵的创建

矩阵的创建有如下 6 种方式。

（1）直接输入

将数据括在[]中，同一行的元素用空格或逗号隔开，每一行可以用回车或是分号结束，如：a=[1,2,3;3,4,5],运行后：

```
a =
    1    2    3
    3    4    5
```

（2）函数 eye

函数 eye 生成单位矩阵，带参数的函数意义如下。

eye(n) ：生成 n*n 阶单位 E。

eye(m,n)：生成 m*n 的矩阵 E，对角线元素为 1，其他为 0。

eye(size(A))：生成一个矩阵 A 大小相同的单位矩阵。

eye(m,n,classname)：对角线上生成的元素是 1，数据类型用 classname 指定。其数据类型可以是：duoble、single、int8、uint8、int16、uint16、int32、uint32。

（3）函数 ones

用 ones 生成全 1 的矩阵，带参数的函数意义如下。

ones(n)：生成 n*n 的全 1 矩阵。

ones(m,n)：生成 m*n 的全 1 矩阵。

ones(size(A))：生成与矩阵 A 大小相同的全 1 矩阵。

ones(m,n,p,…)：生成 m*n*p*…的全 1 的多维矩阵。

ones(m,n, …,classname)：指定数据类型为 classname。

（4）函数 zeros

函数 zeros 生成全 0 矩阵，带参数的函数意义如下。

zeros(n)：生成 n*n 的全 0 矩阵。

zeros(m,n:)：生成 m*n 的全 0 矩阵。

zeros(size(A))：生成与矩阵 A 大小相同的全 0 矩阵。

zeros (m,n,p,…)：生成 m*n*p*…的全 0 的多维矩阵。

zeros (m,n, …,classname)：指定数据类型为 classname。

（5）函数 rand

函数 rand 用来生成[0,1]之间均匀分布的随机函数，其调用格式是：

Y=rand：生成一个随机数。

Y=rand(n)：生成 n*n 的随机矩阵。

Y=rand(m,n)：生成 m*n 的随机矩阵。

Y=rand(size(A))：生成与矩阵 A 大小相同的随机矩阵。

Y=rand(m,n,p,…,)：生成 m*n*p*…的随机数多维数组。

（6）函数 randn

函数 rand 用来生成服从正态分布的随机函数，其调用格式是：

Y=randn：生成一个服从标准正态分布的随机数。

Y=randn(n)：生成 n*n 的服从标准正态分布的随机矩阵。

Y=randn(m,n)：生成 m*n 的服从标准正态分布的随机矩阵。

Y=randn(size(A))：生成与矩阵 A 大小相同的服从标准正态分布的随机矩阵。

Y=randn(m,n,p, …)：生成 m*n*p*…的服从标准正态分布的随机数多维数组。

7.8.3　矩阵元素的提取与替换

（1）单个元素的提取

如：a=[1,2,3;3,4,5]，运行后：

```
a =
    1    2    3
    3    4    5
```

输入 b=a(1,2)

```
b =
    2
```

（2）提取矩阵中某一行的元素

如：a=[1,2,3;3,4,5]，运行后：

```
a =
    1    2    3
    3    4    5
```

输入 b=a(1,:)

```
b =
    1    2    3
```

（3）提取矩阵中某一列

如：a=[1,2,3;3,4,5]，运行后：

```
a =
    1    2    3
    3    4    5
```

输入 b=a(:,1)

```
b =
    1
    3
```

（4）提取矩阵中的多行元素

如：a=[1,2,3;3,4,5]，运行后：

```
a =
    1    2    3
    3    4    5
```

输入 b=a([1,2],:)

```
b =
    1    2    3
    3    4    5
```

（5）提取矩阵中的多列元素

如：a=[1,2,3;3,4,5]，运行后：

```
a =
    1    2    3
    3    4    5
```

输入 b=a(:,[1,3])

```
b =
    1    3
    3    5
```

（6）提取矩阵中多行多列交叉点上的元素

如：a=[1,2,3;3,4,5]，运行后：

```
a =
    1    2    3
    3    4    5
```

输入 b=a([1,2],[1,3])

```
b =
    1    3
    3    5
```

（7）单个元素的替换

如：a=[1,2,3;3,4,5]，运行后：

```
a =
    1    2    3
    3    4    5
```

输入：a(2,3)=−1

```
a =
    1     2     3
    3     4    −1
```

7.8.4　矩阵元素的重排和复制排列

（1）矩阵元素的重排

B=reshape(A,m,n)：返回的是一个 m*n 矩阵 B，矩阵 B 的元素就是矩阵 A 的元素，若矩阵 A 的元素不是 m*n 个则提示错误。

B=reshape(A,m,n,p)：返回的是一个多维的数组 B，数组 B 中的元素个数和矩阵 A 中的元素个数相等。

B=reshape(A, …,[], …)：可以默认其中的一个维数。

B=reshape(A,siz)：由向量 siz 指定数组 B 的维数，要求 siz 的各元素之积等于矩阵 A 的元素个数。

（2）矩阵的复制排列

B=repmat(A,n)：返回 B 是一个 n*n 块大小的矩阵，每一块矩阵都是 A。

B=repmat(A,m,n)：返回值是由 m*n 个块组成的大矩阵，每一个块都是矩阵 A。

B=repmat(A,[m,n,p, …])：返回值 B 是一个多维数组形式的块，每一个块都是矩阵 A。

7.8.5　矩阵的翻转和旋转

（1）矩阵的左右翻转

左右翻转函数是 fliplr，调用格式为：

B=fliplr(A)：将矩阵 A 左右翻转成矩阵 B。

输入：A=[1,2,3;3,4,2]

```
A =
    1     2     3
    3     4     2
```

输入：B=fliplr(A)

```
B =
    3     2     1
    2     4     3
```

（2）矩阵上下翻转

矩阵上下翻转函数是 flipud，调用格式为：

B=flipud(A)：把矩阵 A 上下翻转成矩阵 B。

（3）多维数组翻转

多维数组翻转函数是 flipdim，调用格式为：

B=flipdim(A,dim)：把矩阵或多维数组 A 沿指定维数翻转成 B。

（4）矩阵的旋转

矩阵的旋转函数是 rot90，调用格式为：

B=rot90(A)：矩阵 B 是矩阵 A 沿逆时针方向旋转 90°得到的。

B=rot90(A,k)：矩阵 B 是矩阵 A 沿逆时针方向旋转 k*90°得到的（要想顺时针旋转，k 取−1）。

7.8.6 矩阵的生成与提取函数

（1）对角线函数

对角线函数 diag 既可以生成矩阵，又可以提取矩阵的对角线元素，其调用格式为：

A=diag(v,k)：当 v 是有 n 个元素的向量，返回矩阵 A 是行列数为 n+|k|的方阵。向量 v 的元素位于 A 的第 k 条对角线上。k =0 对应主对角线，k>0 对应主对角线以上，k<0 对应主对角线以下。

A=diag(v)：将向量 v 的元素放在方阵 A 的主对角线上，等同于 A=diag(v,k)中 k =0 的情况。

v=diag(A,k)：提取矩阵 A 的第 k 条对角线上的元素于列向量 v 中。

v=diag(A)：提取矩阵 A 的主对角线元素于 v 中，这种调用等同于 v=diag(A,k)中 k =0 的情况。

（2）下三角阵的提取

下三角阵的提取用函数 tril，调用格式为：

L=tril(A)：提取矩阵 A 的下三角部分。

L=tril(A,k)：提取矩阵 A 的第 k 条对角线以下部分。K=0 对应主对角线，k>0 对应主对角线以上，k<0 对应主对角线以下。

（3）上三角阵的提取

上三角阵的提取用函数 triu，调用格式为：

U=triu(A)：提取矩阵 A 的上三角部分元素。

U=triu(A,k)：提取矩阵 A 的第 k 条对角线以上的元素。K=0 对应主对角线，k>0 对应主对角线以上，k<0 对应主对角线以下。

7.8.7 应用实例

【例 7.23】 求数组元素的最大值与最小值，并把它分放在第一、第二个元素中。

【源程序】

```
a=[1 2 3 4; 5 6 12 11; 10 9 8 7];
a(1,1)= max(a(:));
a(1,2)=min(a(:));
fprintf('max=%d min=%d\n', a(1,1),a(1,2))
```

运行结果：

```
max=12   min=2
```

7.9 实 例 拓 展

7.9.1 工程计算实例

细心的读者可能已经发现，在工程计算实例中，截至第6章，还有三个模块没有给出程序代码，分别是求方差、矩阵运算和解方程组，这主要是由于这几个运算都要用到数组。下面分别使用一维、二维数组来编写这几段程序，为了与第6章的内容结合起来，这里直接将这三个功能模块写成函数的形式，请读者自行修改主控程序中 switch 语句中的相关语句，使得主控程序能调用这三个函数。这三个功能模块的 C 语言程序段如下。

【源程序】

```
#include <math.h>
    ……
variance( )
{
   int i=0,x,d[100];
   float var,sum=0.0,averag=0.0;
   printf("Input your number less than 100 and end by zero：\n");
   for(;;)
   {
      scanf("%d",&x);
      if(x!=0)
      {
         d[i]=x;
         i++;
         sum+=sum;
      }
      else
         break;
   }
   averag=sum*1.0/i;
   i－－
   for(;i>=0;i－－)
   {
      sum+=(d[i]－averag)*(d[i]－averag);
   }
   printf("The variance is:%f",sqrt(sum));
}


/* 标量乘以数组 */
/* 4*4 数组 */
/* 这里仅给出标量乘以数组的情况，读者可以仿照这个程序写出其他的矩阵运算，如矩阵叉乘、求
   对角元素、转置、逆、伴随矩阵等*/
matrix( )
{
   float s,A[4][4],B[4][4];
   int i,j;
   printf("Input Scaler:");
   scanf("%f",&s);
   printf("Input Array(4*4):\n");
   for(i=0;i<4;i++)
   {
      for(j=0;j<4;j++)
      {
      scanf("%f",&A[i][j]);
      }
   }
   /* 乘法运算*/
   for(i=0;i<4;i++)
   {
      for(j=0;j<4;j++)
```

```
        {
        B[i][j]=A[i][j]*s;
        }
    }
    /*  输出  */
    for(i=0;i<4;i++)
    {
        for(j=0;j<4;j++)
        {
        printf("%10.2f  ",B[i][j]);
        }
        printf("\n");
    }
}
/*列主元元素消元法解多元一次方程组*/
equation ( )
{
  float a[10][10],b[10],s,t,e,sum;
  int i,j,k,n,m;
  printf("The top exp is ");
  scanf("%d",&n);
  for(i=0;i<n;i++)
   for(j=0;j<n;j++)
    scanf("%f",&a[i][j]);
  for(i=0;i<n;i++)
   scanf("%f",&b[i]);
  scanf("%f",&e);
  k=0;
  do{t=a[k][k];
     for(i=k;i<n;i++)
      {if(fabs(t)<fabs(a[i][k]))
         {t=a[i][k];
     m=i;
         }
       else m=k;
      }
     if(fabs(t)<e)
      printf("det A – 0\n");
     else {if(m!=k)
         {for(j=0;j<n;j++)
           {s=a[m][j];
            a[m][j]=a[k][j];
            a[k][j]=s;
           }
          s=b[m];
          b[m]=b[k];
          b[k]=s;
         }
        for(i=k+1;i<n;i++)
         for(j=k+1;j<n;j++)
          {a[i][k]=a[i][k]/a[k][k];
           a[i][j]=a[i][j]–a[i][k]*a[k][j];
```

```
            b[i]=b[i]−a[i][k]*b[k];
        }
    }
  k++;
  }while(k<n−2);
  if(fabs(a[n−1][n−1])<e)
    printf("det A = 0\n");
  else {b[n−1]=b[n−1]/a[n−1][n−1];
    for(i=n−2;i>=0;i−−)
    {sum=0;
      for(k=i+1;k<n;k++)
        {sum+=a[k][j]*b[j];}
      b[i]=(b[i]−sum)/a[i][i];
    }
    }
  for(i=0;i<n;i++)
    printf("%f\n",b[i]);
}
```

7.9.2 MATLAB 实例

在第 6 章里我们只能对输入的数据直接进行处理，在本节我们使用 MATLAB 中的矩阵来完成这些功能。

【源程序 1】主控程序

```
% engine5.m
while 1,
  fprintf('请输入数字选择如下操作：\n');
  fprintf('0.退出\n');
  fprintf('1.求和\n');
  fprintf('2.求平均\n');
  fprintf('3.求方差\n');
  fprintf('4.矩阵运算\n');
  fprintf('5.方程求解\n');
  Choice=input(' Your choice :');
  if Choice<0 | Choice>5
    fprintf ('您的选择超出范围了，请重新选择！');
  else
    switch   Choice
      case 0,
          fprintf('您选择了退出本程序\n');break;
      case 1,
          fprintf('您选择了求和\n');sum( );
      case 2,
          fprintf('您选择了求平均\n');avg( );
      case 3,
          fprintf('您选择了求方差\n'); %此处放入求方差的函数 variance( )
      case 4,
          fprintf('您选择了矩阵运算\n'); %此处放入矩阵运算的函数 matrix( )
      case 5,
          fprintf('您选择了方程求解\n'); %此处放入求方程的函数 equation( )
    end
```

```
        end
    end
```

【源程序2】 求和子程序 sum.m

```
%sum.m
function   sum( )
    A=input('请输入求和的数列，以[]将数括起来：');
    fprintf('您输入的数列的和是：\n');
    sum(A,2)
end
```

运行实例：

请输入待求和的数，以[]将数列扩起来：[1 2 3 4 5]

该数据序列的和是：

```
ans =
    15
```

【源程序3】 求平均子程序 avg.m

```
%avg.m
function   avg( )
avg=0;
i=0;
A=input('请输入求平均的数列，以[]将数括起来：');
avg=mean(A,2);
fprintf('您输入的数列的平均值是：\n');
avg
end
```

运行实例：

请输入待求平均的数列，将输入的数据用[]括起来：[1 2 3 4]

您输入的数列的平均值是：

```
s =
    2.5000
```

读者可以仿照本例编写出其他子程序。

至此，基本完成了一个拥有部分数值计算能力的小工具，是不是有点成就感了呢？是否能在此基础上继续完善两个小系统，让它们的功能更加强人，这就要求我们多想、多动手了。

7.10 小 结

1．C 语言像其他高级语言一样，提供了用户自定义数据的描述方法，数组就是一种构造类型数据。使用数组的目的是在内存中存储大量的数据，并利用数组具有相同数据类型且按一定次序排列、占有内存中连续存储单元等特性，更加方便地对数据进行操作，以解决复杂的实际问题。

2．C 语言中数组分为一维数组、二维数组及多维数组，一般只要求掌握一维数组和二维数组。在数组的输入、输出及其他相关运算处理中，一般情况下，一维数组用一层循环可以实现，而二维数组要用两层循环才可实现。

3．C 语语言本身并没有设置一种类型来定义字符串变量，字符串的存储完全依赖于字符数组，但字符数组又不是字符串变量。所谓字符串数组就是数组中的每个元素又都是一个存放字符串的数组。请注意并掌握普通的一维数组、二维数组和字符数组、字符串数组的区别及用法。

4. 数组名、数组元素、数组元素的地址均可作函数参数。数组元素作函数参数时和普通变量作函数参数一样，采用的是值传递，是一个单向过程，只能将实参的值传给形参，而不能将形参的值传给实参，形参值的改变不影响其对应的实参的值；而数组名及数组元素的地址作函数参数时，是把地址传了形参，这样形参与实参共用同一段内存单元，形参中数组元素的变化会使实参数组元素的值同时变化。

5. 掌握数组应用中的几个经典排序算法：选择排序、冒泡排序、快速排序及插入排序。

6. MATLAB 是一种以科学计算为基础的软件，它基本操作对象是矩阵或向量，矩阵的概念和线性代数中定义的矩阵的概念是一样的，在 MATLAB 中也把矩阵、向量称为数组。

习　题　7

一、选择题

1. 在 C 语言中，引用数组元素时，其数组下标的数据类型允许是（　　）。

　　A. 整型变量　　　　　　　　　　　　B. 实型表达式

　　C. 整型常量或整型表达式　　　　　　D. 任何类型的表达式

2. 若用数组名作为函数调用时的实参，则实际上传递给形参的是（　　）。

　　A. 数组首地址　　　　　　　　　　　B. 数组的第一个元素值

　　C. 数组中的全部元素的值　　　　　　D. 数组元素的个数

3. 下述对 C 语言字符数组的描述中错误的是（　　）。

　　A. 字符数组可以存放字符串

　　B. 字符数组中的字符串可以进行整体输入/输出

　　C. 可以在赋值语句中通过赋值运算符 "=" 对字符数组整体赋值

　　D. 字符数组的下标从 0 开始

4. 下列定义数组的语句中，正确的是（　　）。

　　A. int　N=10;　　　　　　　　　　B. #define N 10

　　　　int　x[N];　　　　　　　　　　　　int x[N];

　　C. int　x[0..10];　　　　　　　　　D. int x[];

5. 错误的说明语句是（　　）。

　　A. static char word[ ]={'T', 'u', 'r', 'b', 'o', '\0'};

　　B. static char word[ ]={"Turbo\0"};

　　C. static char word[ ]= "Turbo\0";

　　D. static char word[ ]='Turbo\0';

6. 已知：char s[10]，若要从终端给 s 输入 5 个字符，错误的语句是（　　）。

　　A. gets(&s[0]);　　　　　　　　　B. scanf("%s",s+1);

　　C. scanf("%s ",s[1]);　　　　　　　D. gets(s);

7. 若要定义一个具有 5 个元素的整型数组，以下错误的定义语句是（　　）。

　　A. int　a[5]={0};　　　　　　　　　B. int　b[ ]={0,0,0,0,0};

　　C．int　c[2+3];　　　　　　　　　　　　D．int　i=5,d[i];

8．以下函数的功能是：通过键盘输入数据，为数组中的所有元素赋值。

```
#include <stdio.h>
#define N 10
void fun(int x[N])
{   int i=0;
    while(i<N) scanf("%d",_____);
}
```

在程序中下划线处应填入的是（　　　）。

　　A．x+i　　　　　　B．&x[i+1]　　　　　C．x+(i++)　　　　　D．&x[++i]

9．若有以下语句，则调用函数 strlen(x), strlen(y)，正确的描述是（　　　）。

```
static char x[]="01234";
static char y[]={'1','2','3','4','5', '\0'};
```

　　A．x 数组和 y 数组的长度相同　　　　　　B．x 数组长度大于 y 数组长度

　　C．x 数组长度小于 y 的数组长度　　　　　　D．x 数组等价于 y 数组

10．已知：char str1[10],str2[10]={"books"};则在程序中能够将字符串"books"赋给数组 str1 的正确语句是（　　　）。

　　A．str1 = {"Books"};　　　　　　　　　　B．strcpy (str1,str2);

　　C．str1 = str2;　　　　　　　　　　　　　D．strcpy (str2,str1);

11．有以下程序（strcpy 为字符串复制函数，strcat 为字符串连接函数）

```
#include<stdio.h>
#include<string.h>
main( )
{   char a[10]= "abc", b[10]= "012", c[10]= "xyz";
    strcpy(a+1, b+2);
    puts(strcat(a, c+1));
}
```

程序运行后的输出结果是（　　　）。

　　A．a12xyz　　　　B．12yz　　　　　　C．a2yz　　　　　　D．bc2yz

12．已知：char str[ ]="%%ab\n012\012\\\"";则执行语句：printf("%d",strlen(str));的结果是（　　　）。

　　A．5　　　　　　　B．7　　　　　　　　C．9　　　　　　　　D．11

13．已知：int a[10];则对 a 数组元素的正确引用是（　　　）。

　　A．a[10]　　　　　B．a[3.5]　　　　　　C．a(5)　　　　　　D．a[10-10]

14．若有定义语句：int m[]={5,4,3,2,1},i=4;，则下面对 m 数组元素的引用中错误的是（　　　）。

　　A．m[--i]　　　　　B．m[2*2]　　　　　C．m[m[0]]　　　　　　D．m[m[i]]

15．以下对二维数组 a 的正确说明是（　　　）。

　　A．int a[3] [ ] ;　　　　　　　　　　　　B．float a(3，4);

　　C．double a[3] [4] ;　　　　　　　　　　D．float a(3) (4);

16．若有定义：int a[2][3];，以下选项中对 a 数组元素正确引用的是（　　　）。

　　A．a[2][!1]　　　　B．a[3-2][3]　　　　C．a[0][3]　　　　　　D．a[1>2][!1]

17．以下能对二维数组 a 进行正确初始化的语句是（　　　）。

　　A．int a[1][4] = {1,2,3,4,5};

B. float a[3][] = {{1,2},{2,3},{3,1}};

C. long a[2][3] = {{1},{1,2},{1,2,3},{0,0}};

D. double a[ ][3] = {8};

18. 设有定义：int x[2][3];，则以下关于二维数组 x 的叙述错误的是（　　）。

　　A. x[0]可看作是由 3 个整形元素组成的一维数组

　　B. x[0]和 x[1]是数组名，分别代表不同的地址常量

　　C. 数组 x 包含 6 个元素

　　D. 可以用语句 x[0]=0;为数组所有元素赋初值 0

19. 已知：int a[]={1,2,3,4,5,6,7,8,9,10};则值为 5 的表达式是（　　）。

　　A. a[5]　　　　　　B. a[a[3]]　　　　　C. a[a[4]]　　　　　D. a[a[5]]

20. 有以下程序

```
#include<stdio.h>
#define N 4
void fun(int a[][N],int b[])
{    int i;
     for(i=0; i<N; i++) b[i]=a[i][i]-a[i][N-1-i];
}
void main( )
{    int x[N][N]={{1,2,3,4},{5,6,7,8},{9,10,11,12},{13,14,15,16}}, y[N], i;
     fun(x,y);
     for(i=0; i<N; i++) printf("%d,", y[i]); printf("\n");
}
```

程序运行后的输出结果是（　　）。

　　A. −12,−3,0,0,　　　B. −3,−1,1,3,　　　C. 0,1,2,3,　　　　D. −3,−3,−3,−3

21. 对以下说明语句的正确理解是（　　）。

```
int a[10]={6,7,8,9,10};
```

　　A. 将 5 个初值依次赋给 a[1]～a[5]

　　B. 将 5 个初值依次赋给 a[0]～a[4]

　　C. 将 5 个初值依次赋给 a[6]～a[10]

　　D. 因为数组长度与初值的个数不相同，所以此语句不正确

22. 有以下程序：

```
#include<stdio.h>
#include<string.h>
main( )
{    char a[5][10]={"china","beijing","you","tiananmen","welcome"};
     int i, j; char t[10];
     for(i=0; i<4; i++)
     for(j=i+1; j<5; j++)
     if(strcmp(a[i], a[j])>0)
     { strcpy(t, a[i]); strcpy(a[i], a[j]); strcpy(a[j], t); }
     puts(a[3]);
}
```

程序运行后的输出结果是（　　）。

　　A. Beijing　　　　　B. china　　　　　　C. welcome　　　　　D. tiananmen

23. 以下选项中，合法的是（　　）。

    A. char　str3[]={'d', 'e', 'b', 'u', 'g', '\0'};　　　　B. char　str4; str4="hello world";

    C. char　name[10]; name="china";　　　　D. char　str1[5]="pass", str2[6]; str2=str1;

24. 以下程序的输出结果是

```
#include<stdio.h>
main( )
{ char a[5][10]={ "one","two","three","four","five" };
    int i, j;
    char t;
    for(i=0 ; i<4 ; i++)
        for(j=i+1 ; j<5; j++)
        if(a[i][0]>a[j][0])
        { t= a[i][0]; a[i][0]=a[j][0]; a[j][0]=t; }
    puts(a[1]);
}
```

    A. fwo　　　　　　　B. fix　　　　　　　C. two　　　　　　　D. owo

25. 下列选项中，能够满足"若字符串 s1 等于字符串 s2，则执行 ST"要求的是（　　）。

    A. if(strcmp(s2,s1)==0) ST;　　　　B. if(s1==s2) ST;

    C. if(strcpy(s1,s2)==1) ST;　　　　D. if(s1-s2==0) ST;

26. 下面描述正确的是（　　）。

    A. 两个字符串所包含的字符个数相同时，才能比较字符串

    B. 字符个数多的字符串比字符少的字符串大

    C. 字符串"STOP"与"stop"相等

    D. 字符串"That"小于字符串"The"

27. 有以下程序

```
#include<stdio.h>
main( )
{ char   a[20], b[20], c[20];
    scanf("%s%s" ,a,b);
    gets(c);
    printf("%s%s%s\n",a,b,c);
}
```

程序运行时从第一列开始输入：

This　is　a　cat!

则输出结果是（　　）。

    A. Thisisacat!　　　B. Thisis a　　　C. Thisisa cat!　　　D. Thisis a cat!

28. 以下程序的输出结果是（　　）。

```
#include<stdio.h>
#include<string.h>
main( )
{ char a[][7]={"ABCD","EFGH","IJKL","MNOP"},k;
    for(k=1;k<3;k++)
        printf("%s\n",&a[k][k]);
}
```

A. ABCD　　　B. ABC　　　C. EFG　　　D. FGH
　FGH　　　　　　EFG　　　　　JK　　　　　KL
　KL　　　　　　　IJ　　　　　　OP　　　　　KL
　M

29. 以下程序的输出结果是（　　　）。

```
#include<stdio.h>
#include<string.h>
void fun(int b[])
{   static int i=0;
    do
    { b[i]+=b[i+1];
    }while(++i<2);
}
main( )
{   int k,a[5]={1,3,5,4,9};
    fun(a);
    for(k=0;k<5;k++)printf("%d",a[k]);
}
```

A. 13579　　　B. 48579　　　C. 48549　　　D. 48999

二、写出下列程序的运行结果

1. 下面程序的输出结果是_____。

```
#include<stdio.h>
#define N 3
void fun(int a[][N], int b[])
{  int i, j;
   for(i=0; i<N; i++)
   {   b[i]=a[i][0];
       for(j=1; j<N; j++)
         if(b[i]<a[i][j]) b[i]=a[i][j];
   }
}
main( )
{   int   x[N][N]={1,2,3,4,5,6,7,8,9}, y[N],i;
    fun(x,y);
    for(i=0; i<N; i++) printf("%3d",y[i]);
    printf("\n");
}
```

2. 下面程序的输出结果是_____。

```
#include<stdio.h>
main( )
{ int a[3][3]={0,1,2,0,1,2,0,1,2},i,j,s=1;
   for(i=0;i<3;i++)
   for(j=i;j<=i;j++)
   s+=a[i][a[j][j]];
   printf("%d\n",s);
}
```

3. 下面程序的输出结果是_____。

```
#include<stdio.h>
void sort(int a[],int n)
{ int i,j,t;
    for(i=0;i<n-1;i++)
    for(j=i+1;j<n;j++)
    if(a[i]<a[j]){t=a[i];a[i]=a[j];a[j]=t;}
}
main( )
{ int aa[10]={1,2,3,4,5,6,7,8,9,10},i;
    sort(&aa[3],5);
    for(i=0;i<10;i++)printf("%d,",aa[i]);
    printf("\n");
}
```

4. 下面程序的输出结果是_____。

```
#include<stdio.h>
#include<string.h>
main( )
{ char x[]="STRING";
    x[0]=0; x[1]='\0'; x[2]='0';
    printf("%d   %d\n",sizeof(x),strlen(x));
}
```

5. 有以下程序

```
#include <stdio.h>
main( )
{   int   arr[]={1,3,5,7,2,4,6,8}, i, start;
    scanf("%d", &start);
    for(i=0; i<3; i++)
    printf("%d", arr[(start+i)%8]);
}
```

若在程序运行时输入整数 10，则输出结果为_____。

三、程序填空

1. 下面的函数 invert 的功能是将一个字符串的内容颠倒过来。

```
void invert(char str[])
{ int i,j, ___①___ ;
    for(i=0,j=strlen(str)___②___;i<j;i++,j--)
    { k=str[i];
        str[i]=str[j];
        str[j]=k;
    }
}
```

2. 已知 a 所指的数组中有 N 个元素。函数 fun 的功能是，将下标 k(k>0)开始的后续元素全部向前移动一个位置。

```
void fun(int a[N],int k)
{   int i;
    for(i=k;i<N;i++) a[___①___]=a[i];
}
```

3. 下面程序的功能是输出两个字符串中对应位置相同的字符。

```c
#include<stdio.h>
char x[]="programming";
char y[]="FORTRAN";
main( )
{   int i=0;
    while(x[i]!='\0'&&y[i]!='\0')
      if(x[i]= =y[i]) printf("%c",___①___ );
      else   ___②___ ;
}
```

4. 下面的函数 itoh(n,s)完成将无符号十进制整数转换成用十六进制数表示，并存入字符串组 s 中。程序中用到的函数 reverse(char s[ ])是一个将字符串置逆的函数。

```c
itoh(unsigned n, char s[])
{   int h,i=0;
    do
    { h=n%16;
      s[i++]=(h<=9)?h+'0':___①___ ;
    } while((n/=16)!=0);
    ___②___ ;
    reverse(s);
}
```

5. 函数 squeez (char s[ ], char c)的功能是删除字符串 s 中所出现的与变量 c 相同的字符。

```c
squeez(char s[],char c)
{ int i,j;
    for(i=j=0;___①___ ;i++)
       if(s[i]!=c)___②___ ;
    s[j]='\0';
}
```

6. 函数 index(char s[ ], char t[ ])检查字符串 s 中是否包含字符串 t，若包含，则返回 t 在 s 中的开始位置（下标值），否则返回–1。

```c
index(char s[],char t[])
{ int i, j, k;
  for(i=0;s[i]!='\0';i++)
  {   for(j=i,k=0;___①___ && s[j]= =t[k];j++,k++);
        if( ___②___ )
            return(i);
  }
  return(–1);
}
```

四、编程题（每个程序的数据结构均用数组）

1. 编写程序：从键盘上输入一个字符，用折半查找法找出该字符在已排序的字符串 a 中的位置。若该字符不在 a 中则输出"**"。

2. 编写程序：输出某数列的前 20 项，该数列第 1、2 项分别为 0 和 1，以后每个奇数编号的项是前两项之和，每个偶数编号的项是前两项之差的绝对值。生成的 20 个数存在一维数组 x 中，并按每行 4 项的形式输出。

3．编写程序：将 s 所指字符串中除了下标为奇数，同时 ASCII 值也为奇数的字符之外，其余的所有字符都删除，串中剩余字符所形成的一个新串放在 t 所指的数组中。

例如，若 s 所指字符串中的内容为："ABCDEFG12345"，则最后 t 所指的数组中的内容应是："135"。

4．一个自然数平方的末几位与该数相同时，称此数为自同构数。例如，因 $25^2 = 625$，故 25 为自同构数。编写程序求出[1，700]之间的：① 最大的自同构数；② 自同构数数目。

5．已知：

$f(0) = f(1) = 1$

$f(2) = 0$

$f(n) = f(n-1) - 2 \times f(n-2) + f(n-3)$ $(n>2)$

编写程序：求 $f(0) \sim f(50)$ 中的最大值。

6．编写程序：自然数 1～1000 按顺时针围成一圈，首先取出 1，然后顺时针方向按步长 $L = 50$ 取数（已取出的数不再参加计数），直至所有的数均取完为止，最后一个取出的数是多少？

7．编写程序输出下列格式的杨辉三角形前 5 行。

$$\begin{matrix} & & & 1 & & & \\ & & 1 & & 1 & & \\ & 1 & & 2 & & 1 & \\ 1 & & 3 & & 3 & & 1 \\ 1 & 4 & & 6 & & 4 & 1 \end{matrix}$$

8．若两素数之差为 2，则称该两素数为双胞胎数。编写程序求出[2,300]之内：

（1）有多少对双胞胎数；

（2）最大的一对双胞胎数。

9．编写程序将两个递增的数组 a[10] = {2, 4, 6, 8, 10, 12, 14, 16, 18, 20}和 b[10] = {1, 3, 5, 7, 9, 11, 13, 15, 17, 19}合并成一个数组 c[20]，并保持递增的顺序。

10．编写程序建立一个 $N \times N$ 的矩阵（$N < 10$）。矩阵元素的构成规律是：最外层元素的值全部为 1；从外向内第 2 层元素的值全部为 2；第 3 层元素的值全部为 3……以此类推。例如，当 $N = 5$，生成的矩阵为：

$$\begin{bmatrix} 1 & 1 & 1 & 1 & 1 \\ 1 & 2 & 2 & 2 & 1 \\ 1 & 2 & 3 & 2 & 1 \\ 1 & 2 & 2 & 2 & 1 \\ 1 & 1 & 1 & 1 & 1 \end{bmatrix}$$

第8章 指　针

8.1　指针的基本概念

计算机内存可以划分为一个个存储单元，一般以字节为单位，用来存放程序和数据。给每个存储单元按一定规则编号，这个编号就是存储单元的地址，计算机通过这种地址编号的方式来管理内存数据读/写的定位。

程序中定义的所有变量，编译时系统都会给它们分配相应的存储单元，如 VC++6.0 中，整型分配 4 字节，字符型分配 1 字节。程序运行时，变量在其生存期内在内存中的位置是不变的；访问变量时，通过变量名访问变量的值，逻辑上所用的变量名在内存中并不存在，实际上是使用地址。例如，程序中有以下定义：

```
int   a;
```

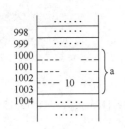

图 8.1　变量的存储地址

VC++ 6.0 编译器会给上述变量 a 分配 4 字节的连续存储空间（假设是 1000～1003），如图 8.1 所示。这些存储单元都有对应的编号，其中第一字节的编号就是该变量的地址（1000），并且在程序运行的过程中变量 a 一直占据 1000～1003 这 4 字节的存储空间。若在程序中引用变量 a，则系统通过变量名 "a" 找到其对应内存中的地址 1000，从 1000～1003 这 4 字节中取出其中的数据值 10。这种通过变量名访问变量的方式称为 "直接访问" 方式，而把变量在内存单元的编号或地址称为指针。

在 C 语言中，除了前面章节中介绍的普通变量（如整型、实型、字符型）之外，还有一种能够用来存放另一个变量在内存单元的编号或地址的变量，称为指针变量。由此可知，指针变量也是一个变量，和普通变量一样占用一定的存储空间，但是其存储空间中存放的数据是地址。

如图 8.2 所示，设有普通变量 a 及指针变量 p，变量 a 占用的地址为 1000～1003，而指针 p 中存放的是变量 a 的地址值 1000，如果想得到变量 a 的值，可以先访问变量 p，得到地址值 1000，再通过地址 1000 找到变量 a 的值 10。在这个访问过程中，把变量的地址存放在一个指针变量中，先找出地址变量中的值（地址），由此地址找到要访问变量值的方式称为 "间接访问" 方式。

在上述变量 p 和 a 的关系中，称指针变量 p "指向" 了变量 a，图 8.3 说明了这种指向关系。

严格地说，一个指针是一个地址，是一个常量。而一个指针变量却可以被赋予不同的指针值，是变量。现在常把指针变量简称为指针，为了避免混淆，通常约定，"指针" 指地址，是常量，"指针变量" 是

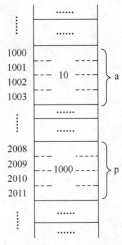

图 8.2　指针变量

指取值为地址的变量。定义指针变量的目的是通过指针去访问内存单元。

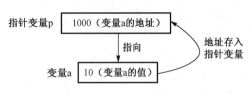

图 8.3　指针变量与指向变量之间的关系

指针变量除了可以指向普通变量外，还可以指向内存中的其他任何数据结构，如数组、结构体和函数等。一种数据类型或数据结构所占用的存储单元是连续的地址空间，"地址"这个概念不能很好地描述一种数据类型或结构，"指针"也是一个地址，但它是一个数据类型或结构的首地址，它是"指向"一个数据结构的，这一概念有助于描述某些复杂的数据结构，实现复杂的数据操作。

8.2　指针变量的声明与使用

8.2.1　指针变量的声明

声明指针变量的一般形式为：

　　类型　*指针变量名;

其中指针变量名前加了"*"号，表示该变量是指针变量，指针变量的类型是指针变量所指向的对象的类型。例如：

　　int *p1;

则声明了 p1 是一个整型指针变量，只能用来存放整型变量的地址。C 语言中指针可以被声明为指向任何数据类型的对象，以下声明了其他类型的指针变量：

　　char *p2;　　　　　　　　　　　　/*p2 是指向字符型变量的指针变量*/
　　float *p3,*p4;　　　　　　　　　　/*p3,p4 是指向单精度类型变量的指针变量*/
　　double *p5,*p6,*p7;　　　　　　　/*p5,p6,p7 是指向双精度类型变量的指针变量*/

注意：每一个指针变量名前都必须有前缀"*"，每个"*"只声明一个变量。

8.2.2　指针变量的赋值与使用

在C语言中，变量的地址是由编译系统分配的，对用户完全透明，用户不知道变量的具体地址。声明指针变量后，使用前必须先赋一个具体的值，即让指针指向某个对象。

指针可以在声明时或在赋值语句中初始化，可以被初始化为0、NULL 或地址。值为 0 或 NULL 的指针不指向任何对象，称为空指针。符号常量 NULL 在 C 语言标准库头文件中定义，表示数值 0。把一个指针初始化为 NULL 和 0 是等价的，但是 C 语言中约定使用 0。0 在赋值给指针变量时被转换为一个适当类型的指针。只有整数 0 可以直接赋给一个指针，其他整数不能直接赋值给指针变量。

指针操作有两个重要的运算符："&"和"*"。

① 取地址运算符"&"：给出变量的地址。

② 间接运算符或间接引用运算符"*"：给出指针所指向的地址中的内容。

1．指针变量的初始化

一般形式：[存储类型] 数据类型 *指针名=初始地址

以下为正确的指针变量初始化语句：

```
    int    i;
    int    *p=&i;                      /*指针 p 初始化为变量 i 的地址*/
    int    *q=p;                       /*用已初始化的指针 p 初始化 q*/
```

以下为正确的指针变量赋值语句：

```
    int i,j;
    int *p1,*p2;
    p1=&i;                             /*将变量 i 的地址赋值给指针 p1 */
    p2=&j;                             /*将变量 j 的地址赋值给指针 p2 */
```

2. 指针变量的引用

当指针指向一个变量后，可使用该指针间接访问它所指向的变量，如：

```
    int i,j;
    int *p1,*p2;
    p1=&i; p2=&j;                      /*指针 p1 指向变量 i，p2 指向变量 j */
    i=10;j=20;                         /*使用变量名直接访问变量 i、j */
    *p1=100;*p2=200;                   /*引用指针 p1、p2 间接访问变量 i、j*/
```

阅读以下程序：

```
    int *pa=0;
    float a,x=10,*xPtr=&x;             /*指针 xPtr 指向变量 x*/
    double y=2.5,*yPtr1，*yPtr2;       /*说明变量*/
    yPtr1=&y;                          /*使指针 yPtr1 指向变量 y*/
    yPtr2=yPtr1;                       /*同类型指针变量之间赋值，yPtr2 亦指向变量 y*/
    a=*xPtr                            /* *xPtr 是指针所指地址内的内容，a 被赋值为 10*/
```

上述指针变量与其指向变量的指向关系如图 8.4 所示。

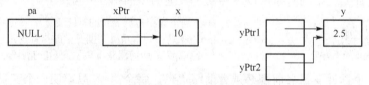

图 8.4　内存中指针指向变量示意图

【例 8.1】　分析下面的程序。

【源程序】

```
/*pro08_01.c*/
#include<stdio.h>
void main( )
{
    int x;
    int *xPtr1,*xPtr2;
    x=10;
    xPtr1=&x;
    xPtr2=xPtr1;
    printf("The address of x is:%x\n",&x);
    printf("The value of x is:%d\n",x);
    printf("The value of *xPtr1 is:%d\n",*xPtr1);
    printf("The value of *xPtr2 is:%d\n",*xPtr2);
    printf("The operators \"&\" and \"*\" are inverse of each other:\n");
    printf("The expression &*xPtr1 is:%x\n",&*xPtr1);
    printf("The expression *&xPtr1 is:%x\n",*&xPtr1);
}
```

运行结果：

```
The address of x is:12ff60
The value of x is:10
The value of *xPtr1 is:10
The value of *xPtr2 is:10
The operators "&" and "*" are inverse of each other:
The expression &*xPtr1 is:12ff60
The expression *&xPtr1 is:12ff60
```

程序说明如下。

（1）虽然在开头定义了两个整型指针变量*xPtr1 和 *xPtr2，但它们并未指向任何一个整型变量。至于指向哪一个整型变量，还要在程序其他语句中指定。

（2）第 8 行 xPtr1=&x 是将 x 的地址分别赋给 xPtr1；第 9 行 xPtr2=xPtr1 是将 xPtr1 的值即 x 的地址赋给 xPtr2，如图 8.5 所示。

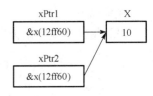

图 8.5 指针变量赋值

（3）第 11、12、13 行证实 x、*xPtr1、* xPtr2 的值都一样，为 10。

（4）程序第 6 行*xPtr1 和* xPtr2 表示定义两个指针变量 xPtr1 和 xPtr2，它们前面的"*"只是表示该变量是指针变量。程序 12、13 行 printf 函数中的*xPtr1 和*xPtr2 则分别代表 xPtr1 和 xPtr2 所指向的变量，其中的*是指针（间接）运算符。

（5）程序最后两行证实了"*"和"&"互为反运算，以任意顺序把它们两个连续应用到 xPtr1，它们彼此抵消，输出相同的结果，但*后面必须是指针。

【例 8.2】 编写程序实现：输入 a 和 b 两个整数，按先大后小的顺序输出 a 和 b。

【源程序】

```
/*pro08_02.c*/
#include<stdio.h>
main( )
{
    int *p1,*p2,*p,a,b;
    scanf("%d,%d",&a,&b);
    p1=&a;p2=&b;
    if(a<b)
    {   p=p1;p1=p2;p2=p;}
    printf("a=%d,b=%d\n",a,b);
    printf("max=%d,min=%d\n",*p1,*p2);
}
```

运行结果：

```
5,9↙
a=5, b=9
max=9, min=5
```

程序说明如下。

当输入 a=5，b=9 时，由于 a<b，将 p1 和 p2 交换。交换前的情况如图 8.6(a)所示。交换后的情况如图 8.6(b)所示。注意：a 和 b 并未改变，它们仍保持原值，但 p1 和 p2 的值改变了。p1 的值原为&a，后来变为&b，p2 原为&b，后来变成&a。这样，在输出*p1 和*p2 时，实际上是输出变量 b 和 a 的值，即 9 和 5。

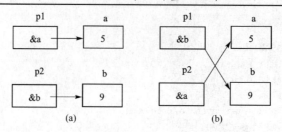

图 8.6　指针交换

注意以下 4 点：

（1）指针变量数据类型必须与所赋值的变量类型一致，如以下语句是非法的：

```
float y;
int *p;
p=&y;
```

因为 p 为整型指针变量，y 为实型变量，类型不一致，故为 p=&y；是非法语句。

（2）不允许把一个数（常量）赋予指针变量（指针变量只能存储变量地址），故下面的赋值是错误的。

```
int *p;p=1000;
```

（3）被赋值的指针变量前不能再加"*"说明符，写为*p=&a 也是错误的。但对于在定义指针的同时赋值是允许的，如 int *p=&a;其实质可分解为两句，即：

```
int *p;p=&a;
```

（4）可以将指针变量初始化为空值 NULL。如：

```
p=NULL;
```

为进一步明确运算符"&"和"*"的含义和作用，思考下面几个问题。

（1）如果已经执行了 p=&a;语句，则&*p 的含义是什么？

由于运算符"&"和"*"的优先级相同，按自右而左的方向结合，因此进行*p 的运算，即得到变量 a 的值，再执行&运算。由前可知，&*p 与&a、p 是等价的，即可以说"&"与"*"互为反运算。

（2）如 int i=5;再执行&*i 运算可不可以？

这是不允许的，因为 i 只是一个整型变量，而不是指针变量，故根据自右而左的运算规则，此运算是错误的，*运算符只能对指针变量进行运算。

8.2.3　二级指针

可以声明一个指针指向另一个指针变量，这个指针称为指向指针的指针，也称为多级指针。

二级指针的指针变量的定义形式：

```
类型标识符 **变量标识符;
```

其中的两个星号"**"表示二级指针，数据类型是两次寻址后所访问的变量的类型。

例如：

```
int a, *p=&a;
int **pp;
pp=&p;
```

上面声明了一个二级指针 pp，它指向了指针 p。同样，可以用多个 "∗" 声明多级指针，不过多于二级的指针在实际的编程中很少使用。

【例 8.3】 分析下面的程序。

【源程序】

```
/*pro08_3.c*/
#include <stdio.h>
void main( )
{
    int a, *p=&a;
    int **pp;
    pp=&p;
    a=10;
    printf("a=%d,*p=%d,**pp=%d\n",a,*p,**pp);
}
```

运行结果：

```
a=10,*p=10,**pp=10
```

程序中指针变量的指向关系如图 8.7 所示。

程序说明：在例 8.3 中，通过二级指针 pp 间接访问目的单元中的数据值必须使用两个星号 "∗∗"，多于二级的指针原理相同。

图 8.7 二级指针与一级指针

8.3 指 针 运 算

指针运算实质是对指针变量的地址值进行运算。指针运算与普通变量的运算意义不同，其运算种类也有限，只有赋值运算、算术运算和关系运算。

8.3.1 赋值运算

指针变量的赋值运算在 8.2 节中已讨论过，主要有以下几种形式：

（1）指针变量初始化赋值。例如：

```
int a,*pa=&a;
```

（2）把一个变量的地址赋予指向相同数据类型的指针变量。例如：

```
int a,*pa;
pa=&a;                          /*把整型变量 a 的地址赋予整型指针变量 pa*/
```

（3）把一个指针变量的值赋予指向相同类型变量的另一个指针变量。如：

```
int a,*pa=&a,*pb;
pb=pa;                          /*把 a 的地址赋予指针变量 pb*/
```

由于 pa，pb 均为指向整型变量的指针变量，因此可以相互赋值。

8.3.2 算术运算

指针的算术运算有以下几种：px＋n，px－n，px＋＋，px－－，＋＋px，－－px，px－py；其中，px 和 py 是指向具有相同数据类型的一组数据的指针，n 是整数。

1．px+n，px-n，px++，px--，++px，--px

指针作为地址量加上或减去一个整数 n，其意义是指针当前指向位置的前方或后方第 n 个数据的位置。由于指针可以指向不同的数据类型，即数据长度不同的数据，所以这种运算的结果地址值取决于指针指向的数据类型。相应地，指针"++"运算后就指向了下一个数据的位置，指针"--"运算后指向了上一个数据的位置。这种自增与自减运算一定要注意其运算顺序。

例如，有一个指向字符型变量的字符指针 px，px+1 时则指针 px 中的地址值加 1；另有指向整型变量的整型指针 py，则 py + 1 时指针 py 的地址值加 4（VC++6.0 中整型数据占用 4 个字节的存储空间）。

于是，对于某种数据类型的指针 p 来说，有以下说明。

（1）p+n 的实际操作是：p 的地址值+n*sizeof（数据类型）。

（2）p-n 的实际操作是：p 的地址值-n*sizeof（数据类型）。

其中，sizeof（数据类型）的长度单位为字节。

由上述内容可知，*(p+1)表示指针 p 加 1 后所指向地址的目标变量，*(p-2)表示指针 p 减 2 后所指向地址的目标变量。而对一个指向普通变量的指针进行加减后，指针所指向的地址的用途是不确定的，对它进行操作可能会导致不可预知的后果。因此，在 C 语言中，指针的加减运算一般用于对数组元素进行操作。这是由于数组中存放的是一组具有相同数据类型的有序数据，它们在内存中的地址是连续的，通过对指向数组的指针进行加减运算，可以使指针指向数组中的不同元素。

2．px-py

px-py 运算的结果值是指针 px 与 py 所指向地址位置之间的数据个数，它执行的结果不是两地址值的直接相减，而是按下列公式得出结果：

> （px 的地址-py 的地址）/sizeof（数据类型）

上式中 sizeof（数据类型）是指针 px 和 py 的数据类型。

注意：只有指向同一数组的两个指针变量之间才能进行相减运算，否则运算毫无意义。

例如：

```
int a[5],length;
int *px=&a[4],*py=&a[1];
length=px-py;                        /*length 的值为 3*/
```

变量 length 的值就是数组元素 a[1]和 a[4]之间元素的个数。

以下是关于指针加减整数及指针相减的例子。

【例 8.4】　编程验证指针加 1 和地址加 1 运算的区别，并分析程序的输出结果。

【源程序】

```
/*pro08_04.c*/
#include <stdio.h>
void main( )
{
    int i,*pi1=&i,*pi2;
    double d,*pd1=&d,*pd2;
    pi2=pi1+1;
    pd2=pd1+1;
    printf("pi2-pi1=%d, pd2-pd1=%d\n",pi2-pi1,pd2-pd1);
```

```
        printf("(int)pi2-(int)pi1=%d,(double)pd2-(double)pd1=%d\n",(int)pi2-(int)pi1,(double)pd2-(double)pd1);
    }
```

运行结果：

```
    pi2-pi1=1,pd2-pd1=1
    (int)pi2-(int)pi1=4,(double)pd2-(double)pd1=8
```

例 8.4 的程序中 pi2 指向了 pi1 的下一个整数的地址，pd2 指向了 pd1 的下一个双精度实数的地址；pi2 与 pi1 的地址差值为 4，pd2 与 pd1 的地址差值为 8。

8.3.3 关系运算

两指针变量进行关系运算只有在指向同一数组的两个指针变量之间进行才有意义，表示它们所指数组元素地址位置之间的关系。

例如：

（1）p1==p2 表示 p1 和 p2 指向同一数组元素；

（2）p1>p2 表示 p1 处于高地址位置；

（3）p1<p2 表示 p1 处于低地址位置。

指针变量还可以与 0 比较。

（1）设 p 为指针变量，则 p==0 表明 p 是空指针，它不指向任何变量；

（2）p!=0 表示 p 不是空指针。

空指针是由对指针变量赋予 0 值而得到的。

例如：

```
    #define NULL 0
    int *p=NULL;
```

对指针变量赋 0 值和不赋值是不同的。指针变量未赋值时，可以是任意值，是不能使用的，否则将造成意外错误。而指针变量赋 0 值后，则可以使用，只是它不指向具体的变量而已。

8.4 指针与数组

在 C 语言中，指针能指向数组或数组元素，而且指针的最一般用途是作为指向数组的指针。使用指向数组的指针的主要理由是表示上的方便和程序的高效率。

8.4.1 指针与一维数组

假设有如下声明：

```
    int a[5];                /*声明包含 5 个元素的数组 a*/
    int *aPtr;               /*声明整型指针 aPtr*/
```

编译系统会为数组 a 分配 5 个存放整型数据的连续存储空间，它们是 a[0]，a[1]，…，a[4]，a[i]就是用下标 i 引用从数组 a 首地址开始的第 i 个元素，程序中可以通过 i 的变化来访问 a 的元素。

前已述及，数组名（不带下标）是指向数组第一个元素的常量指针，下面两条语句都可以把 aPtr 设置为数组 a 中第一个元素的地址：

```
    aPtr=a;                  /*指针 aPtr 指向数组 a 的第一个元素 a[0] */
    aPtr=&a[0];              /*指针 aPtr 指向数组元素 a[0] */
```

如果数组 a 和指针变量 aPtr 按上述定义，并且 aPtr 指向 a 的第一个元素 a[0]，那么可以用表达式*aPtr 来存取 a[0]，所以下面语句：

```
*aPtr=1;
```

表示对 aPtr 当前所指向的数组元素 a[0]赋值为 1。

如果想要通过指针变量 aPtr 引用 a[3]，则可对 aPtr 的值加 3，然后用指针运算符：

```
*(aPtr+3)=27;
```

该语句表示对 a[3]赋值为 27，因为 aPtr+3 所指向的元素为 a[3]。

一般地，如果 aPtr 的初值为&a[0]，则有以下结论。

（1）aPtr+i 和 a+i 就是 a[i]的地址，或者说，它们指向数组 a 的第 i 个元素。这里需要说明的是：数组名 a 既然代表数组的起始地址，那么 a+i 和 aPtr+i 的作用是相同的。

（2）*(aPtr+i)或*(a+i)表示 aPtr+i 或 a+i 所指向的数组元素，即 a[i]。例如，*(aPtr+3)或*(a+3)均表示 a[3]。

（3）指向数组的指针变量也可以用下标形式表示，如 aPtr[i]与*(aPtr+i)等价。

根据以上叙述，要访问一个数组的元素，可以用下标法及指针法。

（1）下标法，如 a[i]或 aPtr[i]的形式，　[]被称为变址运算符。

（2）指针法，如*(aPtr+i)或*(a+i)。

其中，a 是数组名，aPtr 是指向数组的指针变量，其初值为 aPtr=a。

具体可用图来表述：设定义 int a[10]，*aPtr=a; 则其指针、数组元素及地址存储如图 8.8 所示。

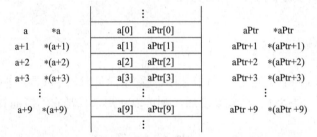

图 8.8　指针、数组元素及地址存储

【例 8.5】　阅读下面的程序。

【源程序】

```c
/*pro08_05.c*/
#include <stdio.h>
void main( )
{
    int a[]={10,20,30,40,50};
    int *aPtr=a;
    printf("数组名下标法:\n");
    for(int i=0;i<4;i++)
        printf("a[%d]=%d   ",i,a[i]);
    printf("\n");
    printf("指针法(数组名+偏移量):\n");
        for(int offset1=0;offset1<4;offset1++)
            printf("*(a+%d)=%d   ",offset1,*(a+offset1));
    printf("\n");
```

```
        printf("指针下标法:\n");
        for(int j=0;j<4;j++)
            printf("aPtr[%d]=%d    ",j,aPtr[j]);
        printf("\n");
        printf("指针法(指向数组的指针+偏移量):\n");
        for(int offset2=0;offset2<4;offset2++)
            printf("*(aPtr+%d)=%d    ",offset2,*(aPtr+offset2));
    }
```

运行结果：

数组名下标法：

　　a[0]=10　　a[1]=20　　a[2]=30　　a[3]=40

指针法（数组名+偏移量）：

　　*(a+0)＝10　　*(a+1)＝20　　*(a+2)＝30　　*(a+3)＝40

指针下标法：

　　aPtr[0]＝10　　aPtr[1]＝20　　aPtr[2]=30　　aPtr[3]=40

指针法（指向数组的指针+偏移量）：

　　*(aPtr+0)=10　　*(aPtr+1)=20　　*(aPtr+2)=30　　*(aPtr+3)=40

由上述程序可以看到，使用下标法和指针法引用数组元素在表现形式上可以互换。

【例 8.6】　分析下面的程序。

【源程序】

```
/*pro08_06.c*/
#include <stdio.h>
void main( )
{
    int a[5]={10,20,30,40,50},*px=&a[0];        /*定义整型指针 px 指向数组 a 的首地址*/
    px=px+3;                                    /*px 指向数组元素 a[3] */
    printf("*(px+3)=%d\n",*px);
    px=px-2;                                    /* px 指向数组元素 a[1] */
    printf("*(px-2)=%d\n", *px);
}
```

运行结果：

　　*(px+3)=40, *(px-2)=20

综上所述，使用指针时要注意以下两点：

（1）数组名是常量指针，不能作为指针变量使用，以下是非法操作：a++；

（2）使用指针变量访问数组元素时要注意指针变量的当前值。

【例 8.7】　阅读下面的程序。

【源程序 1】

```
/*pro08_07_01.c*/
#include <stdio.h>
void main( )
{
    int x[5],i,*xPtr;
    xPtr=x;                                     /*aPtr 指向数组 a 的首地址*/
```

```
        /*每从键盘接收一个数据，aPtr 加 1 指向下一个数组元素*/
        for(i=0;i<=4;i++)   scanf("%d",xPtr++);
        for(i=0;i<=4;i++)   printf("%d\n",*xPtr++);
    }
```

运行情况：

```
    1 2 3 4 5
    1310656
    4198953
    1
    200320
    200472
```

该程序运行时，若输入 1 2 3 4 5，不能正确输出数组元素的值。因为第 3 行中，循环每执行一次从键盘接收一个数据，xPtr 加 1 下移一个数组元素，循环结束时 xPtr 指向了 x[4]后面的存储单元，所以在第 4 条语句中，xPtr 指向的并不是数组 x 中的元素。

【源程序 2】

```
    /*pro08_07_02.c*/
    #include <stdio.h>
    void main( )
    {
        int x[5],i,*xPtr;
        xPtr=x;                              /*aPtr 指向数组 a 的首地址*/
        /*每从键盘接收一个数据，aPtr 加 1 指向下一个数组元素*/
        for(i=0;i<=4;i++)   scanf("%d",xPtr++);
        xPtr=x;                              /*aPtr 重新指向数组 a 的首地址*/
        for(i=0;i<=4;i++)   printf("%d\n",*xPtr++);
    }
```

运行情况：

```
    1 2 3 4 5
    1
    2
    3
    4
    5
```

该程序能正确输出数组元素的值。

程序说明如下。

在程序 pro08_07_02.c 的第 3 行中，循环每执行一次指针 xPtr 都自加 1，即下移一个元素位置。所以当循环执行完后，xPtr 指向了 x[4]后的存储单元。这时若要使用 xPtr 输出数组 x 的元素，必须使用第四条语句：xP tr=x; 将 xPtr 重新指向数组 x 的首地址。

讨论：

（1）当指针 px 指向数组时，(*px)++和*px++、*(px++)和*(++px)的区别是什么？

设有以下语句：

```
    int a[5];
    px=a;                /*px 指向数组元素 a[0] */
```

则(*px)++相当于 a[0]++，即将指针变量 px 所指向的变量的值加 1。而*px++等价于*(px++)，这时先间接引用 px 所指向存储单元的值,此语句中取 a[0]的值,然后 px 加 1 指向数组元素 a[1]。表达式*(++px)与*(px++)相反,先将指针 px 加 1,指向数组元素 a[1],然后再间接引用 px 所指向存储单元(即 a[1])的值。

(2) 在源程序 pro08_07_01.c 中,指针变量 xPtr 指向了 x[4]后面的存储单元,但编译器并未进行越界检查,这时如果对所指向的存储单元作修改,可能会导致程序运行错误,甚至程序崩溃,因此在使用指针时要特别注意指针当前所指的地址。

8.4.2　指针与二维数组

1. 二维数组元素的地址及指针法表示

从前面的讨论可知,一维数组元素在内存中连续顺序存放,所以可以用指针表示法访问数组的元素。多维数组与一维数组类似,数组元素在内存中也是顺序存放,因此也可以用指针表示和访问二维数组的元素;但多维数组有多个维度,此时需将多维数组按行线性化处理,下面以二维数组为例,讨论多维数组的地址。

如有二维数组:int a[3][4]={{1,2,3,4},{5,6,7,8},{9,10,11,12}};

那么有:

(1)多维数组数据按先行后列的顺序存储。

(2)每行都是一个一维数组,a[0],a[1],a[2]是一维数组名。

(3)每个一维数组包含 4 个元素。

设数组 a 的首地址为 2000,则数组中各行的地址如图 8.9 所示。

a:数组名,二维数组首地址,0 行的首地址;

a+1:第 1 行首地址,为 a+1*4*4=2016,VC 6.0 中 int 类型占用的存储空间大小为 4;

a+2:第 2 行首地址,为 a+2*4*4=2032;

a+i:第 i 行首地址,为 a+i*4*4。

(4)数组名即为数组的首地址,所以 a[0]代表第 0 行第 0 列的地址,即&a[0][0],a[1]的值即&a[1][0],a[2]的地址即&a[2][0]。

(5)a,a[0],a[1],a[2]仅表示一个地址,本身不占内存,不存放数据。

(6)用地址法表示数组 a 中元素的值如图 8.10 所示,单元格表示数组元素,其中上面的数是该元素地址,下面的数是该元素的值。

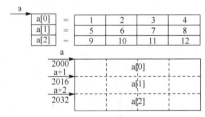

图 8.9　二维数组的地址

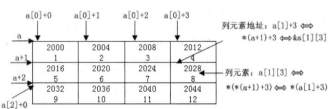

图 8.10　二维数组的指针表示

数组 a 的第 0 行元素 a[0][0]、a[0][1]、a[0][2]、a[0][3],可以看成是一维数组 a[0]的 4 个元素,即把 a[0]看成一个数组名,而 C 语言规定数组名代表数组的首地址,这样,a[0]即代表第 0 行的起始地址,也是第 0 行第 0 列元素的地址:即&a[0][0]。该行的其他元素地址也可用数组名加序号来表示:a[0]+1、a[0]+2、a[0]+3。以此类推,a[1]、a[2]可以分别看成是第 1 行、第 2

行一维数组的数组名。这样，a[1]是第 1 行的起始地址，即等于&a[1][0]。该行各元素的地址可以用 a[1]+0、a[1]+1、a[1]+2、a[1]+3 来表示。

同理，第 2 行各元素的地址可以用 a[2]+0、a[2]+1、a[2]+2、a[2]+3 来表示。根据一维数组的地址表示方法，起始地址为数组名。因此，a[0]又可以表示为*(a+0)，a[1]可以表示为*(a+1)，a[2]可以表示为*(a+2)，它们又是指针形式的各行（一维数组）的起始地址，如图 8.10 所示。

故二维数组中任意元素 a[i][j]的地址可以表示为 a[i]+j 或*(a+i)+j，元素的值则可表示为*(a[i]+j)或*(*(a+i)+j)，如元素 a[0][2]可表示为*(a[0]＋2)或*(*(a+0)＋2)，这就是二维数组元素的指针表示形式。一个二维数组元素的 3 种表示形式为：a[i][j]、*(a[i]＋j)和*(*(a＋i)＋j)。

由此可见，二维数组中可分为 3 种地址，分别为行地址、行首地址与元素地址，后两者都为列地址。

（1）行地址是第 i 行的地址，行地址表示方式有：a＋i、&a[i]，用于指向一维数组的指针变量。

（2）行首地址是第 i 行第 0 列的地址，第 i 行首地址表示方式有：*(a＋i)、a[i]、&a[i][0]，用于指向数组元素的指针变量，是列地址。

（3）元素地址是指具体某一个元素的地址，是列地址。

注意：二维数组名 a 是表示第 0 行的行地址&a[0]，而不是第 0 行第 0 列的元素地址&a[0][0]。

第 i 行第 j 列元素 a[i][j]地址的表示方式有：a[i]+j、*(a+i)+j、&a[i][0]+j、&a[i][j]。

第 i 行第 j 列元素值的表示方式有：*(a[i]+j)、*(*(a+i)+j)、*(&a[i][0]+j)、a[i][j]。

【例 8.8】　用一级指针变量输出二维数组元素的值。

【源程序】

```c
/*pro08_08.c*/
#include<stdio.h>
void main( )
{
    int i,j;
    static int a[3][4]={1,2,3,4,5,6,7,8,9,10,11,12};
    int *p;
    p=&a[0][0];
    for(i=0;i<3;i++)
    {
        for(j=0;j<4;j++)
            {
            printf("%5d",*p);
                p++;
            }
            printf("\n");
    }
}
```

运行结果：

```
1    2    3    4
5    6    7    8
9    10   11   12
```

a[0][0]	1
a[0][1]	2
a[0][2]	3
a[0][3]	4
a[1][0]	5
a[1][1]	6
a[1][2]	7
a[1][3]	8
a[2][0]	9
a[2][1]	10
a[2][2]	11
a[2][3]	12

图 8.11　二维数组的顺序存储

从上面的例子可以看出，若指针变量 p 指向二维数组的某个元素，则 p++将指向下一个元素，这实际上是利用二维数组元素按行顺序存储的特点，把二维数组当做一维数组处理，如图 8.11 所示。

注意：例 8.8 程序中的 p=&a[0][0]也可以改为 p=a[0]，a[0]即是 a[0][0]的地址。但改为 p=a 则不行，因为二维数组名 a 是行地址，而 p 是一级指针，只能指向列地址。

【例 8.9】　利用指针法访问二维数组，输出二维数组所有元素，并将数组中的最大元素及所在行列号输出。

【源程序】

```
/*pro08_09.c*/
# include<stdio.h>
main( )
{   int i,j,m,n,max;
    static int a[3][4]={1,2,3,4,5,6,7,8,9,10,11,12};
    max=**a;
    m=0;n=0;
    for(i=0;i<3;i++)
    {   for(j=0;j<4;j++)
            {   printf("%5d",*(*(a+i)+j));
                if(max<*(*(a+i)+j))
                {   max=*(*(a+i)+j);
                    m=i;n=j;
                }
            }
     printf("\n");
    }
    printf("max is:a[%d][%d]=%d\n",m,n,max);
}
```

运行结果：

```
1    2    3    4
5    6    7    8
9    10   11   12
max is:a[2][3]=12
```

为进一步说明二维数组与指针的关系，可通过表 8.1 描述其表示形式。

表 8.1　二维数组与指针关系

表 示 形 式	含　义
a	二维数组名。数组首地址
a[0]、*(a+0)、*a	第 0 行第 0 列元素地址
a+1	第 1 行首地址
a[1]、*(a+1)	第 1 行第 0 列元素地址
a[1]+2、*(a+1)+2、&a[1][2]	第 1 行第 2 列元素地址
(a[1]+2)、(*(a+1)+2)、a[1][2]	第 1 行第 2 列元素值

2. 数组指针（行指针）

数组指针是指向一维数组的指针变量，定义的一般格式为：

```
类型标识符 (*指针变量名)[常量表达式];
```

例如，有变量定义：

```
(*p)[4];
int a[3][4];
```

定义了一个指针变量 p，p 可以指向一个有 4 个元素的一维数组。则赋值语句：

```
p=a; 或 p=&a[0];
```

使 p 指向二维数组 a 的第 1 行，表达式 p+1 指向数组 a 的第 2 行，这与 a+1 一样。同样，p[i]+j 指向 a[i][j]，所以数组元素 a[i][j]的引用形式可写成*(p[i]+j)、*(*(p+i)+j)、(*(p+i))[j]、p[i][j]。

【例 8.10】 利用数组指针输出二维数组的元素。

【源程序】

```
/*pro08_10.c*/
#include<stdio.h>
void main( )
{
    int i,j,(*p)[4];                              /*定义数组指针变量 p*/
    static int a[3][4]={1,2,3,4,5,6,7,8,9,10,11,12};
    p=a;                                          /*p 指向数组 a 第 1 行*/
    for(i=0;i<3;i++)
    {
        for(j=0;j<4;j++)
            printf("%-5d",p[i][j]);
        printf("\n");
    }
}
```

运行结果：

```
1    2    3    4
5    6    7    8
9    10   11   12
```

程序说明如下。

如果将程序中第 11 行：

```
printf("%-5d",p[i][j]);
```

改为：

```
printf("%-5d",*(*(p+i)+j);
```

程序得到相同的运行结果。

将该程序与例 8.8 的程序对比，例 8.8 中的 p 是指向数组元素的指针，本处的指针 p 是一个指向一维数组的指针，它们的定义和使用方式都不同。

8.5　指针与字符串

8.5.1　指向字符串的指针

字符指针变量的定义形式：

```
char  *指针变量名;
```

由前述章节可知，字符串是用双引号括起来的字符序列，字符串保存在字符数组中。例如：

```
static char string[]="computer";
```

定义了一个字符数组 string，并赋初值为"computer"，也可定义为如下形式：

```
char *string="computer";
```

上面语句等价于下面的两行语句：

```
char *string;
string="computer";
```

在这里，string 被定义为一个指针变量，它指向字符型数据的地址。请注意：第二个语句只是把字符串常量"computer"的存储区首地址赋给 string，而不是将整个字符串赋给 string。

若 string 表示一个字符数组名或一个字符指针，则可用下面的语句输出字符串的内容：

```
printf("%s\n", string);
```

其中，%s 表示输出一个字符串，先输出字符指针变量 string 所指的字符，接着 string 加 1，使之指向下一个字符，然后再输出一个字符，……直到遇到字符串结束标志'\0'为止。

注意：在内存中，字符串的末尾被自动加了一个'\0'，因此在输出时能确定字符串的终止位置。

【例 8.11】　分别用字符数组和字符指针输出字符串。

【源程序 1】

```
/*pro08_11_1.c*/
#include <stdio.h>
void main( )
{
    char    string[]="I love China!";
    printf("%s\n",string);
    printf("%s\n",string+7);
}
```

运行结果：

```
I love China!
China!
```

【源程序 2】

```
/*pro08_11_2.c*/
#include "stdio.h"
main( )
{    char    *string="I love China!";
     printf("%s\n",string);
     string+=7;
     while(*string)
     { putchar(string[0]);            /*string[0]等价于*(string+0)，即*string*/
       string++;
     }
}
```

运行结果：

```
I love China!
China!
```

在例 8.11 的 pro08_11_1.c 中，用字符数组表示输出字符串；pro08_11_2.c 则用字符串首地址赋给 string，初始化字符指针，然后通过 string 访问字符串。

【例 8.12】　分析下列程序输出结果，熟悉指针运算和字符串的操作。
【源程序】

```
/*pro08_12.c*/
#include <stdio.h>
void main( )
{
    char a[10]="PROGRAM",*px=&a[0],t;     /*定义字符型指针 px 指向字符数组 a 的首地址*/
    t=*px++;                              /*自增后缀,t 的值为'P',px 指向数组元素 a[1],值为'R'*/
                                          /*它相当于：t=*(px++)*/
    printf("t=%c,*px=%c\n",t,px);
    px=&a[6];                             /* px 指向数组元素 a[6] */
    t=*--px;                              /*自减前缀，px 指向数组元素 a[5]，*px 和 t 的值都为'A' */
    printf("t=%c,*px=%c\n",t,px);
}
```

运行结果：

```
t=P,*px=R
t=A,*px=A
```

例 8.12 中的程序说明，对字符串中的字符的存取，可以用下标方法，也可以用指针方法。下面编写函数实现字符串的复制。

【例 8.13】　用数组下标法实现字符串的复制函数的示例。
【源程序】

```
/*pro08_13.c*/
copy_string(char from[],char to[])
{   int i;
    for(i=0;from[i]!= '0';i++)
        to[i]=from[i];
    to[i]='\0';
}
```

函数 copy_string 使用了下标法将一个字符串 from 复制到另一个字符串 to。在把空字符复制到 to 数组中之前，已退出了 for 循环，故需要函数中的最后一个语句（to[i]= '\0';）。

也可以用指针法实现上述函数的功能：

```
copy_string(char *from, char *to)
{   for(;*from!= '\0';from++,to++)
        *to=*from;
    *to='\0';
}
```

copy_string 函数把两个形式参数 from 和 to 定义成字符指针，for 循环（没有初始条件）中，每次循环，from 和 to 指针都增加 1。这将使 from 指针指向要复制的源串中的字符的下一个字符，而使 to 指针指向目的串中下一个字符要存储的位置。

当 from 指针指向字符串结束符 '\0' 时，退出 for 循环。函数则把字符串结束符 '\0' 置于目的串的末端。

【例 8.14】　用下标法存取字符串中的字符。
【源程序】

```
/*pro08_14.c*/
#include <stdio.h>
```

```
    void main( )
    {
        char a[]="I am a boy.",b[20];
        int i;
        for(i=0;*(a+i)!='\0';i++)
            *(b+i)=*(a+i);
        *(b+i)='\0';
        printf("string a is:%s\n",a);
        printf("string b is: ");
        for(i=0;*(a+i)!='\0';i++)
            printf("%c",b[i]);
        printf("\n");
    }
```

运行结果：

```
    string a is: I am a boy.
    string b is: I am a boy.
```

【例 8.15】　用指针法实现例 8.14。

【源程序】

```
/*pro08_15.c*/
#include <stdio.h>
void main( )
{
    char a[]="I am a boy.",b[20];
    char *p1=a,*p2=b;
    int i;
    for(;*p1!='\0';p1++,p2++)
        *p2=*p1;
    *p2='\0';
    printf("string a is:%s\n",a);
    printf("string b is:%s\n",b);
}
```

运行结果：

```
    string a is: I am a boy.
    string b is: I am a boy.
```

要注意例 8.15 中指针 p1 与 p2 的当前值，当 for 循环结束后 p1 和 p2 指向的都不再是数组的首地址，此时不能用它们输出字符串。

8.5.2　字符指针与字符数组的比较

虽然用字符数组和字符指针变量都能实现字符串的存储和运算，但它们二者之间是有区别的，不应混为一谈，主要有以下几点区别。

（1）字符数组由若干个元素组成，每个元素中存放一个字符，字符指针变量中存放的是地址（字符串的首地址），而不是将字符串放到字符指针变量中。

（2）赋值方式。除初始化外，对字符数组只能各个元素赋值，不能用以下办法对字符数组赋值。

```
    char str[14];
    str="I love China!";                    /*此句错误*/
```

而对字符指针变量，可以采用下面的方法赋值：

```
char *a;
a="I love China!";
```

但要注意，赋给 a 的不是字符，而是字符串的首地址。

（3）赋初值时，对以下变量的定义和赋初值：

```
char *a="I love China!";
```

等价于：

```
char *a;
a="I love China!";
```

而对数组初始化时：

```
static char str[14]={"I love China!"};
```

不能等价于：

```
char str[14];
str[]="I love China!";                          /*此句错误*/
```

即数组可以在变量定义时整体赋初值，但不能在赋值语句中整体赋值。

（4）在定义一个数组时，在编译时就已分配内存单元，有确定的地址。而定义一个字符指针变量时，如果未对它赋一个地址值，则它并未具体指向哪一个字符数据。

（5）指针变量的值是可以改变的。例如：

```
#include <stdio.h>
void main( )
{   char *a="I love China!";
    a=a+7;
    printf("%s\n",a);
}
```

输出结果为：

```
China
```

指针变量 a 的值可以变化，输出字符串时，从 a 当时所指向的单元开始输出各个字符，直到遇 '\0' 为止。而数组名虽然代表地址，但它的值是不能改变的。下面的用法是错误的：

```
static char str[]={"I love China! "};
str=str+7;                              /*此句错误*/
printf("%s",str);
```

（6）用指针变量指向一个格式字符串，可以用它代替 printf 函数中的格式字符串。如：

```
char *format;
format="a=%d,b=%f\n";
printf(format,a,b);
```

它相当于：

```
printf("a=%d,b=%f\n",a,b);
```

因此，只要改变指针变量 format 所指向的字符串，就可以改变输入/输出的格式。这种 printf 函数称为可变格式输出函数。

【例 8.16】   编程删除一行中的指定字符。

【源程序】

```
/*pro08_16.c*/
#include <stdio.h>
void delete_char(char *,char);
void main( )
{
    char str[80],*pt,ch;
    printf("Input a string:\n");
    gets(str);pt=str;                    /*输入字符串，保存到字符数组 str 中*/
    printf("Input the char to be deleted:\n");
    ch=getchar( );                       /*输入要删除的字符*/
    delete_char(pt,ch);
    printf("The string after deleting  %c is:%s\n",ch,pt);
}
void delete_char(char *p,char ch)
{
    char *q=p;
    while(*p!='\0')
    {
        if(*p!=ch) *q++=*p;
        p++;
    }
    *q='\0';
}
```

程序分析如下。

主函数调用 delete_char 函数时，把指向字符数组 str 的指针 pt 和被删字符 ch 分别传给形参指针变量 p 和被删字符 ch。函数 delete_char 开始执行时，指针 p 和 q 都指向了字符数组 str 的首地址。当*p 不等于 ch 时，把*p 赋给*q，q 和 p 都加 1；当*p 等于 ch 时，*q++=*p 没有被执行，q 不加 1，而 p 继续加 1，p 和 q 不再指向同一个元素。while 循环结束后，*q 被赋值为 '\0'，字符数组 str 保存了被删除 ch 的字符串。

8.6　指针与函数

8.6.1　指针作为函数参数

指针变量可以作为函数的参数，函数调用时实参与形参之间参数传递为地址传递，即把实参指针赋给形参。此时，实参与形参之间传递的是调用函数中某个变量（或全局变量）的地址，它们指向了同一个变量，因此可在被调函数中通过形参指针间接访问调用函数中的变量。

【例 8.17】　指针作为函数参数的实例。

【源程序】

```
/*pro08_17.c*/
#include <stdio.h>
void swap(int *,int *);                  /*函数声明*/
void main( )
{
    int a=6,b=10;
```

```
            printf("Before swap:\n");
            printf("a=%d,b=%d\n",a,b);
            swap(&a,&b);
            printf("After swap:\n");
            printf("a=%d,b=%d\n",a,b);
        }
        void swap(int*p1,int*p2)
        {
            int temp;
            temp=*p1;
            *p1=*p2;
            *p2=temp;
        }
```

运行结果：

```
Before swap:
a=6,b=10
After swap:
a=10,b=6
```

程序说明如下。

main 函数调用函数 swap 时，分别将两个实参变量 a、b 的地址传递给了形参 p1 和 p2，swap 使用 p1 和 p2 间接访问 a 和 b，执行 swap 函数后使*p1 和*p2 的值交换，也就是 a 和 b 的值互换。

比较以下程序：

```
#include <stdio.h>
void swap(int *,int *);                              /*函数声明*/
void main( )
{
    int a=6,b=10;
    printf("Before swap:\n");
    printf("a=%d,b=%d\n",a,b);
    swap(&a,&b);
    printf("After swap:\n");
    printf("a=%d,b=%d\n",a,b);
}
void swap(int *p1,int *p2)
{
    int *p;
    p=p1;
    p1=p2;
    p2=p;
}
```

运行结果：

```
Before swap:
a=6,b=10
After swap:
a=6,b=10
```

程序说明如下。

函数 swap 的功能是将 p1 和 p2 的指针值交换，由于指针变量作为函数参数时也遵守单向传递的原则，即把实参指针值赋给形参指针变量，修改形参指针变量的值不会影响到实参指针的值。进入 swap 函数调用时，形参 p1 指向 a，p2 指向 b；交换后 p1 指向 b，p2 指向 a。调用后返回，a 和 b 的值没有变化。

使用指针作为函数参数，还可以实现函数间多个数据的传递，下面例 8.18 中的函数 f 用此方法返回了两个值。

【例 8.18】 指针作为函数参数返回多个值的实例。函数 f 的功能是：将长整数 s 中每一位奇数和偶数分别取出，构成两个新数分别放在 m 和 n 中，高位和低位次序保持不变。例如：s 中的数为：6548724941，m 中的数为：5791，n 中的数为：648244。

【源程序】

```c
/*pro08_18.c*/
#include <stdio.h>
void f(long, long *, long *);                    /*函数声明*/
void main( )
{
    long s,m,n;
    printf("Please Enter s:\n");
    scanf("%ld",&s);
    f(s,&m,&n);
    printf("The result is:m=%ld,n=%ld\n",m,n);
}
void f(long s,long *t,long *u)
{
    int d;
    long s1=1,s2=1;
    *t=0;*u=0;
    while(s>0)
    {
        d=s%10;
        if(d%2==1)
        { *t=d*s1+*t;
              s1*=10;
        }
        else
        { *u=d*s2+*u;
            s2*=10;
        }
        s/=10;
    }
}
```

程序说明：在以上程序中，函数 f 通过形参指针 t 和 u 间接访问了 main 函数中的变量 m 及 n，间接返回了两个值。

在前数组章节中，我们讨论过数组名作为函数参数时，实参与形参之间参数传递为地址传递。当用数组名做函数实参时，相当于将数组的首地址传给被调函数的形参，此时，形参组和实参数组占用的是同一段内存，所以当在被调函数中对形参数组元素进行修改时，实参数组中的数据也将被修改，因为它们是同一个地址。

如有下面的程序：

```
      void main( )
      {f(int arr[ ], int n);
        int   array[10];
                       …
        f(array, 10);
                       …
      }
      void f(int arr[ ], int n)
      {
      …
      }
```

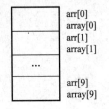

```
arr[0]
array[0]
arr[1]
array[1]
...
arr[9]
array[9]
```

图 8.12　数组名作为参数传递

这里实参为数组名 array，即 array[0]的地址；函数 f 中的形参是数组 arr，在 main 函数中调用了函数 f 是，把实参地址 array 传递给形参 arr，它们对应了同一个地址，如图 8.12 所示。

当用数组作为函数参数时，形参与实参均可为数组或指针，下面以例 8.19 中的 inv 函数为例，说明可能出现的四种情况。

【例 8.19】　将数组 a 中 n 个整数按相反顺序存放。

本例思路：数组元素头尾对调，四种调用方式。

【源程序 1】

```
/*pro08_19_1.c    形参与实参均为数组*/
#include <stdio.h>
#include <stdio.h>
void main()
{    void inv(int   x[ ], int n);
     int i,a[10]={3,7,9,11,0,6,7,5,4,2};
     printf("The original array:\n");
     for(i=0;i<10;i++)     printf("%d,",a[i]);
     printf("\n");
     inv(a,10);
     printf("The array has been inverted:\n");
     for(i=0;i<10;i++)     printf("%d,",a[i]);
     printf("\n");
}
void inv(int   x[ ], int n)
{    int temp,i,j,m=(n-1)/2;
     for(i=0;i<=m;i++)
     { j=n-1-i;
       temp=x[i];   x[i]=x[j];   x[j]=temp; }
     return;
}
```

【源程序 2】

```
/*pro08_19_2.c    实参用数组，形参用指针变量*/
#include <stdio.h>
void main()
{    void inv(int   *x, int n);
     int i,a[10]={3,7,9,11,0,6,7,5,4,2};
     printf("The original array:\n");
     for(i=0;i<10;i++)     printf("%d,",a[i]);
```

```
        printf("\n");
        inv(a,10);
        printf("The array has been inverted:\n");
        for(i=0;i<10;i++)    printf("%d,",a[i]);
        printf("\n");
    }
    void inv(int   *x, int n)
    {    int temp,*p,*i,*j,m=(n-1)/2;
        i=x;   j=x+n-1;   p=x+m;
        for(;i<=p;i++,j--)
            { temp=*i;   *i=*j;   *j=temp; }
        return;
    }
```

【源程序 3】

```
/*pro08_19_3.c    实参与形参均用指针变量*/
#include <stdio.h>
void maln()
{    void inv(int *x, int n);
    int i,arr[10],*p=arr;                /*声明指针 p，并指向数组 arr 的首地址*/
    printf("The original array:\n");
    for(i=0;i<10;i++,p++)
        scanf("%d",p);
    p=arr;   inv(p,10);                  /*指针 p 指回数组 arr 的首地址*/
    printf("The array has been inverted:\n");
    for(p=arr;p<arr+10;p++)
        printf("%d",*p);
    printf("\n");
}
void inv(int *x, int n)
{    int *p, m, temp,*i,*j;
       m=(n-1)/2;
    i=x;   j=x+n-1;   p=x+m;
    for(;i<=p;i++,j- -)
    {    temp=*i; *i=*j; *j=temp; }
    return;}
```

【源程序 4】

```
/*pro08_19_4.c    实参用数组，形参用指针变量*/
#include <stdio.h>
void main()
{    void inv(int   x[ ], int n);
    int i,a[10],*p=a;
    for(i=0;i<10;i++,p++)
        scanf("%d",p);
    p=a;
    inv(p,10);
    printf("The array has been inverted:\n");
    for(p=arr;p<arr+10;p++)
        printf("%d ",*p);
    printf("\n");
}
```

```
void inv(int   x[ ], int n)
{    int t,i,j,m=(n−1)/2;
     for(i=0;i<=m;i++)
          { j=n−1−i;
               t=x[i];   x[i]=x[j];   x[j]=t; }
     return;
}
```

归纳：用一维数组做函数参数有如下四种情况：

（1）实参形参都用数组名

int a[10];	inv(int x[ ],int n)
inv(a,10)	{ …… }

（2）实参用数组名，形参用指针变量

int a[10];	inv(int *x,int n)
inv(a,10)	{ …… }

（3）实参形参都用指针变量

int a[10];	inv(int *x,int n)
int *p=a;	{……}
inv(p,10)	

（4）实参用指针变量，形参用数组名

int a[10];	inv(int x[ ],int n)
int *p=a;	{……}
inv(p,10)	

指针变量作为形参时，对应的实参是实参数组某元素的地址，此时形参指针变量指向实参数组该元素，改变形参指针变量的值可以指向实参数组的其他元素。函数中可以通过指针变量间接访问实参数组，也可以改变实参数组元素的值。

当函数形参是数组名时，对形参数组元素的引用有 3 种形式：下标引用、数组名+偏移量引用、指针引用。当函数形参是指针变量时，对实参数组元素的引用有：形参指针变量引用、通过带下标的形参指针变量引用。

【例 8.20】 在数组 a 中查找 x，若数组中存在 x，程序输出数组中的第一个 x 对应的下标，否则输出−1。

【源程序】

```
/*pro08_20.c*/
#include <stdio.h>
void find(int *s,int *Loc,int x,int n);
void main( )
{
    int a[]={43,89,12,567,−12,−32,0,100,5,96};
    int x,index;
    printf("请输入要查找的数 x:\n");
    scanf("%d",&x);
    find(a,&index,x,10);
    printf("%d\n",index);
}
    void find(int *s,int *Loc,int x,int n)
```

```
{
    int i;
    for(i=0;i<n;i++)
        if(*(s+i)==x)
        {
            *Loc=i;
            return;
        }
    *Loc=-1;
}
```

程序说明如下。

main( )函数调用 find( )函数查找 x 在数组 a 中的下标，find( )中的形参指针 Loc 指向了实参变量 index，因此调用 find( )函数后 x 在数组 a 中的下标保存在变量 index 中。函数 find( )的 for 循环可写成如下形式：

```
for(i=0;i<n;i++)
    if(s[i]==x)
    {
        *Loc=i;
        return;
    }
```

函数 find( )的形参 s 也可定义为数组名，即 find( )的头部定义如下：

```
void find(int s[],int *Loc,int x,int n);
```

指针变量作为函数参数，形参所指变量是实参地址。在被调用函数中，可以用形参指针变量间接访问实参变量，返回到调用函数后，实参变量就得到了新的值。除了函数调用返回一个值外，还可以通过指针形参带回多个变化了的值。

使用指针处理字符串，增加了程序的灵活性，使得程序变得简洁，下面以例 8.21 和例 8.22 为示例演示如何使用指针处理字符串。

【例 8.21】 设计 fun 函数实现功能：使字符串的前导*号不得多于 n 个；若多于 n 个，则删除多余的*号；若少于或等于 n 个，则什么也不做，字符串中间和尾部的*号不删除。

例如，字符串中的内容为：******A**BCD***EF*G***，若 n 的值为 4，删除后，字符串中的内容为：****A**BCD***EF*G***；若 n 的值为 8，则字符串中的内容仍为：******A**BCD***EF*G***。

【源程序】

```
/*pro08_21.c*/
#include <stdio.h>
void fun(char *a, int n);
main()
{
    char s[101]; int n;
    printf("Enter a string:\n");gets(s);
    printf("Enter n : ");scanf("%d",&n);
    fun(s,n);
    printf("The string after deleted:\n");puts(s);
}
void fun(char *a, int n)
```

```
{
        int i=0,k=0;
        char *t=a;
        while(*t=='*')
            {
            k++;
            t++;
            }
        t=a;
        if(k>n)
            t=a+k-n;
        while(*t)
            {
            a[i]=*t;
            i++;
            t++;
            }
        a[i]='\0';
}
```

程序说明：fun 函数中使用指针 t 指向了数组 a 第 n 个"*"号后的元素，然后依次将此位置开始的字符前移 n 个位置，从而删除了字符串前 n 个"*"号。

请读者思考如何设计 fun 函数实现删除字符串中最后一个字母之后的*号，字符串前导*号及字母之间的*号不删除，例如,字符串中的内容为：******A**BCD***EF*G***，删除后，字符串中的内容为：******A**BCD***EF*G;

【例 8.22】 设计函数 fun 实现功能：对形参 s 所指字符串中下标为奇数的字符按 ASCII 码的大小递增排序，并将排序后下标为奇数的字符取出，保存在形参 p 所指字符数组中，形成一个新串。例如，形参 s 所指的字符串为：rautsadqpybsrgew，执行后 p 所指字符数组中的字符串应为：aagqstwy。

【源程序】

```
/*pro08_22.c*/
#include <stdio.h>
void fun(char *s, char *p)
{    int i, j, n, x, t;
    n=0;
    for(i=0; s[i]!='\0'; i++) n++;
    for(i=1; i<n-2; i=i+2) {
        t=i;
        for(j=i+2; j<n; j=j+2)
            if(s[t]>s[j]) t=j;
        if(t!=i)
        {x=s[i]; s[i]=s[t]; s[t]=x;}
    }
        printf("%s\n",s);
    for(i=1,j=0; i<n; i=i+2, j++) p[j]=s[i];
    p[j]=0;
}
main()
{    char s[80]="rautsadqpybsrgew", p[50];
    printf("\nThe original string is : %s\n",s);
```

```
        fun(s,p);
        printf("\nThe result is : %s\n",p);
    }
```

程序说明：以上 fun 函数中，首先使用选择排序法对形参 s 所指字符串中下标为奇数的字符按 ASCII 码的大小递增排序，然后将这些字符依次取出保存到 p 所指数组中，这里形参为指针，实参为数组名。

多维数组做函数参数时，可以使用指向变量的指针变量、指向一维数组的指针变量，或使用二维数组名，有以下几种情况：

（1）实参形参都用数组名

int　a[3][4];;	fun(int x[ ][4])
fun(a)	{ …… }

（2）实参用数组名，形参用数组指针变量

int　a[3][4];;	fun(int (*x)[4])
fun(a)	{ …… }

（3）实参形参都用数组指针变量

int　a[3][4]	fun(int (*x)[4])
int (*p1)[4]=a;	{ …… }
fun(a)	

（4）实参用数组指针变量，形参用数组名

int　a[3][4];	fun(int x[][4])
int (*p1)[4]=a;	{ …… }
fun(a)	

（5）实参与形参均为一级指针

int a[3][4];	fun(int *q)
int *p=a[0];	{ …… }
fun(p);	

总结，二维数组与一维数组指针变量的关系如下：

① int　a[5][10]　与　int　(*p)[10]：二维数组名是一个指向有 10 个元素的一维数组的指针常量。

② p=a+i：使 p 指向二维数组的第 i 行。

③ *(*(p+i)+j) ⇔ a[i][j]：二维数组形参实际上是一维数组指针变量，即：

int　x[ ][10]　⇔ int　(*x)[10]

变量定义（不是形参）时两者不等价，系统只给 p 分配能保存一个指针值的内存区（一般 4 字节）；而给 a 分配 4*5*10 字节的内存区（VC++6.0 中 int 类型分配 4 字节存储空间）。

【例 8.23】 阅读以下程序。

程序中 search 函数用函数指针作为形参，main 函数调用 search 函数时实参为二维数组名。

【源程序】

```
/*pro08_23.c*/
#include <stdio.h>
void main()
{ float score[ ][4]={{60,70,80,90},{56,89,67,88},{34,78,90,66}};
    float    *search(float (*pointer)[4],int n);
```

```
        float *p;
        int i,m;
        printf("Enter the number of student:");
        scanf("%d",&m);
        printf("The scores of No.%d are:\n",m);
        p=search(score,m);
        for(i=0;i<4;i++)
            printf("%5.2f\t",*(p+i));
        printf("\n");}
float *search(float (*pointer)[4], int   n)
{ float *pt;
        pt=*(pointer+n);
        return(pt);
}
```

程序说明：search 函数查找形参数组指针 pointer 所指二维数组中下标为 n 的行，并返回该行的第一列元素地址。main 函数调用 search 函数得到数组 score 下标为 m 行的列首元素地址，然后顺序输出该行的所有元素。

【例 8.24】　 找出例 8.23 中有不及格课程的学生及其学号。

【源程序】

```
/*pro08_24.c*/
#include <stdio.h>
void main( )
{    float score[ ][4]={{60,70,80,90},{56,89,67,88},{34,78,90,66}};
     float    *search(float (*pointer)[4]);
     float *p;     int i,j;
     for(i=0;i<3;i++)
     {
            p=search(score+i);
            if(p==*(score+i))
            { printf("No. %d scores: ",i);
              for(j=0;j<4;j++)
                  printf("%5.2f\t",*(p+j));
            }
     }
}
float *search(float (*pointer)[4])
{    int i;
     float *pt;
     pt=*(pointer+1);
     for(i=0;i<4;i++)
            if(*(*pointer+i)<60) {pt=*pointer;break;}
     return(pt);
}
```

程序说明：该程序中的 search 函数结构与 8.22 中类似。函数的功能是：当 pointer 所指行中有不及格成绩时，函数返回该行的首地址*pointer，否则返回下一行的首地址*(pointer+1)。

8.6.2　函数指针变量

C 语言中规定，一个函数总是占用一段连续的内存区，而函数名就是该函数所占内存区的首地址。可以把函数的这个首地址（或称入口地址）赋予一个指针变量，使该指针变量指向该函数，然后就可以通过指针变量找到并调用这个函数，这种指向函数的指针变量称为函数指针变量。

函数指针变量定义的一般形式为：

　　　　类型说明符 (*指针变量名)( );

其中，"类型说明符"表示被指向函数的返回值的类型，"（* 指针变量名）"表示"*"后面的变量是定义的指针变量，最后的空括号表示指针变量所指的是一个函数。

例如：

　　　　int (*pf)( );

表示 pf 是一个指向函数入口的指针变量，该函数的返回值（函数值）是整型。

下面通过例子来说明用指针形式实现对函数调用的方法。

【例 8.25】 分析下面的程序。

【源程序】

```c
/*pro08_25.c*/
#include <stdio.h>
int max(int a,int b){
    if(a>b)return a;
    else return b;
}
void main( ){
    int max(int a,int b);
    int(*pmax)(int,int);
    int x,y,z;
    pmax=max;
    printf("input two numbers:\n");
    scanf("%d%d",&x,&y);
    z=(*pmax)(x,y);
    printf("maxmum=%d\n",z);
}
```

从例 8.25 中的程序可以看出，函数指针变量形式调用函数的步骤如下。

（1）先定义函数指针变量，如程序中 int (*pmax)(int,int); 定义 pmax 为函数指针变量。

（2）把被调函数的入口地址（函数名）赋予该函数指针变量，如程序中 pmax=max。

（3）用函数指针变量形式调用函数，如程序中 z=(*pmax)(x,y); ，调用函数的一般形式为：(*指针变量名)（实参表）。

下面例 8.26 说明如何用函数指针变量作为函数参数，调用不同的函数。

【例 8.26】 分析下面的程序。

【源程序】

```c
/*pro08_26.c*/
#include <stdio.h>
void main()
{
    int max(int,int),min(int,int),add(int,int);
    void process(int,int,int (*fun)(int,int));
    int a,b;
    printf("enter a and b:");
```

```
        scanf("%d,%d",&a,&b);
        process(a,b,max);
        process(a,b,min);
        process(a,b,add);
    }
    process(int x,int y,int (*fun)(int,int))
    {   int result;
        result=(*fun)(x,y);
        printf("%d\n",result);
    }
    max(int x,int y)
    {   printf("max=");
        return(x>y?x:y);
    }
    min(int x,int y)
    {   printf("min=");
        return(x<y?x:y);
    }
    add(int x,int y)
    {   printf("sum=");
        return(x+y);
    }
```

使用函数指针变量还应注意以下两点。

（1）函数指针变量不能进行算术运算，这是与数组指针变量不同的。数组指针变量加减一个整数可使指针移动，指向后面或前面的数组元素，而函数指针的移动是毫无意义的。

（2）函数调用中"（*指针变量名）"两边的括号不可少，其中的"*"不应该理解为求值运算，在此处它只是一种表示符号。

8.6.3　指针型函数

前面已经介绍过，函数类型是指函数返回值的类型。在 C++语言中，允许一个函数的返回值是一个指针（即地址），这种返回指针的函数称为指针型函数。

定义指针型函数的一般形式为：

```
    类型说明符 *函数名(形参表)
    {
    ...                         /*函数体*/
    }
```

其中，函数名之前加了"*"号，表明这是一个指针型函数，即返回值是一个指针。类型说明符表示了返回的指针值所指向的数据类型。

如：

```
    int *ap(int x,int y)
    {
    ...  /*函数体*/
    }
```

表示 ap 是一个返回指针值的指针型函数，它返回的指针指向一个整型变量。

【例 8.27】　通过指针函数，输入一个 1～7 之间的整数，输出对应的星期名，分析下面的程序。

【源程序】

```
/*pro08_27.c*/
#include <stdio.h>
#include <stdlib.h>
void main(){
    int i;
    char *day_name(int n);
    printf("input Day No:\n");
    scanf("%d",&i);
    if(i<0) exit(1);
    printf("Day No:%2d—>%s\n",i,day_name(i));
}
char *day_name(int n){
    static char *name[]={ "Illegal day",
    "Monday",
    "Tuesday",
    "Wednesday",
    "Thursday",
    "Friday",
    "Saturday",
    "Sunday"};
    return((n<1||n>7)?name[0]:name[n]);
}
```

　　程序说明如下：例 8.27 中定义了一个指针型函数 day_name，它的返回值指向一个字符串。该函数中定义了一个静态指针数组 name。name 数组初始化赋值为 8 个字符串，分别表示各个星期名及出错提示。形参 n 表示与星期名所对应的整数。在主函数中，把输入的整数 i 作为实参，在 printf 语句中，调用 day_name 函数并把 i 值传送给形参 n。day_name 函数中的 return 语句包含一个条件表达式，若 n 值大于 7 或小于 1，则把 name[0] 指针返回主函数输出出错提示字符串 "Illegal day"，否则返回主函数输出对应的星期名。主函数中的第 6 行是个条件语句，其语义是，如输入为负数（i<0）则中止程序运行并退出程序。exit( )是一个库函数，exit(1)表示发生错误后退出程序，exit(0)表示正常退出。

　　【例 8.28】　写一个函数，求两个 int 型变量中居于较大值的变量的地址。

【源程序】

```
/*pro08_28.c*/
#include <stdio.h>
main()
{   int a=2,b=3;
    int *p;
    p=f1(&a,& b);
    printf("%d\n",*p);
}
int *f1(int *x,int *y)
{   if(*x>*y)
        return   x;
    else
        return   y;
}
```

程序说明：main 函数调用 f1，并把变量 a 和 b 的地址作为函数实际参数。函数 f1 返回的是形参指针所指变量中居于较大值变量的地址。

应该特别注意的是，函数不能返回形参或局部变量的地址作函数返回值，下面的程序恰好犯了这样的错误。

```c
#include <stdio.h>
main()
{    int a=2,b=3;
     int *p;
     p=f3(a,b);
     printf("%d\n",*p);
}
int *f3(int x,int y)
{    if(x>y)
            return  & x;
     else
            return  & y;
}
```

在该程序中，函数 f3 返回的是形参 x（或 y）。我们知道，函数中的动态局部变量（包括形参）只有在该函数调用时才存在，调用结束后所占存储空间被释放，存储空间中的数据存在不确定性，此时再使用该存储空间可能会造成意想不到的错误。

函数指针变量和指针型函数这两者在写法和意义上是有区别的。如 int (*p)( )和 int *p( )是两个完全不同的量。int (*p)( )是一个变量说明，说明 p 是一个指向函数入口的指针变量，该函数的返回值是整型量。int *p( )则是函数说明，说明 p 是一个指针型函数，其返回值是一个指向整型量的指针。

8.7   指针数组与 main 函数的参数

指针数组是一组有序的指针的集合。指针数组的所有元素都必须是具有相同存储类型和指向相同数据类型的指针变量。

指针数组说明的一般形式为：

类型说明符 *数组名[数组长度]

其中，类型说明符为指针值所指向的变量的类型。例如，int *pa[3]表示 pa 是一个指针数组，它有 3 个数组元素，每个元素值都是一个指针，指向整型变量。通常可用一个指针数组来指向一个二维数组。指针数组中的每个元素都被赋予二维数组每一行的首地址，因此也可理解为指向一个一维数组。

【例 8.29】   分析下面的程序。

【源程序】

```c
/*pro08_29.c*/
#include <stdio.h>
void main( )
{
    char s1[]="break",s2[]="while",s3[]="default";
    char *ps[3]={s1,s2,s3};
    for (int i=0;i<3;i++)
```

```
                printf("%s",ps[i]);
            printf("\n");
            for (i=0;i<3;i++)
                printf("%c ",( *(ps+i))[2]);
    }
```

运行结果：

```
break while default
e i f
```

程序说明：例 8.29 的程序中，ps 是一个有 3 个元素的字符指针数组，分别指向字符数组
s1、s2 和 s3，因此程序中的第 8 行：

```
printf("%s\n", ps[i]);
```

通过指针 ps[0]、ps[1]及 ps[2]来输出数组 s1、s2 和 s3 中的字符串。

同样，程序中的第 11 行：

```
printf("%c\n",( *(ps+i))[2]);
```

中，*(ps+i)间接访问数组 ps 的第 i 个元素，即 ps[i]，该值是字符数组 s1、s2 或 s3 的首地址，
所以(*(ps+i))[2]是字符数组 s1、s2 或 s3 中下标为 2 的字符。

指针数组和二维数组指针变量的区别如下，这两者虽然都可用来表示二维数组，但是其表
示方法和意义是不同的。数组指针变量是单个变量，其一般形式中"(*指针变量名)"两边的
括号不可少。而指针数组类型表示的是多个指针（一组有序指针），在一般形式中"*指针数组
名"两边不能有括号。例如，int (*p)[3]; 表示一个指向二维数组的指针变量。该二维数组的
列数为 3 或分解为一维数组的长度为 3。int *p[3] 表示 p 是一个指针数组，有 3 个下标变量
p[0]、p[1]、p[2]，均为指针变量。

【例 8.30】 下面程序中使用了指针数组作为函数参数，请分析该程序。

【源程序】

```
/*pro08_30.c*/
#include    <stdio.h>
#include    <string.h>
#define     N    5
#define     M    10
int fun(char    *ss[],char   *t)
{   int   l;
    for(i=0; i< N ; i++)
        if(strcmp(ss[i],t)==0 ) return   i ;
    return −1;
}
void main( )
{    static char   *ch[N]={"if","while","switch","int","for"},t[M];
     int   n,i;
     printf("\nThe original string\n\n");
     for(i=0;i<N;i++) puts(ch[i]);   printf("\n");
     printf("\nEnter a string for search:");   gets(t);
     n=fun(ch,t);
     if(n==−1)   printf("\nDon't found!\n");
     else    printf("\nThe position is   %d \n",n);
}
```

程序中字符指针数组 ch 中有 N 个字符指针，分别指向了内容不同的字符串，且串长小于 M。函数 fun 的功能是：在形参字符指针数组 ss 中查找与形参 t 所指字符串相同的串，找到后返回该串在字符串数组中的位置（下标值），未找到则返回−1。main 函数调用了 fun 函数，查找输入的字符串 t 是否在 ch 指针数组所指的字符串中。

【例 8.31】 输入 5 个国名并按字典顺序排列后输出。

【源程序】

```c
/*pro08_31.c*/
#include <string.h>
#include <stdio.h>
void main( ){
    void sort(char *name[],int n);
    void print(char *name[],int n);
    static char *name[]={ "CHINA","AMERICA","AUSTRALIA","FRANCE","GERMANY"};
    int n=5;
    sort(name,n);
    print(name,n);
}
void sort(char *name[],int n){
    char *pt;
    int i,j,k;
    for(i=0;i<n−1;i++){
        k=i;
    for(j=i+1;j<n;j++)
        if(strcmp(name[k],name[j])>0) k=j;
            if(k!=i){
                pt=name[i];
                name[i]=name[k];
                name[k]=pt;
            }
        }
}
void print(char* name[],int n)
{
    int i;
    for(i=0;i<n;i++) printf("%s\n",name[i]);
}
```

分析：本例要求输入 5 个国名并按字母顺序排列后输出。在以前的例子中采用了普通的排序方法，逐个比较之后交换字符串的位置。交换字符串的物理位置是通过字符串复制函数完成的。反复的交换将使程序执行的速度很慢，同时，由于各字符串（国名）的长度不同，又增加了存储管理的负担。用指针数组能很好地解决这些问题。把所有的字符串存放在一个数组中，把这些字符数组的首地址放在一个指针数组中，当需要交换两个字符串时，只须交换指针数组相应两元素的内容（地址）即可，而不必交换字符串本身。

程序中定义了两个函数，一个名为 sort，完成排序，其形参为指针数组 name，即待排序的各字符串数组的指针，形参 n 为字符串的个数；另一个函数名为 print，用于排序后字符串的输出，其形参与 sort 的形参相同。主函数 main 中，定义了指针数组 name 并做了初始化赋值，然后分别调用 sort 函数和 print 函数完成排序和输出。值得说明的是：在 sort 函数中，对两个字符串比较，采用了 strcmp 函数，strcmp 函数允许参与比较的串以指针方式出现。name[k]和 name[j]均为指针，因此是合法的。字符串比较后需要交换时，只交换指针数组元素的值，而不交换具体的字符串，这样将大大减少时间的开销，提高了运行效率。

下面讨论二维数组与指针数组的区别。

设有以下二维数组与指针数组 name，均用来存储字符串。图 8.13 中(a)用二维数组存储，(b)用指针数组存储。

char name[5][9]={"gain","much","stronger", "point","bye"};

char *name[5]= {"gain","much","stronger", "point","bye"};

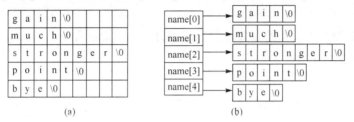

(a)   (b)

图 8.13　使用指针数组与二维数组存储字符串

由图 8.13，我们可以得到以下结论：

① 二维数组存储空间固定；

② 字符指针数组相当于可变列长的二维数组；

③ 指针数组元素的作用相当于二维数组的行名；

④ 指针数组中元素是指针变量；

⑤ 二维数组的行名是地址常量。

前面介绍的 main 函数都是不带参数的，因此 main 后的括号都是空括号。实际上 main 函数可以带参数，这个参数可以认为是 main 函数的形式参数。C++语言规定 main 函数的参数只能有两个，习惯上将这两个参数写为 argc 和 argv。因此，main 函数的函数头可写为：main(argc,argv)。C++语言还规定 argc（第一个形参）必须是整型变量，argv（第二个形参）必须是指向字符串的指针数组。加上形参说明后，main 函数的函数头应写为：

　　　　void main(int argc,char *argv[])

由于 main 函数不能被其他函数调用，因此不可能在程序内部取得实际值。那么，在何处把实参值赋予 main 函数的形参呢？实际上，main 函数的参数值是从操作系统命令行上获得的。当要运行一个可执行文件时，在 DOS 提示符下输入文件名，再输入实际参数即可把这些实参传送到 main 的形参中去。

DOS 提示符下命令行的一般形式为：

　　　　C:\>可执行文件名 参数 参数……;

但是应该特别注意的是，main 的两个形参和命令行中的参数在位置上不是一一对应的。因为，main 的形参只有两个，而命令行中的参数个数原则上未加限制。argc 参数表示了命令行中参数的个数（注意：文件名本身也算一个参数），argc 的值是在输入命令行时由系统按实际参数的个数自动赋予的。例如，有命令行：

　　　　C:\>E16 BASIC dbase FORTRAN

由于文件名 E16 本身也算一个参数，所以共有 4 个参数，因此 argc 取得的值为 4。argv 参数是字符串指针数组，其各元素值为命令行中各字符串（参数均按字符串处理）的首地址。 指针数组的长度即为参数个数。数组元素初值由系统自动赋予。

【例 8.32】　　main 函数的参数示例。

【源程序】

```c
/*pro8_32.c*/
#include<stdio.h>
void main(int argc,char *argv[] ){
    while(argc-->1)
        printf("%s\n",*++argv);
}
```

本例是显示命令行中输入的参数，假设该例的可执行文件名为 e16.exe，存放在 A 驱动器的盘内，则输入的命令行为：

```
C:\>a:e16 BASIC dBASE FORTRAN
```

显示结果为：

```
BASIC
dBASE
FORTRAN
```

程序说明：该行共有 4 个参数，执行 main 函数时，argc 的初值即为 4。argv 的 4 个元素分为 4 个字符串的首地址。执行 while 语句，每循环一次 argv 值减 1，当 argv 等于 1 时停止循环，共循环 3 次，因此共可输出 3 个参数。在 printf 函数中，由于打印项*++argv 是先加 1 再打印，故第一次打印的是 argv[1]所指的字符串 BASIC；第 2 次、第 3 次循环分别打印后两个字符串；而参数 e16 是文件名，不必输出。

8.8　综 合 实 例

【例 8.33】　　阅读以下程序。

【源程序】

```c
/*pro8_33.c*/
#include <stdio.h>
#include <stdlib.h>
#define    N 10
double fun(double *x)
{    int    i, j; double    s, av, y[N];
    s=0;
    for(i=0; i<N; i++)    s=s+x[i];
    av=s/N;
    for(i=j=0; i<N; i++)
        if( x[i]>av ){
            y[j++]=x[i]; x[i]=-1;}
    for(i=0; i<N; i++)
        if( x[i]!=-1) y[j++]=x[i];
    for(i=0; i<N; i++) x[i] = y[i];
    return    av;
}
main( )
```

```
{    int  i; double    x[N];
     for(i=0; i<N; i++){ x[i]=rand( )%50; printf("%4.0f ",x[i]);}
     printf("\n");
     printf("\nThe average is: %f\n",fun(x));
     printf("\nThe result :\n");
     for(i=0; i<N; i++)    printf("%5.0f ",x[i]);
     printf("\n");
}
```

程序中函数 fun 的功能是：计算形参 x 所指数组中 N 个数的平均值（规定所有数均为正数），将所指数组中大于平均值的数据移至数组的前部、小于等于平均值的数据移至 x 所指数组的后部，平均值作为函数值返回，在主函数中输出平均值和移动后的数据。

假设 main 函数产生 10 个随机正数：46、30、32、40、6、17、45、15、48、26，则运行结果为：

The average is：30.500000。

The result：46   32   40   45   48   30   6   17   15   26

【例 8.34】 阅读以下程序。

【源程序】

```
/*pro8_34.c*/
#include   <stdio.h>
#include   <string.h>
#define N 5
#define M 15
void fun(char (*ss)[M], char *substr)
{    int i,find=0;
     for(i=0; i<M; i++)
        if(strstr(ss[i], substr) != NULL)
           {find=1; puts(ss[i]); printf("\n");}
           if (find==0) printf("\nDon't found!\n");
}
main( )
{    char x[N][M]={"BASIC","C langwage","Java","QBASIC","Access"},str[M];
     int i;
     printf("\nThe original string\n\n");
     for(i=0;i<N;i++)puts(x[i]); printf("\n");
     printf("\nEnter a string for search : "); gets(str);
     fun(x,str);
}
```

在以上程序中，函数 fun 的功能是：在形参 ss 所指字符串数组中，查找含有形参 substr 所指字串的所有字符串并输出，若没有则输出相应信息。ss 所指字符串数组中共有 N 个字符串，且串长小于 M。程序中库函数 strstr（s1，s2）的功能是在 s1 串中查找 s2 子串，若没有，函数值为 0，若有，为非 0。

【例 8.35】 阅读以下程序。

【源程序】

```
#include   <stdio.h>
#include   <string.h>
#include   <ctype.h>
```

```
        int fun(char *s)
        {   int sum=0;
            while(*s)
            {
                if(isdigit(*s))      /*isdigit 函数判断*s 所指字符是否为数字字符*/
                    /*如*s 为数字字符，其数值是该字符的 ASCII 码减去 48,48 是字符 0 的 ASCII 码值*/
                    sum+= *s-48;
                s++;
            }
            return   sum ;
        }
        main()
        {
            char s[81]; int n;
            printf("\nEnter a string:\n\n"); gets(s);
            n=fun(s);
            printf("\nThe result is: %d\n\n",n);
        }
```

程序中函数 fun 的功能是将形参 s 所指字符串中的数字字符转换成对应的数值，计算出这些数值的累加和作为函数值返回。

例如，形参 s 所指字符串为：ah7d12y8u，程序执行后输出的结果是：18。

8.9　实 例 拓 展

前面章节虽然给出了部分工程计算的函数，但并没有给出具体的应用，下边给出一个在工程计算实例中使用各种数值计算方法处理实验数据的实例，由于 MATLAB 中没有指针，本节只给出 C 语言的实例，该实例可以完成以下功能：

（1）求平均值；

（2）求标准差；

（3）找出并剔除坏值；

（4）求残差；

（5）判断累进性误差；

（6）判断周期性误差；

（7）求合成不确定度；

（8）得出被测数据的最终结果。

【源程序】

```
/*   处理实验数据*/
/* 功能：1.求平均值 2.求标准差 3.找出并剔除坏值 4.求残差 5.判断累进性误差 6.判断周期性误
差 7.求合成不确定度 8.得出被测数据的最终结果*/

#include<math.h>
#include<stdio.h>
#include<stdlib.h>
#include<conio.h>
#define    MAX    20
/*这里提前使用第 9 章将要讲到的构造类型数据，有疑问的可以提前阅读*/
```

```
typedef  struct  wuli{
    float    d[MAX];
    char     name[10];
    int      LEN;
    float    ccha[MAX];              /*残差数组*/
    float    avg;                    /*data 的平均值*/
    double   sx;                     /*标准偏差 Sx*/
    double   DU;                     /*总不确定度*/
}wulidata;
wulidata   *InputData( );
void     average(wulidata  *wl);
void     YCZhi(wulidata  *wl);
void     CanCha(wulidata  *wl);
void     BZPianCha(wulidata  *wl);      /*标准偏差*/
void     BQDdu(wulidata  *wl);          /*总不确定度*/
void     rage(wulidata  *wl);
void     output(wulidata  *wl);


/*画线*/
void     line( )
{
    int   i;
    printf("\n");
    for(i=0;i<74;i++)
        printf("=");
    printf("\n");
}
/*输入数据*/
wulidata   *InputData( )
{

    int i=0,k;
    float da;
    char Z=0;
    wulidata   *wl;
    wl=(wulidata   *)malloc(sizeof(wulidata));
    printf("请为你要处理的数据取一个名字: ");
    scanf("%s",wl->name);
    printf("\n 下面请你输入数据%s 具体数值，数据不能超过 MAX 个\n",wl->name);
    printf("当 name='#'时输入结束\n");
    do{
        printf("%s%d=",wl->name,i+1);
        scanf("%f",&da);
        wl->d[i]=da;
        i++;
        if(getchar( )= ='#') break;
    }while(wl->d[i1]!=0.0&&i<MAX);
    wl->LEN=i1;
    do{
        printf("你输入的数据如下: \n");
        for(i=0;i<wl->LEN;i++)
            printf("%s%d=%f\t",wl->name,i+1,wl->d[i]);
```

```
                    printf("\n 你是否要做出修改(Y/N)?");
                    while(getchar( )!='\n');
                        Z=getchar( );
                    if(Z= ='y'||Z= ='Y'){
                        printf("请输入要修改元素的标号 i=(1～%d)\n",wl>LEN);
                        while(getchar( )!='\n');
                            scanf("%d",&k);
                        printf("\n%s%d=",wl>name,k);
                        scanf("%f",&(wl>d[k1]));
                            }
                    else    if(Z= ='n'||Z= ='N')
                        printf("OK!下面开始计算。\n");
                }while(Z!='N'&&Z!='n');
                return(wl);
}
/*求平均*/
void    average(wulidata  wl)
{
    float    ad,sum=0;
    int    i;
    for(i=0;i<wl>LEN;i++)
    {
        sum=sum+(wl>d[i]);
        }
        ad=sum/(wl>LEN);
        wl>avg=ad;
}
/*残差*/
void   CanCha(wulidata  wl)
{
    int    i;
    for(i=0;i<wl>LEN;i++)
        wl>ccha[i]=(wl>d[i])(wl>avg);
}
  /*检查并剔除异常值*/
void    YCZhi(wulidata  wl)
{
    int    i,j;
    float g,YCZhi;
    double temp,CCha;
    printf("下面开始检查并剔除异常值！\n");
    do{
        printf("当前共有%d 个数，数据如下：\n",wl>LEN);
        for(i=0;i<wl>LEN;i++)
            printf("%s%d=%f\t",wl>name,i+1,wl>d[i]);
        j=1;
        CCha=0.0;
        printf("\n 请输入 g 的值\ng=");
        scanf("%f",&g);
        for(i=0;i<wl>LEN;i++)
        {
            temp=fabs((wl>d[i])(wl>avg));
```

```
                    if((temp>g(wl>sx))&&(temp>CCha))
                    {
                            YCZhi=wl>d[i];
                            CCha=temp;
                            j=i;
                    }
            }
            if(j>=0){
                printf("找到异常值为%s%d=%f，将它剔除。\n",wl>name,(j+1),wl>d[j]);
                for(i=j;i<wl>LEN1;i++)
                    wl>d[i]=wl>d[i+1];
                wl>LEN;
            }
            else
                    printf("本次未找到异常数据，数据中异常数据已剔除完毕！\n");
        }while(j>=0);
        printf("当前共有%d 个数，数据如下：\n",wl>LEN);
        for(i=0;i<wl>LEN;i++)
            printf("%s%d=%f\t",wl>name,i+1,wl>d[i]);
}
/*标准差*/
void    BZPianCha(wulidata    wl)
{
    double    sum;
    int    i;
    sum=0.0;
    for(i=0;i<wl>LEN;i++)
            sum=sum+pow(wl>d[i],2);
     sum=sumwl>LENpow(wl>avg,2);
    wl>sx=sqrt(sum/(wl>LEN1));
}
/*判断累进性误差*/
void leijinxwc(wulidata    wl)
{
    double M,sum1,sum2,temp;
    int i;
    sum1=sum2=0.0;
    tmp=wl>ccha[0];
    for (i=1;i<=wl>LEN;i++)
        if (temp<wl>ccha[i])    temp=wl>ccha[i];
    if(wl>LEN%2= =0)                              /*数据为偶数个时*/
    {
        for(i=0;i<(wl>LEN/2);i++)
        {
            sum1=sum1+ wl>ccha[i];
        }
        for (i=(wl>LEN/2);i<wl>LEN;i++)
        {
            sum2=sum2+wl>ccha[i];
        }
        M=fabs(sum1sum2);
        if(M>temp)    printf("存在累进性误差\n");
```

```
            else    printf("不存在累进性误差\n");
        }
        else    /*数据为奇数个时*/
        {
            for(i=0;i<(((wl>LEN)1)/2);i++)
            {
                sum1=sum1+ wl>ccha[i];
            }
             for (i=((wl>LEN)+1)/2;i<wl>LEN;i++)
              {
                sum2=sum2+wl>ccha[i];
              }
            M=fabs(sum1sum2);
            if(M>temp)    printf("存在累进性误差\n");
            else    printf("不存在累进性误差\n");
        }
    }
/*判断周期性误差*/
void zhouqixwc(wulidata    wl)
{
    double sum=0;
    int i;
    for(i=0;i<wl>LEN1;i++)
        sum=sum+(wl>ccha[i])(wl>ccha[i+1]);
    if(fabs(sum)>(sqrt(wl>LEN1))pow(wl>sx,2))
        printf("存在周期性误差\n");
    else printf("不存在周期性误差\n");
}


/*总不确定度*/
void    BQDdu(wulidata    wl)
{
    float A,B,Q,k1,k2,y;
    printf("请输入系统不确定度百分比 y：");
    scanf("%f",&y);
    printf("请输入系统误差分布系数 k1：");
    scanf("%f",&k1);
    printf("请输入平均值随机误差分布系数 k2：");
    scanf("%f",&k2);
    printf("%lf\n",(double)((wl>avg)y));
    printf("%f\n",(wl>sx)/sqrt(wl>LEN));
    Q=((wl>avg)y)/k1;
    A=(double)pow((wl>sx)/sqrt(wl>LEN),2);
    B=(double)pow(Q,2);
    wl>DU=(double)k2(sqrt(A+B));
}


//
void rage(wulidata    wl)
{
    printf("计算得到所求值的范围%f～%f。\n",(wl>avgwl>DU),(wl>avg+wl>DU));
}
```

```
/*输出计算结果*/
void    output(wulidata    wl)
{
    int    i;
    printf("\n");
    line( );
    printf("你输入的数据如下：\n");
    for(i=0;i<wl>LEN;i++)
    {
        printf("%s%d=%f\t",wl>name,i+1,wl>d[i]);
    }
    printf("\n");
    printf("\n\t 数据%s 的平均值(A)%s=%f",wl>name,wl>name,wl>avg);
    line( );
    printf("数据的残差如下:\n");
    for(i=0;i<wl>LEN;i++)
    {
        printf("Δ%s%d=%s%d(A)%s=%f\t\t",wl>name,i+1,wl>name,i+1,wl>name, wl>ccha[i]);
    }
    line( );
    printf("求得标准偏差 Sx\n");
    printf("Sx=%f",wl>sx);
    printf("\n");
    printf("总不确定度Δ=k2 √(A^2+B^2) \n");
    printf("%s 的总不确定度Δ=%lf\n\n",wl>name,wl>DU);
}
/*================主程序=================*/
int main( )
{
    wulidata    Hua=NULL;

    Hua=InputData( );
    average(Hua);
    BZPianCha(Hua);                          /*标准偏差*/
    YCZhi(Hua);
    average(Hua);
    BZPianCha(Hua);
    CanCha(Hua);
    leijinxwc(Hua);
    zhouqixwc(Hua);
    BQDdu(Hua);                              /*总不确定度*/
    output(Hua);
    rage(Hua);
    getch( );
    return 0;
}
```

8.10　小　　结

1. C 语言中，变量或数组都要占用一定内存空间，这些空间的地址由系统分配，我们把变量或数组所占用的地址称为指针。通过取地址运算符"&"可获取变量或数组元素的地址；而使用取值运算符"*"作用于一个地址量上，可以得到该地址中的数据。

2．指针变量是用来存放地址的变量，使用前需要声明；指针变量也有地址，用来存放指针变量地址的指针称为二级指针，也称为指向指针的指针，可用二级指针间接访问目标变量。

3．指针变量可以进行运算，运算以数据类型为单位。当指针指向数组时，可以与整数相加减；如果两个指针指向同一个数组的元素，可比较大小；两个指向同一数组的指针之间也可以相减。

4．可以定义指针并让指针指向数组元素，通过改变指针的值可以访问数组中的每一个元素。

5．字符型指针可以指向字符串，处理字符串也非常灵活。

6．以指针变量作为形参，地址作为实参，可以使被调函数中的形参指向主调函数中的变量，可通过在被调函数中处理指针指向的内容来处理主调函数中的变量、数组和字符串。

7．可以把函数名赋给函数指针变量，通过这个指针变量就可以间接调用这个函数。指针型函数返回值是地址量，其定义的一般格式为：

```
类型符 *函数名([参数表])
{
    函数体语句序列;
}
```

8．指针数组的每一个元素都是指针，其定义的一般格式为：

```
类型符    *指针数组名[常量表达式];
```

指针数组常用来处理二维字符串数组。

9．在操作系统命令行状态下，可以输入一行字符执行某一程序，称为命令行。通常命令行含有可执行文件名，有的还有若干参数，并以回车符结束，可采用指针数组或二级指针作为 main 函数的参数，将命令行参数传给程序的主函数。

10．MATLAB 中没有指针这个概念，它用对象的句柄来操作对象。可以定义一个类，在该类中定义方法和属性，然后把该类实例化，得到一个对象，利用对象的句柄就可以操作该对象了。

习　题　8

一、选择题

1．若有语句：

```
int *p,a=10;
p=&a;
```

下面均代表地址的一组选项是（　　）。

    A．a，p，*&a　　　　　　　　　　　　　B．&*a，&a，*p

    C．*&p，*p，&a；　　　　　　　　　　　D．&a，&*p，p

2．下面哪一项是不正确的字符串赋值或不正确的赋初值的方式？（　　）

    A．char *str;str="string";　　　　　　　　B．char str[7]={'s','t','r','i','n','g'};

    C．char str1[10];str1="string";　　　　　　D．char str1[]="string",str2[]="1234567";

3．对于类型相同的指针变量，不能进行（　　）运算。

    A．+　　　　　　　　B．−　　　　　　　　C．=　　　　　　　　D．==

4. 已知:

```
int a[10],*p;
p=a;
```

下列错误的语句是（　　）。

    A．*p=a[0];   B．*p=*a   C．p=a+1;   D．p=*a;

5. 若有以下说明语句，则 p2-p1 的值为（　　）。

```
int a[10],*p1,*p2;
p1=a;
p2=&a[5];
```

    A．5   B．6   C．10   D．以上均不对

6. 下列定义中不正确的是（　　）。

    A．int *p;   B．int p[10];   C．int (*p)( );   D．int *(p(n));

7. 下列程序段的运行结果是（　　）。

```
#include <stdio.h>
void fun(int *x,int *y)
{
    printf("%d  %d ",*x,*y);
    *x=3;
    *y=4;
}
void main( )
{
 int x=1,y=2;
 fun(&x,&y);
 printf("%d  %d\n",x,y);
}
```

    A．2 1 4 3   B．1 2 1 2   C．1 2 3 4   D．2 1 1 2

8. 以下程序的输出结果是（　　）。

```
#include<stdio.h>
main( )
{
    int a[]={1,2,3,4,5,6},*p;
    p=a;
    printf("%d,%d\n",*p,*(p+4));
}
```

    A．0,5   B．1,5   C．0,6   D．1,6

9. 若有以下说明和语句，且 0<=i<10，则下面哪个是对数组元素地址的正确表示（　　）。

```
int a[]={1,2,3,4,5,6,7,8,9,10},*p,i;
p=a;
```

    A．&(a+1)   B．a++   C．&p   D．&p[i]

10. 下列程序的输出结果为（　　）。

```
#include<stdio.h>
main( )
{
    char a[]="123",*p;
```

```
        p=a;
        printf("%c%c%c\n",*p++,*p++,*p++);
    }
```

  A. 123   B. 321   C. 111   D. 333

11. 有以下程序：

```
    #include <stdio.h>
    void fun(char *c,int d)
    {
        *c=*c+1;
        d=d+1;
        printf("%c,%c",*c,d);
    }
    void main()
    {
        char a='A',b='a';
        fun(&b,a);
        printf("%c,%c\n",a,b);
    }
```

字母 a 和 A 的 ASCII 码值分别为 97 和 65，程序的输出结果为（ ）。

  A. B，aB，a   B. a，Ba，B   C. A，bA，b   D. b，BA，b

12. 以下函数的功能是（ ）。

```
    fun(char *a,char *b)
    { while((*b=*a)!='\0')   {a++;b++;}}
```

  A. 将 a 所指字符串赋给 b 所指空间

  B. 使指针 b 指向 a 所指字符串

  C. 将 a 所指字符串和 b 所指字符串进行比较

  D. 检查 a 和 b 所指字符串是否有'\0'

二、写出下列程序的运行结果

1. 下面程序的运行结果是（ ）。

```
    #include <stdio.h>
    main()
    {   int a=10,b=20,s,t,m,*pa,*pb;
        pa=&a;
        pb=&b;
        s=*pa+*pb;
        t=*pa-*pb;
        m=(*pa)*(*pb);
        printf("s=%d\nt=%d\nm=%d\n",s,t,m);
    }
```

2. 下面程序的运行结果是（ ）。

```
    #include <stdio.h>
    void fun(int *a)
    {
        a[0]=a[1];
    }
```

```
void main( )
{
    int a[5]={5,4,3,2,1},i;
    for(i=2;i>=0;i--) fun(&a[i]);
    for(i=0;i<5;i++) printf("%d    ",a[i]);
    printf("\n");
}
```

3．下面程序的运行结果是（　　）。

```
#include <stdio.h>
main( )
{
    int a[5]={1,3,5,7,9},*p,**k;
    p=a;k=&p;
    printf("%d",*(p+2));
    printf("%d",**k);
}
```

4．下面程序的运行结果是（　　）。

```
#include <stdio.h>
void main( )
{
char *p1,*p2;
p1=p2="abcde";
while(*p2!='\0')
    putchar(*p2++);
while(--p2>=p1)
    putchar(*p2);
putchar('\n');
getchar( );
}
```

5．下面程序的运行结果是（　　）。

```
#include <stdio.h>
int fun(int (*s)[4],int n,int k)
{
    int m,i;
    m=s[0][k];
    for(i=1;i<n;i++) if(s[i][k]>m) m=s[i][k];
    return m;
}
void main( )
{
    int a[4][4]={{1,2,3,4},{11,12,13,14},{21,22,23,24},{31,32,33,34}};
    printf("%d\n",fun(a,4,0));
}
```

6．下面程序的运行结果是（　　）。

```
#include <stdio.h>
void swap(char *x,char *y)
{
  char t;
```

```
        t=*x;*x=*y;*y=t;
    }
    void   main( )
    {
        char s1[]="abc",s2[]="123";
        char *p1=s1,*p2=s2;
        swap(p1,p2);
        printf("%s,%s\n",s1,s2);
    }
```

7. 下面程序的运行结果是（　　　）。

```
    #include <stdio.h>
    void f(int *p)
    {p=p+3;}
    void main( )
    {
        int a[5]={50,40,30,20,10},*p;
        p=a;
        f(p);
        printf("%d\n",*p);
    }
```

三、填空题

1. 在空格处填上语句，以实现字符串复制的功能。

```
    main( )
    {
        char *ps="C language";
        char str[15];
        char *p1,*p2;
        p1=ps;
        p2=str;
        while(*p1!='\0')
        {
            ①   ;
            ②   ;
            ③   ;
        }
        *p2='\0';
        printf("ps=%s\n",ps);
        printf("str=%s\n",str);
    }
```

　　2. 下面程序实现从键盘输入两个字符串 a 和 b，再将 a 和 b 的对应位置字符中的较大者存放在数组 c 中，填空完成该程序。

```
    #include<stdio.h>
    #include<string.h>
    void main( )
    {
        int k=0;
        char a[80],b[80],c[80]={'\0'},*p,*q;
        p=a;q=b;
```

```
        gets(a);
        gets(b);
        while(    ①    )
        {
            if(    ②    )c[k]=*p;
            else c[k]=*q;
            p++;
                ③    ;
            k++;
        }
        if(*p!=0)strcat(c,p);
        else strcat(c,q);
        puts(c);
    }
```

3．完成下面的程序，以实现单词的输出功能。

```
main( )
{   char *s[]={"man","woman","girl","student","sister"};
    char **q;
    int k;
    for(k=0;k<5;k++)
    {
            ①    ;
        printf("%s\n",*q);
    }
}
```

4．下列程序实现截取字符串 s 中从第 m 个位置开始的 n 个字符，返回所截字符串的首地址，填空完成该程序。

```
static char sub[20];
main( )
{   int m,n;
    static char s[]="good morning";
    char *cut(char *s1,int m1,int n1),*p;
    scanf("%d%d",&m,&n);
    p=cut(s,m,n);
    printf("%s\n",p);
}
char *cut(char *s1,int m1,int n1)
{
    int k;
    for(k=0;k<n1;k++)
        sub[k]=    ①    ;
    sub[k]='\0';
    return    ②    ;
}
```

5．下列程序实现在 N 个元素的数组中查找最小的元素的功能，填空完成该程序。

```
#include<stdio.h>
#define N 5
minnum(int *data,int n)
{
```

```
        int min,i;
        min=*data;
        for(i=1;i<n;i++)
          if(data[i]<min)
                  min=data[i];
            ①    ;
    }
    main( )
    {
        int i,min,a[N];
        for(i=0;i<N;i++)
        scanf("%d",&a[i]);
        min=   ②   ;
        printf("最小的元素是：%d",min);
    }
```

6. 下列程序的功能为求数组元素的平均值，填空完成该程序。

```
        #include<stdio.h>
        float f(int *p,int n)
        {
            int i;
            float avg=0.0;
            for(i=0;i<n;i++)
                avg+=*p++;
              ①    ;
            return(avg);
        }
        main( )
        {
            int a[10]={1,2,3,4,5,6,7,8,9,10}
            float avg;
            avg=f(   ②   ,10);
            printf("\n Average=%f\n",avg);
        }
```

7. 下列程序完成 3 个操作，填空完成该程序。

（1）输入 10 个字符串（每串不多于 9 个字符），依次放在 a 数组中，指针数组 str 中的每个元素依次指向每个字符串的开始。

（2）输入每个字符串。

（3）从这些字符串中选出最小的那个字符串并输出。

```
        #include<stdio.h>
        #include<string.h>
        main( )
        {
            char a[100],*str[10],*sp;
            int i,k;
            sp=a;
            for(i=0;i<10;i++)
            {   scanf("%s",sp);
                str[i]=   ①   ;
                k=strlen(sp);
```

```
            sp+=___②___;
        }
        k=0;
        for(i=0;i<10;i++)
            if(strcmp(str[i],str[k])___③___)k=i;
        ___④___;
}
```

8．以下程序中函数 fun 的功能是将 a 和 b 所指的两个数字字符串转换成值相同的整数，并将值相加作为函数值返回，规定字符串中只含有 9 个以下数字字符。将程序中空白处填写完整，以实现该功能。

例如，程序中的函数 ctod（char *s），其功能是将数字字符串转换成对应值的整数，如 ctod（"456"）的值为 456 。若在主函数中输入字符串：34592 和 15683，在主函数中输出的函数值为：50275。

```
#include <stdio.h>
#include <string.h>
#include <ctype.h>
#define N 9
long ctod(char *s)
{       long d=0;
        while(*s)
            if(isdigit(*s)) {
                d=d*10+*s-___①___ ;
                s++;}
            return d;
}
long fun(char *a, char *b)
{
        return   ctod(a)+___②___ ;
}
main()
{       char s1[N],s2[N];
        do
        {printf("Input string s1 : "); gets(s1);}
        while(strlen(s1)>N);
        do
        {printf("Input string s2 : "); gets(s2);}
        while(strlen(s2)>N);
        printf("The result is: %ld\n", fun(s1,s2));
}
```

9．下列程序把十进制数 n 转换成八进制数输出，填空完成该程序。

```
#include<stdio.h>
#include<string.h>
main( )
{   char *s,array[30];
    int i,j,sign=1,n;
    void reveser(char *s);
    scanf("%d",&n);
    if(___①___)
    { n=-n;sign=-1;}
    i=0;
    s=array;
```

```
            do
            {   j=_____②_____;
                s[i++]=j+'0';
            }while((n/=8)>0);
            if(sign<0)
            s[i++]='–';
            s[i]='\0';
            reveser(s);
        }
        void reveser(char *s)
        {
            int i=0;
            for(i=strlen(s);i>=0;i– –)
                printf("%c",_____③_____);
            printf("\n");
        }
```

10．下面程序中 fun 函数的功能是：在 3×4 的矩阵中找出在行上最大、在列上最小的那个元素，若没有符合条件的元素则输出相应信息。填空完成该程序。

```
        #include   <stdio.h>
        #define M 3
        #define N 4
        void fun(int (*a)[N])
        {   int i=0,j,find=0,rmax,c,k;
            while((i<M) && (!find))
            {rmax=a[i][0]; c=0;
                for(j=1; j<N; j++)
                    if(rmax<a[i][j]) {
                rmax=____①____; c=____②____;}
                find=1; k=0;
                while(k<M && find) {
                    if (k!=i && a[k][c]<=rmax) find= 0 ;
                    k++;
                }
                if(____③____) printf("find: a[%d][%d]=%d\n",i,c,a[i][c]);
                i++ ;
            }
            if(!find) printf("not found!\n");
        }
        main()
        {   int x[M][N],i,j;
            printf("Enter number for array:\n");
            for(i=0; i<M; i++)
                for(j=0; j<N; j++) scanf("%d",&x[i][j]);
            printf("The array:\n");
            for(i=0; i<M; i++)
            {for(j=0; j<N; j++) printf("%3d",x[i][j]);
                printf("\n\n");
            }
            fun(x);
        }
```

11. 把一个字符串按从小到大的顺序输出，填空完成该程序。

```c
#include<stdio.h>
#include<string.h>
void sort(____①____,int n)
{   int i,j,k;
    char *temp;
    for(i=0;i<=n-1;i++)
    {   k=i;
        for(j=i+1;j<=n;j++)
                if(____②____)k=j;
        if(k!=i){temp=name[i];name[i]=name[k];name[k]=temp;}
    }
}
void print(char *name[],int n)
{
    int i ;
    for(i=0;i<n;i++)
        printf("%s\n",____③____);
}
main( )
{   char *name[]={"NanHua University","Central South University","HuNan Normal University",
    "HuNan University"};
    sort(name,4);
    print(name,4);
}
```

四、编程题

1. （1）定义一个函数 separate(int *data,int n)，该函数将 n 的各个位上的数分离保存在 data 所指向的数组中。

（2）定义一个函数 judge(int *data,int len)，判断 data 所指向的数组是否为回文。

（3）在 main 函数中调用上述函数，完成程序的功能。

2. 从键盘输入两个字符串，输出第一个字符串在第二个字符串中第一次出现的位置（即第一个字符串的首字母在第二个字符串中的位置，如 "abc" 在 "bbacccabcddaw3" 中的位置为 7）。

要求：使用指针的方法遍历数组。

3. 有 n 个人围成一圈，顺序排号。从第一个人开始报数（从 1~3 报数），报到 3 的人退出圈子，后面的人重新从 1 开始报数，问最后留下的是原来第几号的人。

4. 编写一个程序，实现两个顺序字符串（ASC 码值由小到大）的连接，连接后的字符串仍为顺序串。如字符串 1 为 "aty"，字符串 2 为 "eknx"，连接后的字符串为 "aekntxy"。

5. 输入一行文字，找出其中大写字母、小写字母、空格、数字及其他字符各有多少？

6. 输入一个字符串，内有数字和非数字字符，如：a123x456=4567?45at587，将其中连续的数字作为一个整数，依次存放到数组 a 中。例如，123 存放在 a[0]，456 存放在 a[1]，…，统计共有多少个整数，并输出这些数。

第9章 构造数据类型

9.1 结 构 体

9.1.1 结构体的定义

在实际问题中，一组数据往往具有不同的数据类型。例如，学生信息登记表中，学号为整型；姓名为字符型；班级为字符型；出生年月为字符型；性别为字符型；成绩为实数类型。显然无法用一个数组来存放这一组数据。因为数组中各元素的类型和长度都必须一致。为了解决这个问题，C 语言可以根据事物的客观属性，自己构造数据类型，即结构（structure），也可称为结构体。

结构是一种数据类型，同基本数据类型中的字符型和整型一样。不同的是，结构由基本类型或结构类型的数据组成，组成方式可自定义。因此，结构的根本意义在于，它给人们提供了封装一组数据在一个节点内的能力。

结构既然是一种"构造"而成的数据类型，那么在说明和使用之前必须先定义它，即构造它。这如同在说明和调用函数之前要先定义函数一样。定义一个结构的一般形式为：

```
struct 结构名{
    成员列表
};
```

成员表列由若干个成员组成，每个成员都是该结构的一个组成部分。对每个成员都必须做类型说明，其形式为：

```
类型说明符 成员名;
```

例如表 9.1 所示的学生信息记录表可以看成是由一组记录组成的，一条记录是表中的一行。

表 9.1 学生信息记录表

学号 num	姓名 name	班级 class	性别 sex	出生日期 birthday	成绩 score
1001	LiXiao	Computer	M	1989.12.1	89.0
1002	Jin	Computer	F	1989.11.12	90.0
1003	Feng	Architecture	F	1989.2.1	60.5
1004	Rong	Engineering	M	1990.5.7	74.5
1005	ZhuJi	Engineering	F	1990.11.30	55.0

定义数据结构如下。

```
struct   stu{
            int    num;
            char   name[40];
            char   class[40];
            char   sex;
            char   birthday[20];
            float  score;
          };
```

表结构表达的记录之间关系的是<a_i，a_{i+1}>，所以称表结构是线性的，可以用 C 语言的数组变量定义相应的数据关系：

```
struct  stu  s[4];
```

其中：

s_0：（1001，"LiXiao"，"Computer"，'M'，1989.12.1，89.00）
s_1：（1002，"Jin"，"Computer"，'F'，1989.11.12，90.00）
s_2：（1003，"Feng"，"Architecture"，'F'，1989.2.1，60.50）
s_3：（1004，"Rong"，"Engineering"，'M'，1990.5.7，74.50）
s_4：（1005，"ZhuJi"，"Engineering"，'F'，1990.11.30，55.00）

9.1.2　结构体变量说明

1．先定义结构类型，再说明结构体变量

先定义结构类型，再说明结构体变量的一般形式为：

```
struct stu{
        int num;
        char name[20];
        char sex;
        float score;
    };
        struct stu student1,student2;
```

说明了两个变量 student1 和 student2 为 stu 结构类型。也可以通过宏定义用一个符号常量来表示一个结构类型。例如：

```
#define STU struct stu
STU{
        int num;
        char name[20];
        char sex;
        float score;
    };
STU student1,student2;
```

2．在定义结构类型的同时说明结构体变量

在定义结构类型的同时说明结构体变量的一般形式为：

```
struct  结构名
    {
        成员表列
}变量名表列;
```

例如：

```
struct stu{
        int num;
        char name[20];
        char sex;
        float score;
}student1,student2;
```

3. 直接说明结构体变量

直接说明结构体变量的一般形式为：

```
struct
    {
        成员表列
    }变量名表列;
```

例如：

```
struct
    {
        int num;
        char name[20];
        char sex;
        float score;
    } student1,student2;
```

第三种方法与第二种方法的区别在于省去了结构名，而直接给出结构体变量。三种方法中说明的 student1，student2 变量都具有如图 9.1 所示的存储结构，它在内存中占用连续的一块存储区域，所占用空间的大小是所有成员所占用空间的总和。

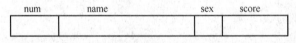

图 9.1   结构体的存储结构

在上述 stu 结构定义中，所有的成员都是基本数据类型或数组类型。成员也可以是一个结构，即构成了嵌套的结构，如图 9.2 所示。

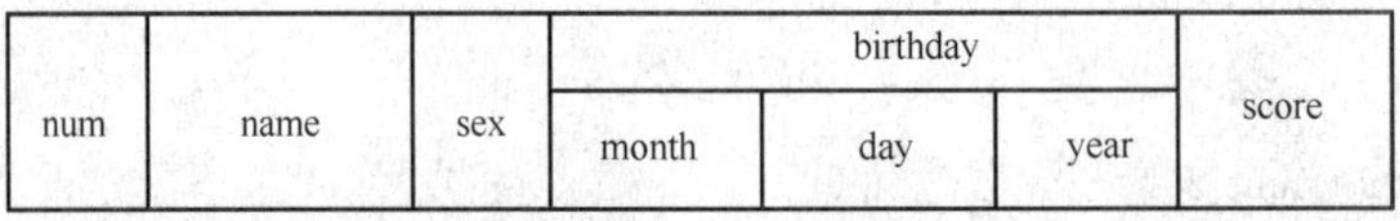

| num | name | sex | birthday | | | score |
| | | | month | day | year | |

图 9.2   结构体的嵌套定义

图 9.2 所示的结构体嵌套定义如下：

```
struct date{
        int month;
        int day;
        int year;
    };
struct{
        int num;
        char name[20];
        char sex;
        struct date birthday;
        float score;
    }student1,student2;
```

首先定义一个结构 date，由 month（月）、day（日）、year（年）三个成员组成。在定义并说明变量 student1 和 student2 时，其中的成员 birthday 被说明为 date 结构类型。成员名可与程序中其他变量同名，互不干扰。

9.1.3 结构体变量的引用

结构体是一个新的数据类型，因此结构体变量也可以像其他类型的变量一样赋值、运算。结构体成员的表示方式为：

结构体变量名.成员名

这里的"."是成员运算符（即分量运算符）。

一般情况下，不能将一个结构体变量作为整体来引用，只能引用其中的成员结构体变量，以成员作为基本操作变量。

设有如下结构体类型 struct student，下面的程序段说明了如何正确引用结构体变量。

```
void main()
{
  struct    student
  {  int No;
     float score;
  } stu1,stu2;
  scanf("%d,%f",&stu1);                    //错误的引用
  scanf("%d,%f",&stu1.No, &stu1.score);    //正确的引用
  printf("%d,%f",stu1);                    //错误的引用
  printf("%d,%f" , stu1.No, stu1.score);   //正确的引用
  stu2=stu1;                               //正确的引用
}
```

如果将"结构体变量名.成员名"看成一个整体，则这个整体的数据类型与结构体中该成员的数据类型相同，这样就可以像前面所讲的变量那样使用。

1. 结构体变量的赋值

【例 9.1】 给结构体变量赋值并输出其值。

【源程序】

```
/*pro09_01.c*/
#include<stdio.h>
#include <string.h>
struct stu
{
    int num;
    char name[20];
    char sex;
    float score;
} student1,student2;
main( )
{
    student1.num=1002;
    strcpy(student1.name,"Jin");
    printf("input sex and score\n");
    scanf("%c%f",&student1.sex,&student1.score);
    student2=student1;
    printf("Number=%d\nName=%s\n",student2.num,student2.name);
    printf("Sex=%c\nScore=%f\n",student2.sex,student2.score);
}
```

本程序中用赋值语句给 num 和 name 两个成员赋值，name 是一个字符串指针变量。用 scanf

函数动态地输入 sex 和 score 成员值，然后把 student1 所有成员的值整体赋予 student2。最后分别输出 student2 的各个成员值。本例演示了结构体变量的赋值、输入和输出的方法。

2．结构体变量的初始化

如果结构体变量是全局变量或静态变量，则可对它进行初始化赋值。对于局部或自动结构体变量，不能进行初始化赋值。

【例 9.2】 外部结构体变量初始化。

【源程序】

```c
/*pro09_02.c*/
#include<stdio.h>
struct stu /*定义结构*/
{
    int num;
    char name[20];
    char sex;
    float score;
} student2,student1={1002,"Jin",'M',78.5};
main( )
{
    student2=student1;
    printf("Number=%d\nName=%s\n",student2.num,student2.name);
    printf("Sex=%c\nScore=%f\n",student2.sex,student2.score);
}
```

在例 9.2 中，student2，student1 均被定义为外部结构体变量，并对 student1 做了初始化赋值。在 main 函数中，把 student1 的值整体赋予 student2，然后用两个 printf 语句输出 student2 各成员的值。

【例 9.3】 静态结构体变量初始化。

【源程序】

```c
/*pro09_03.c*/
#include<stdio.h>
main( )
{
    static struct stu                           /*定义静态结构体变量*/
    {
        int num;
        char name[20];
        char sex;
        float score;
    }student2,student1={1002,"Jin",'M',78.5};
    student2=student1;
    printf("Number=%d\nName=%s\n",student2.num,student2.name);
    printf("Sex=%c\nScore=%f\n",student2.sex,student2.score);
}
```

例 9.3 是把 student1、student2 都定义为静态局部的结构体变量，同样可以进行初始化赋值。

9.1.4　结构体数组

既然结构体变量是数据变量，那么它就可以连续地存储在内存中，也就是说，可以构成结构型数组。结构体数组的每一个元素都是具有相同结构类型的数据元素。例如：

```
struct stu{
        int num;
        char name[20];
        char sex;
        float score;
        }student[5];
```

定义了一个结构体数组 student，共有 5 个元素，student[0]～student[4]。每个数组元素都具有 struct stu 的结构形式。

对结构体数组可以进行初始化赋值。当对全部元素进行初始化赋值时，也可不给出数组长度。

【例 9.4】　结构体数组的应用。

程序 pro09_04_1.c 中定义了一个外部结构体数组 student，共 5 个元素，并进行了初始化赋值。在 main 函数中用 for 语句逐个累加各元素的 score 成员值存于 s 之中，如 score 的值小于 60（不及格）即计数器 C 加 1，循环完毕后计算平均成绩，并输出全班总分、平均分及不及格人数。

【源程序 1】

```
/*pro09_04_1.c*/
#include<stdio.h>
struct stu{
    int num;
    char name[20];
    char sex;
    float score;
}student[5]={{1001,"LiXiao",'M',89.00},
            {1002, "Jin",'F', 90.00},
            {1003, "Feng",'F',60.50},
            {1004, "Rong",'M',74.50},
            {1005, "ZhuJi",'F',55.00}};
void main( )
{
    int i,c=0;
    float ave,s=0;
    for(i=0;i<5;i++){
            s+=student[i].score;
            if(student[i].score<60) c+=1;
     }
    printf("s=%.2f\n",s);
    ave=s/5;
    printf("average=%.2f\ncount=%d\n",ave,c);
}
```

程序 pro09_04_2.c 是一个统计候选人选票的程序，与 pro09_04_1.c 类似，也是在 main 函数中对外部结构体数组 leader 进行处理。

【源程序 2】

```
/*pro09_04_2.c*/
#include <stdio.h>
#include <string.h>
struct person
   { char name[20];
      int count;
   }leader[3]={"Li",0,"Zhang",0,"Wang",0};
```

```
void main()
{    int i,j; char leader_name[20];
        for(i=1;i<=10;i++)
            { scanf("%s",leader_name);
                for(j=0;j<3;j++)
                    if(strcmp(leader_name,leader[j].name)= =0)
                    leader[j].count++;
            }
        printf("\n");
        for(i=0;i<3;i++)
            printf("%5s:%d\n",leader[i].name,leader[i].count);
}
```

9.1.5　指向结构体变量的指针

结构体变量在内存是连续存储的，一个指针指向一个结构体变量，即指向结构的首地址，指针称为结构指针。通过结构指针即可访问该结构体变量，这与数组指针和函数指针的情况是相同的。结构指针变量说明的一般形式为：

struct 结构名 *结构指针变量名；

结构指针变量也必须要先赋值后才能使用。

1. 指向结构体变量的指针

例如，有结构体定义如下：

```
struct stu{
        int num;
        char name[20];
        char sex;
        float score;
        }student1,student2,*pstu1=&student1;    //声明结构体指针变量 pstu1 并初始化指向 student1
    struct stu *pstu2;                          //声明结构体指针变量 pstu2
    pstu2=&student2;                            //指针变量 pstu2 指向 student2
```

赋值是把结构体变量的首地址赋予指针变量，不能把结构名赋予该指针变量。如果 student3 是被说明为 stu 类型的结构体变量，则：

pstu3=&stu

是错误的。结构名和结构体变量是两个不同的概念，不能混淆。结构名只能表示一个结构形式，就像基本数据类型中的 char 和 int 一样，编译系统并不对它分配内存空间。只有当某变量被说明为这种类型的结构时，才对该变量分配存储空间。因此，像&stu 这种写法是错误的，不可能去取一个结构名的首地址。

使用结构指针变量访问结构体变量的各个成员的一般形式为：

(*结构指针变量).成员名

或为：

结构指针变量–>成员名

例如，有上述结构体指针变量 pstu：

(*pstu).num

或者：

pstu->num

应该注意（*pstu）两侧的括号不可少，因为成员符"."的优先级高于"*"。如果去掉括号，写做*pstu.num，则等效于*(pstu.num)，这样的意义就完全不对了。

【例 9.5】　结构指针变量的说明和使用。

【源程序】

```c
/*pro09_05.c*/
#include <stdio.h>
struct stu{
        int num;
        char name[20];
        char sex;
        float score;
    } student1={1001, "LiXiao",'M', 89.00},*pstu;
void main( )
{
    pstu=&student1;
    printf("Number=%d\nName=%s\n",student1.num,student1.name);
    printf("Sex=%c\nScore=%.2f\n\n",student1.sex,student1.score);

    printf("Number=%d\nName=%s\n",(*pstu).num,(*pstu).name);
    printf("Sex=%c\nScore=%.2f\n\n",(*pstu).sex,(*pstu).score);

    printf("Number=%d\nName=%s\n",pstu->num,pstu->name);
    printf("Sex=%c\nScore=%.2f\n\n",pstu->sex,pstu->score);
}
```

本例的程序定义了一个结构 stu，定义了 stu 类型结构体变量 student1 并进行了初始化赋值，还定义了一个指向 stu 类型结构的指针变量 pstu。在 main 函数中，pstu 被赋予 student1 的地址，因此 pstu 指向 student1。然后在 printf 语句内用三种形式输出 student1 的各个成员值。

2．指向结构体数组的指针

结构体指针可以指向一个结构体数组，这时结构指针变量的值是整个结构数组的首地址。结构指针变量也可指向结构数组的一个元素，这时结构指针变量的值是该结构数组元素的首地址。

设 ps 为指向结构数组的指针变量，则 ps 也指向该结构数组的 0 号元素，ps+1 指向 1 号元素，ps+i 则指向 i 号元素。这与普通数组的情况是一致的。

【例 9.6】　用指针变量对学生记录按成绩进行升序排序。

【源程序】

```c
/*pro09_06.c*/
#include<stdio.h>
struct stu
{
    int num;
    char name[20];
    char sex;
    float score;
}student[5]= {{1001, "LiXiao", 'M', 89.00},
{1002, "Jin",'F',90.00},
{1003, "Feng",'F',60.50},
```

```
        {1004, "Rong",'M', 74.50},
        {1005, "ZhuJi",'F', 55.00}};
void main( )
{
        struct stu *ps,*p1,*p2,temp;
        printf("Before Sorted:\n");
        printf("No\tName\t\tSex\tScore\t\n");
        for(ps= student;ps< student+5;ps++)          //输出未排序的记录
        printf("%d\t%s\t\t%c\t%f\t\n",ps->num,ps->name,ps->sex,ps->score);

        for(p1= student;p1< student+4;p1++)           //选择法排序
            for(p2= p1+1;p2< student+5;p2++)
                if(p2->score>p1->score)
                    {temp=*p1;*p1=*p2;*p2=temp;}

        printf("After Sorted:\n");
        printf("No\tName\t\tSex\tScore\t\n");
        for(ps= student;ps< student+5;ps++)           //输出已排序的记录
        printf("%d\t%s\t\t%c\t%f\t\n",ps->num,ps->name,ps->sex,ps->score);
}
```

在程序中，定义了 stu 结构类型的外部数组 student 并进行了初始化赋值。在 main 函数内定义 ps 为指向 stu 类型的指针，第一个 for 循环语句输出 student 数组中各记录的成员。第二个 for 语句和第三个 for 语句嵌套，对 student 数组中的记录进行排序，其中的结构体指针 p1 和 p2 作为循环控制变量。第四个 for 循环语句输出 student 数组中排序后的各记录的成员。

9.1.6 结构体与函数

1. 结构体变量作为函数的参数

结构体变量作为函数参数时，形参与实参的结构体变量类型应当完全一致，函数调用时直接将实参结构体变量的各个成员的值全部传递给形参结构体变量。

【例 9.7】 用函数实现输出结构数组元素。

【源程序】

```
/*pro09_07.c*/
#include"stdio.h"
struct stu
{
        int num;
        char name[20];
        char sex;
        float score;
}student[5]= {{1001,"LiXiao", 'M', 89.00},
{1002,"Jin",'F ',90.00},
{1003,"Feng",'F ',60.50},
{1004,"Rong",'M ', 74.50},
{1005,"ZhuJi",'F ', 55.00}};
void main( )
{
        void print(struct stu s);
```

```
        printf("No\tName\t\tSex\tScore\t\n");
        for(int i=0;i<5;i++)
        print(student[i]);                    //调用 print 函数输出结构体变量
    }
    void print(struct stu s)                  //定义 print 函数
    {
        printf("%d\t%s\t\t%c\t%f\t\n",s.num,s.name,s.sex,s.score);
    }
```

main 函数 5 次调用 print 函数，print 函数的形参与实参都是 struct stu 类型。调用 print 函数时，实参 student[i]的各成员的值都完整地传递给形参 s。

2．结构体指针变量作为函数参数

C++语言允许用结构体指针变量作为函数参数传送，以使传送的时间和空间开销减小，提高程序效率。

【例 9.8】　计算一组学生的平均成绩和不及格人数，用结构指针变量作为函数参数编程。

【源程序】

```
/*pro09_08.c*/
#include"stdio.h"
void ave(struct stu *);
struct stu{
    int num;
    char name[20];
    char sex;
    float score;
        }student[5]= {{1001,"LiXiao", 'M', 89.00},
{1002,"Jin",'F',90.00},
{1003,"Feng",'F',60.50},
{1004,"Rong",'M', 74.50},
{1005,"ZhuJi",'F', 55.00}};
void main( )
{
    struct stu *ps;
    ps=student;                         //取得结构体数组首地址
    ave(ps);
}
void ave(struct stu *ps)
{
    int c=0,i;
    float ave,s=0;
    for(i=0;i<5;i++,ps++){
        s+=ps->score;
        if(ps->score<60) c+=1;
        }
    printf("s=%.2f\n",s);
    ave=s/5;
    printf("average=%.2f\ncount=%d\n",ave,c);
}
```

程序中定义了函数 ave，其形参为结构指针变量 ps。student 被定义为外部结构体数组，因此在整个源程序中有效。在 main 函数中定义说明了结构指针变量 ps，并把 student 的首地址赋予它，使 ps 指向 student 数组，然后以 ps 作为实参调用函数 ave。在函数 ave 中完成计算平均成绩和统计不及格人数的工作并输出结果。

3．返回结构体类型值的函数

函数的返回值可以是结构体类型。例如，定义了结构体数组：

```
struct stu student[100];
```

可以用下面形式的语句实现数据的输入：

```
for(i=0;i<100;i++)
    student[i]=input( );
```

函数 input 的功能是输入一个结构体数据，并将输入结构体数据作为返回值，将返回值赋给第 i 个学生记录，实现第 i 个学生的数据输入。

函数 input 定义如下：

```
struct student input( )
{
    int i;
    struct student s;
    scanf("%d",&s.num);              //输入学号
    gets(s.name);                    //输入姓名
    s.sex=getchar( );                //输入学生性别
    scanf("%f",&s.score);
    return s;                        //返回结构体数据值
}
```

9.1.7   动态存储分配

C++语言中，数组的长度是预先定义好的，在整个程序中固定不变。C++语言中不允许动态数组类型。例如，如下定义为错误的：

```
int n;
scanf("%d",&n);
int a[n];
```

试图用变量表示长度或对数组的大小进行动态说明，都是错误的。但是在实际的编程中，往往会发生这种情况，即所需的内存空间取决于实际输入的数据，而无法预先确定。对于这种问题，用数组的办法很难解决。为了解决上述问题，C++语言提供了一些内存管理函数，这些内存管理函数可以按需要动态地分配内存空间，也可把不再使用的空间回收待用，为有效地利用内存资源提供了手段。常用的内存管理函数有以下三个。

1．malloc 函数

调用形式：

```
(类型说明符*)malloc(size)
```

功能：在内存的动态存储区中分配一块长度为"size"字节的连续区域。函数的返回值为该区域的首地址。

"类型说明符"表示把该区域用于何种数据类型；（类型说明符*）表示把返回值强制转换为该类型指针；"size"是一个无符号数。

例如：

```
pc=(char *)malloc(100);
```

表示分配 100 字节的内存空间，并强制转换为字符数组类型，函数的返回值为指向该字符数组的指针，把该指针赋予指针变量 pc。

2. calloc 函数

calloc 函数也用于分配内存空间。调用形式：

```
(类型说明符*)calloc(n,size)
```

功能：在内存动态存储区中分配 n 块长度为"size"字节的连续区域。函数的返回值为该区域的首地址。（类型说明符*）用于强制类型转换。calloc 函数与 malloc 函数的区别仅在于：calloc 函数一次可以分配 n 块区域。例如：

```
ps=(struet stu*)calloc(2,sizeof(struct stu));
```

其中的 sizeof(struct stu)是求 stu 的结构长度。因此该语句的意义是：按 stu 的长度分配两块连续区域，强制转换为 stu 类型，并把其首地址赋予指针变量 ps。

3. free 函数

调用形式：

```
free(void *ptr);
```

功能：释放 ptr 所指向的一块内存空间，ptr 是一个任意类型的指针变量，它指向被释放区域的首地址。被释放区应是由 malloc 或 calloc 函数所分配的区域。

【例 9.9】　分配一块存储空间，输入一个学生数据。

【源程序】

```
/*pro09_09.c*/
#include<stdio.h>
#include <malloc.h>
#include <stdlib.h>
#include <string.h>
void main( )
{
    struct stu{
            int num;
            char name[20];
            char sex;
            float score;
        }*ps;
    ps=(struct stu*)malloc(sizeof(struct stu));            //申请内存
    if(!ps){                                               //不成功则退出
            printf("memory allocated error!\n");
            exit(-1);
            }
    ps->num=102;
    strcpy(ps->name,"Zhang ping");
    ps->sex='M';
    ps->score=62.5;
    printf("Number=%d\nName=%s\n",ps->num,ps->name);
```

```
        printf("Sex=%c\nScore=%.2f\n",ps->sex,ps->score);
        free(ps);                                   //释放内存
    }
```

本例中，定义了结构 stu，定义了 stu 类型指针变量 ps；然后分配一块 stu 大内存区，并把首地址赋予 ps，使 ps 指向该区域；再以 ps 为指向结构的指针变量对各成员赋值，并用 printf 输出各成员值；最后，用 free 函数释放 ps 指向的内存空间。整个程序包含了申请内存空间、使用内存空间、释放内存空间三个步骤，实现存储空间的动态分配。

9.1.8　结构体与链表

如何在计算机中描述一组节点之间的逻辑关系。如图 9.3 所示为其表示逻辑。如果是线性关系，可以用数组，因为数组元素的物理地址连续，因而能表达节点之间的线性逻辑关系；如果节点之间是非线性关系，如树、图等，数组就无法在内存中体现元素之间的逻辑关系。而且，数组在其存在期间，固有的数据结构是不能改变的，一种自然的选择就是指针。指针在数据结构中起到关联节点的作用，让指针从一个节点元素指向另一个节点元素，换句话说，通过指针连接节点元素之间的存储位置，从而让它们关联在一起，进而表达它们之间的逻辑关系。

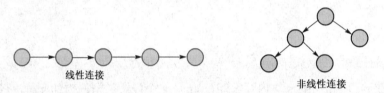

线性连接　　　　　　　　　　　　　　　　非线性连接

图 9.3　节点之间的逻辑关系

让指针从一个节点指向另一个（或多个）节点，需要在节点定义中加入指针变量，指针在节点内，它指向下一个节点，如果能找到当前节点的位置，就能根据指针找到后续节点所在，这就是节点关联。

使用指向结构的指针和含有指针的结构实现节点之间的关联，能描述复杂的数据结构，如链表、双重链表和树等，下面讨论如何用指针描述单向链表。

假设将结构体类型定义如下：

```
    struct node
    {   int value;
        struct node *next;
    };
```

这样就定义了 node 结构体类型，该结构体类型含有两个成员：结构的第 1 个成员是简单的整数 value；结构的第 2 个成员是 next 成员，该成员是一个指向 node 结构的指针。请注意：node 结构中所含的是指向另一个 node 结构的指针。在 C++语言中，这是完全有效的概念。假设把两个变量定义成 struct node 类型：

```
    struct node n1,n2;
```

执行下列语句可使 n1 结构的 next 指针指向 n2 结构：

```
    n1.next=&n2;
```

该语句在 n1 和 n2 之间进行了有效的"链接"，如图 9.4 所示。假如 n3 变量也定义成 struct node 类型，那么用下列语句即可加入另一个"链接"：

n2.next=&n3;

这种各项相连接的正式称呼为链表，如图 9.5 所示。

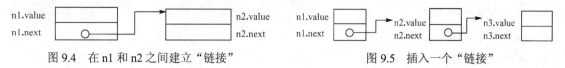

图 9.4　在 n1 和 n2 之间建立"链接"　　　　　　　　　图 9.5　插入一个"链接"

【例 9.10】　分析下面的程序。

【源程序】

```
/*pro09_10.c*/
#include<stdio.h>
main( )
{
    struct node
        {
            int value;
            struct node *next;
        };
        struct node n1,n2,n3;
        int i;
        n1.value=100;
        n2.value=200;
        n3.value=300;
        n1.next=&n2;
        n2.next=&n3;
        i=n1.next–>value;
        printf("%d    ",i);
        printf("%d\n",n2.next–>value);
    }
```

运行结果：

```
200   300
```

n1、n2、n3 定义成 struct node 类型，含有整数成员 value 和指向 node 结构的指针 next。程序分别把 100、200、300 赋给 n1、n2、n3 的 value 成员。

下列两个语句建立链表，使 n1 的 next 成员指向 n2，使 n2 的 next 成员指向 n3。

```
n1.next=&n2;
n2.next=&n3;
```

下列语句的执行如下：由 n1.next 指向的 node 结构的成员被存取并赋值给整数变量 i：

```
i=n1.next–>value;
```

由于 n1.next 指向 n2，所以 n2 的 value 成员由该语句存取。因此，该语句的结果是把 200 赋给 i，正如用程序中 printf 函数调用所证实的一样。读者可能还想证实一下，正确的表达式是 n1.next–>value 而不是 n1.next.value，因为 n1.next 字段含有一个指向结构的指针，而不是结构本身。这一区别很重要，如果不理解，则会出现程序设计错误。

程序中的第二个 printf 函数调用显示由 n2.next 指向的 value 成员。由于 n2.next 指向 n3，因此程序可显示出 n3.value 的内容。

前面已提到，链表的概念在程序设计中非常强而有力。链表可大大简化下述操作，如从已建立的大型链表中删除或插入元素。例如，如果 n1、n2、n3 已按上述定义，那么可以很容易地从链表中删除 n2。其方法是把 n1 的 next 重置为指向 n2 指向的地方：

```
n1.next=n2.next;
```

该语句可把 n2.next 的指针复制到 n1.next 中，由于 n2.next 指向 n3，那么 n1.next 也指向 n3。因为 n1 不再指向 n2，所以已经有效地把 n2 从链表中删除。图 9.6 说明了执行完上述语句后的情况。

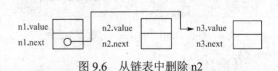

图 9.6　从链表中删除 n2

把元素插入到链表中也很简单。如果想在列表的 n2 项后边插入名为 n2_3 的 struct node 结构体，可以简单地把 n2_3 置为指向 n2.next 所指向的位置，然后使 n2.next 指向 n2_3。下列语句将把 n2_3 紧接在 n2 项之后插入表中。

```
n2_3.next=n2.next;
n2.next=&n2_3;
```

需要注意的是上述语句的顺序，如果先执行第二个语句，将在把存储在 n2.next 中的指针赋给 n2_3.next 之前重写该指针。图 9.7 表示被插入的元素 n2_3。读者将注意到，没有在 n2 和 n3 之间表示 n2_3。这是强调，n2_3 可处于计算机存储器的任何位置，不是非在 n2 和 n3 之间不可。这就是使用链表存储信息的主要优点之一：链表中的元素在存储器中不一定都如数组中的元素那样按顺序排列。

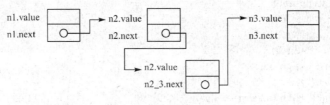

图 9.7　插入元素 n2_3

链表是非常重要的数据结构，在实际使用的链表中，节点所占存储空间通常是动态分配的，下面通过几个例子来具体分析。

【例 9.11】　写一函数，建立一个有 6 个节点的单向链表。

【源程序】

```c
/*pro09_11.c*/
#include  <stdio.h>
#include  <stdlib.h>
#define N 6
typedef struct node {
    int data;
    struct node *next;
} NODE;
NODE *creatlist()
{   NODE *h,*p,*q; int i;
    h=NULL;
    for(i=0; i<N; i++)
    {q=(NODE *)malloc(sizeof(NODE));      /*开辟存储空间，产生新节点*/
        scanf("%d",&q->data);             /*从键盘接收数据*/
        q->next = NULL;
        if (h == NULL) h = p = q;         /*产生第一个节点，h 为链表头指针*/
```

```
            else {p->next = q; p = q;}            /*将产生的新节点插入链表尾部*/
        }
        return h;
    }
```

程序说明如下：

（1）creatlist()函数返回一个指针值，指向一个 NODE 类型数据，实际上是链表头指针。

（2）malloc(sizeof(NODE))的作用是开辟一个长度为 sizeof(NODE)的内存区，即产生新节点。注意在 malloc(sizeof(NODE))之前加了强制类型转换（NODE *）。

（3）函数中 return 后面的是 h（h 已定义为指针变量，指向链表的第一个节点），因此函数返回的是 h 的值，即链表的头指针。

【例 9.12】 写一函数，输出例 9.11 中 creatlist()所建立链表上所有节点的 data 成员的值。

【源程序】

```c
/*pro09_12.c*/
#include    <stdio.h>
#include    <stdlib.h>
#define N 6
typedef struct node {
    int data;
    struct node *next;
} NODE;
void outlist(NODE *h)
{   NODE *p;
    p=h;
    if (p==NULL) printf("The list is NULL!\n");
    else
    {   printf("\nHead ");
        do
        {printf("->%d", p->data); p=p->next;}
        while(p!=NULL);
        printf("->End\n");
    }
}
```

【例 9.13】 写一函数，删除例 9.11 中链表上的指定节点。

【源程序】

```c
/*pro09_13.c*/
#include    <stdio.h>
#include    <stdlib.h>
#define N 6
typedef struct node {
    int data;
    struct node *next;
} NODE;
NODE *del(NODE *head,int num)                    /*删除链表上 data 值为 num 的节点*/
{
    NODE *p1,*p2;
    if(head==NULL)
    {
        printf("\nlist null!\n");
```

```
        }
        else
        {
            p1=head;
            while(num!=p1->data&&p1->next!=NULL)
            {p2=p1;p1=p1->next;}
            if(num= = p1->data)                    /*链表中找到指定节点，删除该节点*/
            {
                if(p1= =head) head=p1->next;
                else p2->next=p1->next;
                printf("delete:%d\n",num);
                free(p1);                          /*释放被删除的节点所占存储空间*/
            }
            else printf("%d not been found!\n",num);    /*链表中未找到指定节点*/
        }
        return(head);
    }
```

由例 12 和例 13 可知：在对表进行处理时，要从链表的首节点开始，通过其 next 指针往后查找，直至找到目标节点，或链表所有节点处理完毕为止（即处理完链表尾部节点）。

9.2 共 用 体

在实际问题中有这样的应用，要求某存储区域中的数据对象在程序执行的不同时间能存储不同类型的值，C 语言中的"共用体"就是为满足这样的要求引入的。

共用体（union）把几种不同类型的值存放在同一内存区域中，例如，把一个整型值和字符值放在同一区域中，既能以整数存取，又能以字符存取。共用体又可称为"联合体"。

"共用体"与"结构体"有一些相似之处，但两者有本质上的不同，在结构中各成员有各自的内存空间，一个结构变量的总长度是各成员长度之和。而在共用体中，各成员共享一段内存空间，一个共用体变量的长度等于各成员长度中最长的。应该说明的是，这里所谓的共享不是指把多个成员同时装入一个共用体变量内，而是指该共用变量可被赋予任一成员值，但每次只能赋一种值，赋入新值则覆盖旧值。

1. 共用体的定义

定义一个共用体类型的一般形式为：

```
    union  共用体名
    {
        成员列表；
    };
```

成员列表中含有若干成员，成员的一般形式为：

```
        类型说明符  成员名
```

成员名的命名应符合标识符的规定。例如：

```
    union data
    {
        int i;
        char ch;
```

```
        float f;
    };
```

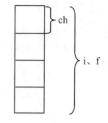

图 9.8　共用体存储结构

定义了一个名为 data 的共用体类型，它含有三个成员，一个为整型，成员名为 i；另一个为字符型，成员名 ch，还有一个 float 类型成员 f。共用体定义之后，即可进行共用变量说明，被说明为 data 类型的变量，可以存放整型量 i 或存放字符 ch 或单精度实数 f。共用体存储结构如图 9.8 所示。

2．共用体变量的说明

共用体变量的说明和结构变量的说明方式相同，也有 3 种形式，即先定义再说明、定义同时说明和直接说明。

（1）先定义再说明

```
union data
{
    int i;
    char ch;
    float f;
};
union data a,b;                    /*说明 a,b 为 data 类型*/
```

（2）定义同时说明

```
union data
{
    int i;
    char ch;
    float f;
}a,b;
```

（3）直接说明

```
union
{
    int i;
    char ch;
    float f;
}a,b;
```

经说明的 a、b 变量均为 data 类型。a、b 变量的长度应等于 data 的成员中最长的长度，即等于 float 类型的长度，共 4 字节。a、b 变量赋予整型值时，使用了 4 字节，而赋予字符型值时，可用 1 字节。

3．共用体变量的赋值和使用

对共用体变量的赋值、使用都只能是对变量的成员进行。共用体变量的成员表示为：

共用体变量名.成员名

例如，a 被说明为 data 类型的变量之后，可使用 a.i、a.ch、a.f。

不允许只用共用体变量名进行赋值或其他操作，也不允许对共用体变量进行初始化赋值，赋值只能在程序中进行。还要再强调说明的是，一个共用体变量，每次只能赋予一个成员值。换句话说，一个共用体变量的值就是共用体成员的某一个成员值。

【例 9.14】 　共用体变量的使用。

```
/*pro09_14.c*/
#include<stdio.h>
void main( )
{
    union ab
    {
        int a;
        char ch[4];
    }c;
    c.a=0x12345678;
    for(int i=0;i<=3;i++)
        printf("ch[%d]=%x\n",i,c.ch[i]);
}
```

运行结果：

```
ch[0]=78
ch[1]=56
ch[2]=34
ch[3]=12
```

　　例 9.14 的程序中，共用体变量 c 的成员 ch[0]～ch[3]分别对应成员 a 的第 1～4 字节（a 为整型变量）。

　　共用体一般不单独使用，通常作为结构体的成员。例如，需要把学生和老师的数据放在一起，学生和老师相同的成员有：姓名、年龄、职业。不同的为：学生所在的班级为整型，教师所在的办公室为字符串。这两种不同的类型可用共用体描述。

【例 9.15】 　设有一个教师与学生通用的表格，教师数据有姓名、年龄、职业、教研室 4 项；学生数据有姓名、年龄、职业、班级 4 项。编程输入人员数据，再以表格形式输出。

【源程序】

```
/*pro09_15.c*/
#include<stdio.h>
main( )
{
    struct
    {
        char name[10];
        int age;
        char job;
        union
        {
            int class;
            char office[10];
        }depa;
    }body[2];
    int n,i;
    for(i=0;i<2;i++)
    {
        printf("input name,age,job and department\n");
        scanf("%s %d %c",body[i].name,&body[i].age,&body[i].job);
```

```
            if(body[i].job=='s')
                scanf("%d",&body[i].depa.class);
            else
                scanf("%s",body[i].depa.office);
        }
        printf("name\tage job class    office\n");
        for(i=0;i<2;i++)
        {
            if(body[i].job=='s')
                printf("%s\t%3d  %3c  %d\n",body[i].name,body[i].age,body[i].job,body[i].depa.class);
            else
                printf("%s\t%3d  %3c  %s\n",body[i].name,body[i].age,body[i].job,body[i].depa.office);
        }
    }
```

　　程序中用一个结构体数组 body 来存放人员数据，该结构体中共有 4 个成员。其中成员项 depa 是一个共用体类型，这个共用体又由两个成员组成，一个为整型量 class，另一个为字符数组 office。在程序的第一个 for 语句中，输入人员的各项数据，先输入结构的前 3 个成员 name、age 和 job，然后判别 job 成员项，如果为 "s" 则对共用体 depa.class 输入（对学生赋班级编号），否则对 depa.office 输入（对教师赋教研组名）。

9.3　枚　举

　　枚举是一个被命名的整型常数的集合。枚举在日常生活中很常见，例如，表示星期的 SUN，MON，TUE，WED，THU，FRI，SAT 就是一个枚举。

　　枚举的说明与结构体和联合体相似，其形式为：

```
enum 枚举名标识符{
    常量标识符[=整型常数],
    常量标识符[=整型常数],
    …
    常量标识符[=整型常数],
} 枚举变量;
```

　　如果枚举没有初始化，即省略 "=整型常数" 时，则从第一个标识符开始，顺序赋给每个标识符一个序列号 0，1，2……，但当枚举中的某个成员赋值后，其后的成员则按此数值依次加 1 作为其序列号。

　　例如，下列枚举说明后，x1，x2，x3，x4 的值分别为 0，1，2，3。

```
enum string{x1, x2, x3, x4}x;
```

当定义改变成：

```
enum string{
    x1,
    x2=0,
    x3=50,
    x4,
}x;
```

则 x1 = 0，x2 = 0，x3 = 50，x4 = 51。

注意：

（1）枚举中每个成员（标识符）结束符是","，不是";"，最后一个成员可省略","；

（2）初始化时可以赋负数，其后的标识符仍依次加 1；

（3）枚举变量只能取枚举说明结构中的某个标识符常量。

例如：

```
enum string{x1=5,x2,x3,x4,};
enum string x=x3;
```

此时，枚举变量 x 实际上是 7。

9.4　自定义数据类型

通过前面的学习，读者们知道数据类型分为基本类型（如 int、float、char 等）与构造类型（如结构体、共同体、枚举型等）。为了增加程序的可读性和可移植性，C 语言还允许用户用关键字 typedef 给已有类型重新定义新类型名，即自定义数据类型，用此自定义类型名可定义变量、数组等，且其效果与原类型相同。

定义新类型的语句格式为：

```
typedef <类型> <新类型名 1>[,<新类型名 2>,…,<新类型名 n>];
```

关键字 typedef 说明用一个已有<类型>定义了<新类型名 1>～<新类型名 n>，其中<类型>为已有的基本类型或构造类型。用<新类型名 1>～<新类型名 n>可定义变量或强制类型转换，且与用原<类型>定义的变量或强制类型转换具有相同的数据类型。

举例如下：

（1）定义整型

```
typedef int LENGTH,WIDTH,SIZE;          /*定义 LENGTH,WIDTH,SIZE 为整型类型*/
```

利用自定义的数据类型声明变量：

```
LENGTH l;                               /*等同于 int l;*/
WIDTH w;                                /*等同于 int w*/
SIZE s;                                 /*等同于 int s*/
```

（2）定义数组类型

```
typedef   int   ARRAY[100];
ARRAY    a,b,c;    //声明长度为 100 的整型数组数组 a、b 及 c,
```

（3）定义指针类型

```
typedef   char   *STRING;
STRING    p,s[10];                      //声明字符指针 p 及字符指针数组 s
```

（4）定义结构体类型

```
typedef   struct   date
        {   int   month;
            int   day;
            int   year;
        }DATE;
DATE    birthday, *p;                    //声明 struct date 类型变量 birthday 及指针 p
```

9.5　综　合　实　例

【例 9.16】　阅读以下程序。

程序中学生的记录由学号和成绩组成,N 名学生的数据已在主函数中放入结构体数组 s 中,函数 fun 的功能是:把指定分数范围内的学生数据放在 b 所指的数组中,分数范围内的学生人数由函数值返回。

【源程序】

```
/*pro09_16.c*/
#include <stdio.h>
#define N 10
typedef struct
{    char num[10];
     int s;
} STU;
int fun(STU *a,STU *b,int l, int h)
{
     int i,j=0;
     for(i=0; i<N; i++)
          if(a[i].s>=l&&a[i].s<=h) b[j++]=a[i];
     return j;
}
main()
{    STU s[N]={{"005",85},{"003",76}, {"002",69},
     {"004",85},{"001",96},{"007",72},{"008",64},
     {"006",87},{"015",85},{"013",94}};
     STU h[N];
     int i,n,low,heigh,t;
     printf("Enter 2 integer number low & heigh : ");
     scanf("%d%d", &low,&heigh);
     if (heigh< low){t=heigh;heigh=low;low=t;}
     n=fun(s,h,low,heigh);
     printf("There are %d numbers of student's data between %d--%d :\n",n,low,heigh);
     for(i=0;i<n; i++)
        printf("%s    %4d\n",h[i].num,h[i].s);
     printf("\n");
}
```

程序中用一个结构体数组 s 来存放学生数据,该结构体中共有 2 个成员。其中成员项 num 为学号,s 表示成绩。fun 函数有四个参数,其功能是:在形参 a 所指数组中,查找成员 s 的值在 l～h 范围内的元素,保存到形参 b 所指数组中,并用 j 统计满足条件的元素个数,作为函数值返回。

【例 9.17】　链表综合程序实例。

本例程序中,函数 fun 的功能是统计出带有头结点的单向链表中结点的个数,存放在形参 n 所指的存储单元中。

【源程序】

```
/*pro09_17.c*/
#include <stdio.h>
```

```
#include <stdlib.h>
#define N 8
typedef struct node
{   int data;
    struct node *next;
} NODE;
NODE *creatlist(int *a);
void outlist(NODE *);
void fun(NODE *h, int *n)
{
    NODE *p;
    *n=0;
    p=h->next;
    while(p)
    {
        (*n)++;
        p=p->next;
    }
}
main()
{   NODE *head;
    int a[N]={12,87,45,32,91,16,20,48}, num;
    head=creatlist(a); outlist(head);
    fun(head, &num);
    printf("\nnumber=%d\n",num);
}
NODE *creatlist(int a[])
{   NODE *h,*p,*q; int i;
    h=p=(NODE *)malloc(sizeof(NODE));
    for(i=0; i<N; i++)
    {q=(NODE *)malloc(sizeof(NODE));
        q->data=a[i]; p->next=q; p=q;
    }
    p->next=0;
    return h;
}
void outlist(NODE *h)
{   NODE *p;
    p=h->next;
    if (p==NULL) printf("The list is NULL!\n");
    else
    {printf("\nHead ");
        do
        {printf("->%d",p->data); p=p->next;}
        while(p!=NULL);
        printf("->End\n");
    }
}
```

程序函数 creatlist 的作用是建立链表，outlist 输出链表中所有元素，fun(NODE *h, int *n) 的作用是统计带头结点链表 h 中节点的个数，并将个数存入指针 n 所指的存储单元中。

【例 9.18】 阅读以下程序。

本例程序中，函数 fun 的功能是将不带头结点的单向链表逆转。即若链表中从头至尾的结点数据域依次为 11、13、15、17、19，逆置后从头至尾数据域依次为：19、17、15、13、11。

【源程序】

```
/*pro09_18.c*/
#include  <stdio.h>
#include  <stdlib.h>
#define N 5
typedef struct node {
  int data;
  struct node *next;
} NODE;
NODE* fun(NODE *h)
{  NODE *p, *q, *r;
  p = h;
  if (p == NULL)
    return NULL;
  q = p->next;
  p->next = NULL;
  while (q)
  {
    r = q->next;
    q->next = p;
    p = q;
    q = r ;
  }
  return p;
}
NODE *creatlist(int a[])
{  NODE *h,*p,*q; int i;
  h=NULL;
  for(i=0; i<N; i++)
  {q=(NODE *)malloc(sizeof(NODE));
    q->data=a[i];
    q->next = NULL;
    if (h == NULL) h = p = q;
    else {p->next = q; p = q;}
  }
  return h;
}
void outlist(NODE *h)
{  NODE *p;
  p=h;
  if (p==NULL) printf("The list is NULL!\n");
  else
  {printf("\nHead ");
    do
    {printf("->%d", p->data); p=p->next;}
    while(p!=NULL);
    printf("->End\n");
  }
}
```

```
main()
{   NODE *head;
    int a[N]={11,13,15,17,19};
    head=creatlist(a);
    printf("\n 原链表为:\n");
    outlist(head);
    head=fun(head);
    printf("\n 逆置后的链表为:\n");
    outlist(head);
}
```

程序中函数 creatlist 产生链表，将头指针返回，outlist 输出以 head 为头指针的链表；函数 fun 将链表逆转，其中的指针 q 指向当前节点，r 指向 q 的下一个节点，p 指向 q 的前一节点，通过赋值语句：q->next = p;实现逆转，将原链表的尾节点地址作为逆转后链表的头指针返回。

9.6　MATLAB 的结构数据类型

与 C 语言类似，要想在 MALTAB 中实现对比较复杂数据的处理，就不能不用结构类型的数据来实现类型。在 MATLAB 中有一种类似于 C 语言中的结构数据类型，即 struct 类型数据，MATLAB 中实现 struct 比 C 语言中更为方便、简洁。

9.6.1　结构数组的创建

MATLAB 提供了两种定义结构的方式：直接引用方式定义结构和使用 struct 函数创建结构。

1．使用直接引用方式定义结构

与建立数值型数组一样，建立新 struct 对象不需要事先声明，可以直接引用，而且可以动态扩充。比如建立一个复数变量 x：

```
x.real = 0;        % 创建字段名为 real 的实部，并为该字段赋值为 0
x.imag = 0;        % 创建字段名为 imag 的实部，并为该字段赋值为 0
x =
    real: 0
    imag: 0
```

然后可以将其动态扩充为数组：

```
x(2).real = 0;     % 将 x 扩充为 1×2 的结构数组
x(2).imag = 0;
```

在任何需要的时候，也可以为数组动态扩充字段，如增加字段 scale：

```
x(1).scale = 0;
```

这样，所有 x 都增加了一个 scale 字段，在此基础上，除 x(1)之外的其他变量的 scale 字段为空：

```
x(1)       % 查看结构数组的第一个元素的各个字段的内容
ans =
    real: 0
    imag: 0
    scale: 0
x(2)       % 查看结构数组的第二个元素的各个字段的内容，注意没有赋值的字段为空
```

```
ans =
real: 0
imag: 0
scale: []
```

应该注意的是，x 的 real、imag、scale 字段不一定是单个数据元素，它们可以是任意数据类型，可以是向量、数组、矩阵甚至是其他结构变量或元胞数组，而且不同字段之间其数据类型不需要相同。例如：

```
clear x;
x.real = [1 2 3 4 5];
x.imag = ones(10,10);
```

数组中不同元素的同一字段的数据类型也不要求一样，例如：

```
x(2).real = '123';
x(2).imag = rand(5,1);
```

甚至还可以通过引用数组字段来定义结构数据类型的某字段：

```
x(3).real = x(1);
x(3).imag = 3;
x(3)
ans =
    real: [1x1 struct]
    imag: 3
```

下面看一个实际的例子来熟悉直接引用方式定义与显示结构。

【例 9.19】　温室数据（包括温室名、容量、温度、湿度等）的创建与显示实例。

（1）定义结构体

【部分源代码 1】共用体变量的定义及赋初值，此处使用直接引用方式定义结构体。

```
%  pro09_19-01.m
green_house.name = '一号温室';           % 创建温室名字段
green_house.volume = '2000 立方米';       % 创建温室容量字段
green_house.parameter.temperature = [31.2 30.4 31.6 28.7 29.7 31.1 30.9 29.6];   % 创建温室温度字段
green_house.parameter.humidity = [62.1 59.5 57.7 61.5; 62.0 61.9 59.2 57.5];       % 创建温室湿度字段
```

（2）显示结构变量的内容

【部分源代码 2】显示内容及结构

```
%  pro09_19-02.m
%  此段代码与源代码 1 保存在同一个 m 文件中
green_house       % 显示结构变量结构
```

运行结果：

```
reen_house =
        name: '一号温室'
      volume: '2000 立方米'
   parameter: [1x1 struct]
```

【部分源代码 3】显示 parameter 子域的结构

```
%  pro09_19-03.m
%  此段代码与源代码 1 保存在同一个 m 文件中
green_house.parameter       % 用域作用符号. 显示指定域（parameter）中结构
```

运行结果：

```
ans =

    temperature: [1x8 double]
       humidity: [2x4 double]
```

【部分源代码 4】

```
%   pro09_19-04.m
% 此段代码与源代码 1 保存在同一个 m 文件中
green_house.parameter.temperature        % 显示 temperature 域中的内容
```

运行结果：

```
ans =
    31.2000    30.4000    31.6000    28.7000    29.7000    31.1000    30.9000    29.6000
```

从本例可以看到，在 MATLAB 中显示结构类型数据内容时，是按照层次原则逐步显示的。若本层是数据，就直接显示出来；若本层是子结构，只是将其结构描述出来。

【例 9.20】　在例 9.19 的基础上，创建结构数组用以保存一个温室群的数据。

【部分源代码 1】

```
%   pro09_19-05.m
green_house(2,3).name =   '六号温室';           %重构产生 2×3 结构数组
green_house                                    %显示结构数组的结构
```

运行结果：

```
green_house =
        2×3 struct array with fields:
        name
        volume
        parameter
```

【部分源代码 2】

```
%   pro09_19-06.m
green_house(2,3)                        %显示结构数组元素的结构
```

运行结果：

```
ans =
        name:'六号温室'
        volume: []
        parameter: []
```

【完整的源代码】

```
%   pro09_19.m
green_house.name =    '一号温室';
green_house.volume = '2000 立方米';
green_house.parameter.temperature = [31.2 30.4 31.6 28.7 29.7 31.1 30.9 29.6];
green_house.parameter.humidity = [62.1 59.5 57.7 61.5; 62.0 61.9 59.2 57.5];
green_house
green_house.parameter
green_house.parameter.temperature
green_house(2,3).name = '六号温室';
green_house(2,3)
```

注意每行后结束符的使用。

2．使用 struct 函数创建结构

使用 struct 函数也可以创建结构，该函数产生或把其他形式的数据转换为结构数组。struct 的使用格式为：

```
s = sturct('field1',values1,'field2',values2,…);          %注意引号
```

该函数将生成一个具有指定字段名和相应数据的结构数组，其包含的数据 values1、valuese2 等必须为具有相同维数的数据，数据的存放位置与其结构位置一一对应的。对于 struct 的赋值用到了元胞数组。数组 values1、values2 等可以是元胞数组、标量元胞单元或者单个数值。每个 values 的数据被赋值给相应的 field 字段。

当 values 为元胞数组时，生成的结构数组的维数与元胞数组的维数相同。而在数据中不包含元胞时，得到的结构数组的维数是 1×1 的。

【例 9.21】　使用 struct 函数创建结构的实例。

【源代码】

```
%   pro09_21.m
s = struct('type',{'big','little'},'color',{'blue','red'},'x',{3,4})
s(1,1)
s(1,2)
```

运行结果：

```
s =
1x2 struct array with fields:
    type
    color
    x

ans =
    type: 'big'
    color: 'blue'
       x: 3

ans =
    type: 'little'
    color: 'red'
       x: 4
```

得到维数为 1×2 的结构数组 s，包含了 type、color 和 x 共 3 个字段。这是因为在 struct 函数中{'big','little'}、{'blue','red'}和{3,4}都是 1×2 的元胞数组，可以看到两个数据成分分别为：

s(1,1)的内容：

```
ans =
    type: 'big'
    color: 'blue'
       x: 3
```

s(1,2) 的内容：

```
ans =
    type: 'little'
```

```
        color: 'red'
            x: 4
```

相应地，如果将 struct 函数写成下面的形式：

```
s = struct('type',{'big';'little'},'color',{'blue';'red'},'x',{3;4})
```

运行结果：

```
s =
2×1 struct array with fields:
        type
        color
        x
```

则会得到一个 2×1 的结构数组。注意前后两个定义不同的地方。

下面给出利用 struct 构建结构数组的具体实例。

【例 9.22】 利用函数 struct，建立温室群的数据库。

【部分源代码 1】预建立空结构数组方法一

```
%   pro09_22_01.m
a = cell(2,3);                    % 创建 2×3 的元胞数组
green_house_1=struct('name',a,'volume',a,'parameter',a(1,2))
```

运行结果：

```
green_house_1 =
2×3 struct array with fields:
        name
        volume
        parameter
```

【部分源代码 2】预建立空结构数组方法二

```
%   pro09_22_02.m
a = cell(2,3);                    % 创建 2×3 的元胞数组
green_house_2=struct('name',a,'volume',[],'parameter',[])
```

运行结果：

```
green_house_2 =
2×3 struct array with fields:
        name
        volume
        parameter
```

【部分源代码 3】预建立空结构数组方法三

```
%   pro09_22_03.m
a = cell(2,3);                    % 创建 2×3 的元胞数组
green_hopuse_3(2,3)=struct('name',[],'volume',[],'parameter',[])
```

运行结果：

```
green_hopuse_3 =
2×3 struct array with fields:
        name
        volume
        parameter
```

【部分源代码 4】 建立结构数组方法四

```
%   pro09_22_04.m
a1={'六号房'};a2={'3200 立方米'};
green_house_4(2,3)=struct('name',a1,'volume',a2,'parameter',[]);
temp=[31.2,30.4,31.6,28.7;29.7,31.1,30.9,29.6];
green_house_4(2,3).parameter.temperature=temp;
green_house_4
```

运行结果：

```
green_house_4 =
2×3 struct array with fields:
    name
    volume
    parameter
```

以上列举的四种建立结构数据类型及结构数组的方法，读者可以根据自己的喜好或者编程的需要自由选择。

9.6.2　结构数组的操作

MATLAB 中专门用于对结构数组进行操作的函数并不多，通过 MATLAB 命令提示符下输入 help datatypes 命令可以获取数据类型列表，可以看到其中结构数据类型有关的函数，主要如表 9.2 所示。

表 9.2　结构数组的操作函数

函 数 名	功 能 描 述	函 数 名	功 能 描 述
deal	把输入处理成输出	fieldnames	获取结构的字段名
getfield	获取结构中指定字段的值	rmfield	删除结构的字段（不是内容）
setfield	设置结构数组中指定的字段的值	struct	创建结构数组
struct2cell	结构数组转化成元胞数组	isfield	判断是否存在该字段
isstruct	判断某变量是否是结构类型		

各种数据具体的介绍可以通过 MATLAB 相关书籍，也可以直接在 MATLAB 中使用 help datatypes 命令查阅，在这里就不一一列举了。

9.7　小　　结

1. 结构体是由若干数据成员组成的数据类型，其成员的数据类型可以是基本类型，也可以是结构体、枚举和联合体类型，其数据成员的引用格式为：结构体变量名.成员名。不能对结构体变量直接进行输入、输出，只能对结构体变量的数据成员进行输入、输出。

结构体数组与二维表类似，数组中的每一个元素相当于表中的一个记录，元素中的每个成员相当于表中的一个数据项。因此，用结构体数组可以实现数据库中二维表的统计、排序、查询等功能。

链表由若干个结构类型的节点用指针链接而成，每个节点由数据与指针两部分组成，其中指针用于链接下一个节点。链表的首节点地址存放在头指针中，尾节点指针必须为 0。链表的主要操作有链表的建立、插入、删除、输出等。

2．共用体与结构体类似，也是由若干数据成员组成的导出数据类型，只要将结构体定义中的关键词 struct 改为 union 即可定义共用体。共用体与结构体的主要区别在于：共用体中的各数据成员占用相同的存储区，存储区长度等于各成员中占用字节长度的最大值。因此，共用体各成员必须互斥地使用。

3．枚举是某种数据可能取值的集合，集合中的每个元素均有一个序号值与之对应，该序号值可以在定义枚举类型时赋给元素，也可取其默认序号，默认序号从 0 开始依次加 1。

用枚举类型可定义枚举变量或枚举数组，枚举变量可进行赋值运算与比较运算。枚举变量之间的比较运算是对其序号进行的。

4．为了增加程序的可读性，可用 typedef 将已有类型重新定义新类型名，用此新类型名可定义变量、数组等，且其效果与原类型相同。

5．相对来说，在 MATLAB 中使用结构类型数据比在 C 语言中要灵活很多，特别是其动态扩充结构的能力，是 C 语言所不具备的。

习　题　9

一、选择题

1．有定义如下：

```
struct sk
{   int a;
    float b;
}data,*p;
```

如果 p=&data;则对于结构变量 data 的成员 a 的正确引用是（　　　）。

A．(*).data.a　　　　B．(*p).a　　　　　C．p->data.a　　　　D．p.data.a

2．已知：

```
struct st
{ int n;
    struct st *next;
};
static struct st a[3]={1,&a[1],3,&a[2],5,&a[0]},*p;
```

如果下述语句的显示是 4，则对指针 p 的赋值是（　　　）。

```
printf("%d",++(p->next->n));
```

A．p=&a[0];　　　　B．p=&a[1];　　　　C．p=&a[2];　　　　D．p=&a[3];

3．已知：

```
struct
{
    int k;
    char c;
    float a;
}test
```

则 sizeof(test)的值是（　　　）。

A．6　　　　　　　B．7　　　　　　　　C．8　　　　　　　　D．9

4. 若有以下定义和语句：

```
union data
{
    int k;
    char c;
    float f;
}a;
int n;
```

则以下语句正确的是（   ）。

A. a=5   B. a={2, 'a',1.2}   C. printf("%d\n",a);   D. n=a.k;

5. 若有以下定义和语句：

```
struct student
{
    int age;
    int num;
};
struct student stu[3]={{1001,20},{1002,19},{1003,21}};
void main( )
{
  struct student *p;
  p=stu;
  …
}
```

则以下不正确的引用是（   ）。

A. (p++)–>num   B. p++   C. (*p).num   D. p=&stu.age

6. 已知 enum week {sun,mon,tue,wed,thu,fri,sat}day;则正确的赋值语句是（   ）。

A. sun=0;   B. sun=day;   C. sun=mon;   D. day=sun;

7. C 语言结构体类型变量在程序执行期间（   ）。

A. 所有成员一直驻留在内存中   B. 只有一个成员驻留在内存中

C. 部分成员驻留在内存中   D. 没有成员驻留在内存中

8. 下面程序的运行结果是（   ）。

```
#include "stdio.h"
main( )
{
    struct cmplx
    {  int x;
        int y;
    }cnum[2]={1,3,2,7};
    printf("%d\n",cnum[0].y/cnum[0].x*cnum[1].x);
}
```

A. 0   B. 1   C. 3   D. 6

9. 有以下结构体变量的定义，如图 9.9 所示，指针 p 指向变量 a，指针 q 指向变量 b，则不能把节点 b 链接到节点 a 之后的语句是（   ）。

```
struct   node
{
    char data;
```

```
        struct node *next;
    }a,b,*p=&a,*q=&b;
```

A．a.next=q;　　　　B．p.next=&b;　　　　C．p−>next=&b;　　　　D．(*p).next=q;

10．若已建立如图 9.10 所示的单向链表结构，在该链表结构中，指针 p、s 分别指向图 9.10 中所示节点，则不能将 s 所指的节点插入到链表末尾（但插入 s 后仍构成单向链表）的语句组是（　　　）。

  A．p=p−>next;s−>next=p;p−>next=s;

  B．p=p−>next;s−>next=p−>next;p−>next=s;

  C．s−>next=NULL;p=p−>next;p−>next=s;

  D．p=(*p).next;(*s).next=(*p).next;(*p).next=s;

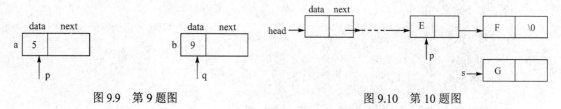

图 9.9　第 9 题图　　　　　　　　　　　　图 9.10　第 10 题图

11．以下 scanf 函数调用语句中对结构体变量成员的不正确引用是（　　　）。

```
struct  pupil
{   char name[20];
    int age;
    int sex;
}pup[5],*p;
 p=pup;
```

  A．scanf("%s",pup[0].name);　　　　　　　B．scanf("%d",&pup[0].age);

  C．scanf("%d",&(p−>sex));　　　　　　　　D．scanf("%d",p−>age);

二、填空题

1．下面程序的功能是输入学生的姓名和成绩，然后输出。

```
#include<stdio.h>
struct strinf
{
    char name[20];
    int score;
}stu,*p;
 main()
{  p=&stu;
   printf("Enter name:");
   gets(_____①_____);
   printf("enter score:");
   scanf(_____②_____);
   printf("Output:%s,%d\n",_____③_____,_____④_____);
}
```

2．下面程序段的功能是统计链表中节点的个数，其中 first 为指向第一个节点的指针（链表不带头节点），统计的节点数保存在变量 c 中。请填入正确内容。

```
struct link
{   char data ;
```

```
        struct link *next;
    };
    …
    struct link *p,*first;
    int c=0;
    p=first;
    while(    ①    )
    {      ②      ;
      p=    ③    ;
    }
```

三、写出程序的运行结果

1. 下面程序的运行结果是（　　　）。

```
    #include "stdio.h"
    void    main( )
    {
        union
        {
            int x;
            struct sc
            {
                char c1;
                char c2;
            }b;
        }a;
        a.x=0x1234;
        printf("%x,%x\n",a.b.c2,a.b.c1);
    }
```

2. 下面程序的运行结果是（　　　）。

```
    #include "stdio.h"
    struct S
    {
        int n;
        int a[20];
    };
    void f(int *a,int n)
    {
        int i;
        for(i=0;i<n-1;i++) a[i]+=i;
    }
    void    main( )
    {
        int i; struct S s={10,{2,3,1,6,8,7,5,4,10,9}};
        f(s.a,s.n);
        for(i=0;i<s.n;i++)
        printf("%d\n",s.a[i]);
    }
```

3. 下面程序的运行结果是（　　　）。

```
    #include "stdio.h"
    #include "string.h"
    typedef struct
```

```
        {
                char name[9];
                char sex;
                float score[2];
        }STU;
        STU f(STU a)
        {
                STU b={"Zhao",'m',85.0,90.0};int i;
                strcpy(a.name,b.name);
                a.sex=b.sex;
                for(i=0;i<2;i++) a.score[i]=b.score[i];
                return a;
        }
        void    main()
        {
                STU c={"Qian",'f',95.0,92.0},d;
                d=f(c);
                printf("%s,%c,%2.0f,%2.0f\n",d.name,d.sex,d.score[0],d.score[1]);
        }
```

4. 下面程序的运行结果是（　　　）。

```
        #include "stdio.h"
        #include "stdlib.h"
        int fun(int n)
        {
                int *p;
                p=(int *)malloc(sizeof(int));
                *p=n;
                return *p;
        }
        void    main()
        {
                int a;
                a=fun(10);
                printf("%d\n",a+fun(10));
        }
```

四、编程题

1. 编写程序：input 和 output 函数输入/输出 5 个学生的数据记录，其中每个学生包括学号（char num[6]）、姓名（char name[8]）、4 门课程分数（score）信息。

2. 现有如下一个结构体及变量，编程实现找到年龄最大的人，并输出。

```
        static struct man
        {   char name[20];
            int age;
        } person[4]={"li",18,"wang",19,"zhang",20,"sun",22};
```

3. 编写程序：有 5 个学生，每个学生有 3 门课的成绩，从键盘输入以上数据（包括学生号，姓名，3 门课成绩），计算出平均成绩。

4. 建立一个链表，每一个节点包括的成员为学生学号、平均成绩。用 malloc 开辟新节点。要求链表包括 8 个节点，从键盘输入节点的数据。建立链表的函数名是 create。

第10章 文　　件

10.1　文件的概念

所谓"文件"，是指存储在外部介质上的数据的有序集合。这个数据集有一个名称，叫做文件名。实际上，在前面各章中已经多次使用了文件，如源程序文件、目标文件、可执行文件、库文件（头文件）等。

文件通常是驻留在外部介质（如磁盘等）上的，在使用时才调入内存。从不同的角度可对文件做不同的分类。从用户的角度看，文件可分为普通文件和设备文件两种。

普通文件是指驻留在磁盘或其他外部介质上的一个有序数据集，可以是源文件、目标文件、可执行程序；也可以是一组待输入处理的原始数据，或者是一组输出的结果。

设备文件是指与主机相连的各种外部设备，如显示器、打印机、键盘等。在操作系统中，把外部设备也当做一个文件来进行管理，把它们的输入、输出等同于对磁盘文件的读和写。

通常把显示器定义为标准输出文件，一般情况下在屏幕上显示有关信息就是向标准输出文件输出，如经常使用的 printf 和 putchar 函数就属于这类输出。

键盘通常被指定为标准的输入文件，从键盘上输入就意味着从标准输入文件上输入数据，如 scanf 和 getchar 函数就属于这类输入。

流（stream）是程序输入/输出的一个连续的数据序列。流实际上是文件输入/输出的一种动态形式。因此，一个 C 文件就是一个字节流或二进制流。在 C 语言中，所有的流均以文件形式出现，包括设备文件，这种文件又称为流式文件。

从文件编码的方式来看，文件可分为 ASCII 码文件和二进制码文件两种。C 语言中有以下两种类型的流。

（1）文本流（text stream）。一个文本流是由一行字符组成的，换行符表示一行结束。

（2）二进制流（binary stream）。一个二进制流对应写入到文件的内容，由字节序列组成，没有字符翻译。

ASCII 文件也称为文本文件，这种文件在磁盘中存放时每个字符对应 1 字节，用于存放对应的 ASCII 码。例如，数 5678 的存储形式如下。

$$\begin{array}{lcccc}\text{ASCII 码：} & 00110101 & 00110110 & 00110111 & 00111000 \\ \text{十进制码：} & 5 & 6 & 7 & 8\end{array}$$

共占用 4 字节。ASCII 码文件可在屏幕上按字符显示，如源程序文件就是 ASCII 文件，用 DOS 命令 TYPE 可显示文件的内容。由于是按字符显示的，因此能读懂文件内容。

二进制文件是按二进制的编码方式来存放文件的。例如，数 5678 的存储形式为：

00010110　00101110

只占 2 字节。二进制文件虽然也可在屏幕上显示，但其内容无法读懂。C 系统在处理这些文件时，并不区分类型，都看成是字符流，按字节进行处理。

输入/输出字符流的开始和结束只由程序控制而不受物理符号（如回车符）的控制。 因此也把这种文件称为"流式文件"。图 10.1 所示是文件操作步骤。

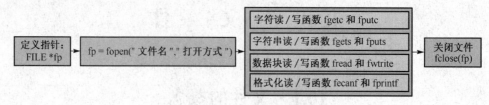

图 10.1   文件操作步骤

10.2 文 件 指 针

缓冲文件系统为每个正使用的文件在内存开辟文件信息区，文件信息用系统定义的名为 FILE 的结构体描述，FILE 定义在 stdio.h 中，其主要成员如下：

```
typedef    struct
{    int    _fd;              //文件号
     int    _cleft;           //缓冲区中剩下的字符数
     int    _mode;            //文件操作方式
     char   *_next;           //文件当前读/写位置
     char   *_buff;           //文件缓冲区位置
}FILE;
```

在 C 语言中用一个指针变量指向一个文件，这个指针称为文件指针。通过文件指针就可对它所指的文件进行各种操作。定义说明文件指针的一般形式为：

FILE *指针变量标识符；

其中，FILE 应为大写，该结构中含有文件名、文件状态和文件当前位置等信息。在编写源程序时不必关心 FILE 结构的细节。例如：

FILE *fp；

表示 fp 是指向 FILE 结构的指针变量，通过 fp 即可找到存放某个文件信息的结构变量，然后按结构变量提供的信息找到该文件，实施对文件的操作。习惯上也笼统地把 fp 称为指向一个文件的指针。

10.3 文件的打开与关闭

文件在进行读/写操作之前要先打开，使用完毕要关闭。所谓打开文件，实际上是建立文件的各种有关信息，并使文件指针指向该文件，以便进行其他操作。关闭文件则断开指针与文件之间的联系，也就禁止了再对该文件进行操作。

在 C 语言中，文件操作都是由库函数来完成的。

10.3.1 文件打开函数

文件打开函数 fopen( )用来打开一个文件，其调用的一般形式为：

文件指针名=fopen("文件名.扩展名", "打开文件方式");

其中：

① 文件指针名必须是被说明为 FILE 类型的指针变量；

② 文件名是被打开文件的文件名，扩展名是文件类型说明，可以省略；

③ 打开文件方式是指文件流的类型和读/写操作及新建还是追加在文件尾部要求。

例如：

```
FILE *fp;
fp=("filea","r");
```

其意义是在当前目录下打开文件 filea，只允许进行"读"操作，并使 fp 指向该文件。又如：

```
FILE *fphzk
fphzk=("c:\\hzk16","rb")
```

其意义是打开 C 驱动器磁盘的根目录下的文件 hzk16，这是一个二进制文件，只允许按二进制方式进行读操作。两个反斜线 "\\" 中的第一个表示转义字符，第二个表示根目录。使用文件的方式共有 12 种，表 10.1 给出了它们的符号和意义。

表 10.1　文件打开方式的符号和意义

文件打开方式	意　义
"rt"	只读打开一个文本文件，只允许读数据
"wt"	只写打开或建立一个文本文件，只允许写数据
"at"	追加打开一个文本文件，并在文件末尾写数据
"rb"	只读打开一个二进制文件，只允许读数据
"wb"	只写打开或建立一个二进制文件，只允许写数据
"ab"	追加打开一个二进制文件，并在文件末尾写数据
"rt+"	读/写打开一个文本文件，允许读和写
"wt+"	读/写打开或建立一个文本文件，允许读和写
"at+"	读/写打开一个文本文件，允许读，或在文件末追加数据
"rb+"	读/写打开一个二进制文件，允许读和写
"wb+"	读/写打开或建立一个二进制文件，允许读和写
"ab+"	读/写打开一个二进制文件，允许读，或在文件末追加数据

文件打开方式有以下几点说明。

（1）文件使用方式由 r，w，a，t，b，+六个字符拼成，各字符的含义如下。

① r(read)：读；

② w(write)：写；

③ a(append)：追加；

④ t(text)：文本文件，可省略不写；

⑤ b(banary)：二进制文件；

⑥ +：读和写。

（2）凡用"r"打开一个文件时，该文件必须已经存在，且只能从该文件读出。

（3）用"w"打开的文件只能向该文件写入。若打开的文件不存在，则以指定的文件名建立该文件，若打开的文件已经存在，则将该文件删去，重建一个新文件。

（4）若要给一个已存在的文件追加新的信息，只能用"a"方式打开文件，但此时该文件必须是存在的，否则将会出错。

（5）在打开一个文件时，如果出错，fopen 将返回一个空指针值 NULL。在程序中可以用这一信息来判别是否完成打开文件的工作，并进行相应的处理。因此常用以下程序段打开文件：

```
if((fp=fopen("c:\\hzk16","rb"))= =NULL){
        printf("\error on open c:\\hzk16 file!");
        getch( );
        exit(-1);
        }
```

这段程序的意义是，如果返回的指针为空，表示不能打开 C 盘根目录下的 hzk16 文件，则给出提示信息"error on open c:\ hzk16 file!"，下一行 getch( )的功能是从键盘输入一个字符，但不在屏幕上显示。在这里，该行的作用是等待，只有当用户通过键盘按任一键时，程序才继续执行，因此用户可利用这个等待时间阅读出错提示。待用户按键后执行 exit(-1)退出程序。

（6）把一个文本文件读入内存时，要将 ASCII 码转换成二进制码，而把文件以文本方式写入磁盘时，也要把二进制码转换成 ASCII 码，因此文本文件的读/写要花费较多的转换时间。二进制文件的读/写不存在这种转换。

（7）标准输入文件（键盘），标准输出文件（显示器），标准出错输出（出错信息）是由系统打开的，可直接使用。

10.3.2　文件关闭函数

文件一旦使用完毕，应用关闭文件函数 fclose( )把文件关闭，以避免文件中的数据丢失等。fclose( )函数调用的一般形式是：

```
fclose(文件指针);
```

例如：

```
fclose(fp);
```

正常完成关闭文件操作时，fclose 函数返回值为 0。若返回非零值则表示有错误发生。例 10.1 给出了一个文件写入的例子。

【例 10.1】　程序功能：从键盘上输入一个字符串，存储到一个磁盘文件 lwz.dat 中。
【源程序】

```
/*pro10_01.c*/
#include "stdio.h"
#include <stdlib.h>
#include <conio.h>
int main(void)
{    FILE *fp;
     char ch;
     if ((fp=fopen("lwz.dat","w"))= =NULL){              //打开文件失败
            printf("can not open this file\n");
            getch( );
            exit(-1);
            }
     //以下程序是输入字符，并存储到指定文件中，以输入符号"@"作为文件结束
     printf("输入字符\n");
     for( ; (ch=getchar( )) != '@' ; )fputc(ch,fp);        //输入字符并存储到文件中
     fclose(fp);                                          //关闭文件
     return(0);
}
```

该程序在当前目录下建立一个文件名为 lwz.dat 的文件，并向文件写入键盘输入的字符，

直到输入为"@"为止。注意，使用文本文件向计算机系统输入数据时，系统自动将回车换行符转换成一个换行符；在输出时，将换行符转换成回车和换行两个字符。因此，输入换行（即按 Enter 键），程序会把换行符写入文件，而不是结束字符串的输入过程，程序仅在输入字符"@"的时候结束字符串输入。

10.4 文件的读/写

对文件的读和写是最常用的文件操作。C 语言中提供了多种文件读/写的函数，使用这些库函数都要求包含头文件 stdio.h。

（1）字符读/写函数：fgetc 和 fputc。

（2）字符串读/写函数：fgets 和 fputs。

（3）数据块读/写函数：freed 和 fwrite。

（4）格式化读/写函数：fscanf 和 fprinf。

10.4.1 字符读/写函数 fgetc 和 fputc

字符读/写函数是以字符（字节）为单位的读/写函数。每次可从文件读出或向文件写入一个字符。

1．读字符函数 fgetc

fgetc 函数的功能是从指定的文件中读一个字符，函数调用的形式为：

```
字符变量=fgetc(文件指针);
```

例如：

```
ch=fgetc(fp);
```

其意义是从打开的文件 fp 中读取一个字符并送入 ch 中。对于 fgetc 函数的使用，有以下几点说明。

（1）在 fgetc 函数调用中，读取的文件必须是以读或读/写方式打开的。

（2）读取字符的结果也可以不向字符变量赋值，例如：

```
fgetc(fp);
```

但是读出的字符不能保存。

（3）在文件内部有一个位置指针。用来指向文件的当前读/写字节。在文件打开时，该指针总是指向文件的第一个字节。使用 fgetc 函数后，该位置指针将向后移动 1 字节。因此可连续多次使用 fgetc 函数，读取多个字符。应注意：文件指针和文件内部的位置指针不是一回事（见图10.2）。文件指针是指向整个文件的，必须在程序中定义说明，只要不重新赋值，文件指针的值是不变的。文件内部的位置指针可以理解为一个偏移量，用以指示文件内部的当前读/写位置，每读/写一次，该指针均向后移动，它不需要在程序中定义说明，而是由系统自动设置的。

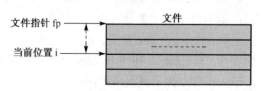

图 10.2　文件指针和文件内部的位置指针

【例 10.2】　读字符函数 fgetc 示例。

【源程序】

```
/*pro10_02.c*/
#include <stdlib.h>
```

```
#include <conio.h>
int read(void);
int write(void);
int main(void)
{
    write( );
    read( );
    return(0);
}
int write(void)
{
    FILE *fp;
    char ch;
    if((fp=fopen("lwz.dat","w"))==NULL){
        printf("can not open this file\n");
        getch( );
        exit(-1);
        }
    printf("输入字符\n");
    for( ; (ch=getchar( )) != '@' ; )fputc(ch,fp);
    fclose(fp);
    return(0);
}
int read(void)
{
    FILE *fp;
    char ch;
    if((fp=fopen("lwz.dat","rt"))==NULL){        //打开当前目录下的文件
        printf("\nCannot open file strike any key exit!");
        getch( );
        exit(-1);
        }
    printf("\nopen file:\n");
    ch=fgetc(fp);
    while(ch!=EOF){
        putchar(ch);                             //显示读出的字符
        ch=fgetc(fp);                            //继续读出
        }
    fclose(fp);
    printf("\nfile end\n");
    return(0);
}
```

　　本例程序的功能是写入一个文件到当前目录，然后再打开。其中，文件写入函数 write( ) 就是例 10.1 中的 main 函数。函数 read( ) 定义了文件指针 fp，以读文本文件方式打开当前目录下的文件"lwz.dat"，并使 fp 指向该文件，从文件中逐个读取字符，在屏幕上显示。若打开文件出错，则给出提示并退出程序。

　　函数先读出一个字符，然后进入循环，只要读出的字符不是文件结束标志（每个文件末都有一结束标志 EOF），就把该字符显示在屏幕上，再读入下一字符。每读一次，文件内部的位置指针向后移动一个字符，文件结束时，该指针指向 EOF。执行本程序将显示整个文件。

2. 写字符函数 fputc

fputc 函数的功能是把一个字符写入指定的文件中，函数调用的形式为：

　　　　fputc(字符量，文件指针);

其中，待写入的字符量可以是字符常量或变量，例如：

　　　　fputc('a',fp);

其意义是把字符 a 写入 fp 所指向的文件中。对于 fputc 函数的使用，也要说明几点。

（1）被写入的文件可以用写、读/写、追加方式打开，用写或读/写方式打开一个已存在的文件时将清除原有的文件内容，写入字符从文件首开始。如果需保留原有文件内容，希望写入的字符在文件末开始存放，必须以追加方式打开文件。被写入的文件若不存在，则创建该文件。

（2）每写入一个字符，文件内部位置指针向后移动 1 字节。

（3）fputc 函数有一个返回值，如果写入成功则返回写入的字符，否则返回一个 EOF，可以此来判断写入是否成功。

【例 10.3】　从键盘输入一行字符，写入一个文件，再把该文件内容读出并显示在屏幕上。

【源程序】

```
/*pro10_03.c*/
#include <stdio.h>
#include <stdlib.h>
#include <conio.h>
int main(void)
{
    FILE *fp;
    char ch;
    if((fp=fopen("lwz.dat","wt+"))==NULL){
        printf("Cannot open file strike any key exit!");
        getch( );
        exit(-1);
        }
    printf("input a string:\n");
    ch=getchar( );
    while (ch!='\n'){
        fputc(ch,fp);
        ch=getchar( );
        }
    rewind(fp);                          //复位位置偏移量到初始状态
    ch=fgetc(fp);
    while(ch!=EOF){
        putchar(ch);
        ch=fgetc(fp);
        }
    printf("\n");
    fclose(fp);
    return(0);
}
```

程序中以读/写文本文件方式打开文件。从键盘读入一个字符后进入循环，当读入字符不为回车符时，则把该字符写入文件，然后继续从键盘读入下一字符。每输入一个字符，文件内部位置指针向后移动 1 字节。写入完毕，该指针已指向文件末。如果要把文件从头读出，须把指针移向文件头，程序用 rewind 函数把 fp 所指文件的内部位置指针移到文件头。最后读出文件中的一行内容。

10.4.2　字符串读/写函数 fgets 和 fputs

1．读字符串函数 fgets

fgets 函数的功能是从指定的文件中读一个字符串到字符数组中，函数调用的形式为：

```
fgets(字符数组名,n,文件指针);
```

其中，n 是一个正整数。表示从文件中读出的字符串不超过 $n-1$ 个字符。在读入的最后一个字符后加上串结束标志'\0'。例如：

```
fgets(str,n,fp);
```

的意义是从 fp 所指的文件中读出 $n-1$ 个字符送入字符数组 str 中。

【例 10.4】　从 lwz.dat 文件中读入一个含 10 个字符的字符串。

【源程序】

```
/*pro10_04.c*/
#include <stdlib.h>
#include <conio.h>
#include<stdio.h>
int main(void)
{
    FILE *fp;
    char str[40];
    if((fp=fopen("lwz.dat","rt"))==NULL){
        printf("\nCannot open file strike any key exit!");
        getch( );
        exit(-1);
        }
    fgets(str,11,fp);
    printf("\n%s\n",str);
    fclose(fp);
    return(0);
}
```

本例定义了一个字符数组 str，以读文本文件方式打开文件 lwz.dat 后，从中读出 10 个字符送入 str 数组，在数组最后一个单元内将加上'\0'，然后在屏幕上显示输出 str 数组。对 fgets 函数有两点说明：

（1）在读出 $n-1$ 个字符之前，如果遇到了换行符或 EOF，则读出结束；

（2）fgets 函数也有返回值，其返回值是字符数组的首地址。

2．写字符串函数 fputs

fputs 函数的功能是向指定的文件写入一个字符串，其调用形式为：

```
fputs(字符串,文件指针);
```

其中，字符串可以是字符串常量，也可以是字符数组名或指针变量，例如：

```
fputs("abcd",fp);
```

其意义是把字符串"abcd"写入 fp 所指的文件之中。

【例 10.5】 以字符串格式读/写 lwz.dat 文件。

【源程序】

```
/*pro10_05.c*/
#include <stdlib.h>
#include <conio.h>
#include<stdio.h>
int wr_string(char *,FILE *);
int rd_string(char *,FILE *);
int main(void)
{
    char str[40];
    FILE *fp;
    if((fp=fopen("lwz.dat","wt+"))==NULL){
        printf("Cannot open file strike any key exit!");
        getch( );
        exit(1);
        }
    wr_string(str,fp);
    rewind(fp);                             //复位位置偏移量到初始状态
    rd_string(str,fp);
    fclose(fp);
    return(0);
}
int rd_string(char *str,FILE *fp)
{
    fgets(str,11,fp);
    printf("\n%s\n",str);
    return(0);
}
int wr_string(char *str,FILE *fp)
{
    printf("input a string:\n");
    scanf("%s",str);
    fputs(str,fp);
    return(0);
}
```

本例打开一个 lwz.dat 文件，输入一个字符串，并用 fputs 函数把该串写入文件 lwz.dat。程序最后调用函数 rd_string()读出文件，显示在屏幕上。这里，说明了一个打开的文件指针 fp，作为实参传递的方法。

10.4.3　数据块读/写函数 fread 和 fwrite

C 语言还提供了用于整块数据的读/写函数。可用来读/写一组数据，如一个数组元素，一个结构变量的值等。读数据块函数调用的一般形式为：

```
fread(buffer,size,count,fp);
```

写数据块函数调用的一般形式为：

```
fwrite(buffer,size,count,fp);
```

（1）buffer：一个指针。在 fread 函数中，它表示存放输入数据的首地址。在 fwrite 函数中，它表示存放输出数据的首地址。

（2）size：表示数据块的字节数。

（3）count：表示要读/写的数据块数目。

（4）fp：表示文件指针。

例如：

```
fread(fa,4,5,fp);
```

其意义是从 fp 所指的文件中，每次读 4 字节（一个实数）送入实数组 fa 中，连续读 5 次，即读 5 个实数到 fa 中。

【例 10.6】 从键盘输入两个学生数据，写入一个文件中，再读出文件，显示在屏幕上。

【源程序】

```c
/*pro10_06.c*/
#include <stdlib.h>
#include <conio.h>
#include<stdio.h>
#include<stdio.h>
struct stu{
    char name[10];
    int num;
    int age;
    char addr[15];
    }boya[2],boyb[2],*p,*q;
int main(void)
{
    FILE *fp;
    char ch;
    int i;
    p=boya;
    q=boyb;
    if((fp=fopen("stu_list","wb+"))==NULL){          //读/写打开或建立一个二进制文件
        printf("Cannot open file strike any key exit!");
        getch( );
        exit(-1);
        }
    for(i=0;i<2;i++,p++){
        printf("\ninput data(%d)\n",i+1);
        scanf("%s%d%d%s",p->name,&p->num,&p->age,p->addr);
        }
    p=boya;
    fwrite(p,sizeof(struct stu),2,fp);               //写入 2 次，每次长度是 stu 字节数
    rewind(fp);
    fread(q,sizeof(struct stu),2,fp);
    printf("\n\nname\tnumber\tage\taddr\n");
    for(i=0;i<2;i++,q++)printf("%s\t%d\t%d\t%s\n",q->name,q->num,q->age,q->addr);
    fclose(fp);
    return(0);
}
```

本例程序定义了一个结构 stu，说明了两个结构数组 boya 和 boyb 及两个结构指针变量 p 和 q。让 p 指向 boya，让 q 指向 boyb。程序以读/写方式打开二进制文件"stu_list"，输入两个学生数据之后，写入该文件中，然后把文件内部位置指针移到文件首，读出两块学生数据后，在屏幕上显示。

10.4.4 格式化读/写函数 fscanf 和 fprintf

fscanf 函数和 fprintf 函数与前面使用的 scanf 和 printf 函数的功能相似，都是格式化读/写函数。两者的区别在于 fscanf 函数和 fprintf 函数的读/写对象不是键盘和显示器，而是磁盘文件。这两个函数的调用格式为：

```
fscanf(文件指针,格式字符串,输入表列);
fprintf(文件指针,格式字符串,输出表列);
```

例如：

```
fscanf(fp,"%d%s",&i,s);
fprintf(fp,"%d%c",j,ch);
```

用 fscanf 和 fprintf 函数也可以完成例 10.6 功能，修改后的程序如例 10.7 所示。

【例 10.7】 从键盘输入两个学生数据，写入一个文件中，再读出文件，显示在屏幕上。

【源程序】

```
/*pro10_07.c*/
    #include <stdlib.h>
    #include <conio.h>
    #include<stdio.h>
    #include<stdio.h>
    struct stu{
        char name[10];
        int num;
        }boya[2],boyb[2],*p,*q;
    int main(void)
    {
        FILE *fp;
        char ch;
    int i;
    p=boya;
    q=boyb;
    if((fp=fopen("stu_list.dat","wb+"))==NULL){
        printf("Cannot open file strike any key exit!");
        getch( );
        exit(-1);
        }
    for(i=0;i<2;i++,p++){
        printf("\ninput data\n");
        scanf("%s%d",p->name,&p->num);
        }
    p=boya;
    for(i=0;i<2;i++,p++)fprintf(fp,"%s %d\n",p->name,p->num);
    rewind(fp);
    for(i=0;i<2;i++,q++)fscanf(fp,"%s %d\n",q->name,&q->num);
    printf("\n\nname\tnumber\n");
    q=boyb;
    for(i=0;i<2;i++,q++)printf("%s\t%d\t\n",q->name,q->num);
    fclose(fp);
    return(0);
    }
```

与例 10.6 相比，本程序中 fscanf 函数和 fprintf 函数每次只能读/写一个结构数组元素，因此采用了循环语句来读/写全部数组元素。还要注意指针变量 p 和 q，由于循环改变了它们的值，因此程序在循环后分别对它重新赋予了数组的首地址。

10.5　文件的随机读/写

前面介绍的对文件的读/写方式都是顺序读/写，即读/写文件只能从头开始，顺序读/写各个数据。但在实际问题中，常常要求只读/写文件中某一指定的部分。为了解决这个问题，可移动文件内部的位置指针到需要读/写的位置，再进行读/写，这种读/写称为随机读/写。实现随机读/写的关键是按要求移动位置指针，这称为文件定位。

10.5.1　文件定位

移动文件内部位置指针的函数主要有两个：rewind 函数和 fseek 函数。rewind 函数前面已多次使用过，其调用形式为：

```
rewind(文件指针);
```

它的功能是把文件内部的位置指针移到文件首。下面主要介绍 fseek 函数。fseek 函数用来移动文件内部位置指针，其调用形式为：

```
fseek(文件指针,位移量,起始点);
```

其中：

（1）文件指针：指向被移动的文件。

（2）位移量：表示移动的字节数，要求位移量是 long 型数据，以便在文件长度大于 64 KB 时不会出错。当用常量表示位移量时，要求加后缀"L"。

（3）起始点：表示从何处开始计算位移量，规定的起始点有三种：文件首、当前位置和文件尾，其表示方法如表 10.2 所示。

表 10.2　起始点的表示方法

起 始 点	表示符号	数 字 表 示
文件首	SEEK_SET	0
当前位置	SEEK_CUR	1
文件末尾	SEEK_END	2

例如：

```
fseek(fp,100L,0);
```

其意义是把位置指针移到离文件首 100 字节处。还要说明的是：fseek 函数一般用于二进制文件。由于在文本文件中要进行转换，故往往计算的位置会出现错误。

10.5.2　文件的随机读/写

在移动位置指针之后，即可用前面介绍的任意一种读/写函数进行读/写。由于一般是读/写一个数据块，因此常用 fread 和 fwrite 函数。下面用例题来说明文件的随机读/写。

【例 10.8】　在学生文件 stu_list 中读出第二个学生的相关数据。

【源程序】

```
/*pro10_08.c*/
#include <stdlib.h>
#include <conio.h>
#include<stdio.h>
```

```
           #include<stdio.h>
           struct stu{
               char name[10];
               int num;
               int age;
               char addr[15];
               }boy,*q;
           int main(void)
           {
               FILE *fp;
               char ch;
               int i=1;
               q=&boy;
               if((fp=fopen("stu_list","rb"))==NULL){
                   printf("Cannot open file strike any key exit!");
                   getch( );
                   exit(-1);
                   }
               fseek(fp,i*sizeof(struct stu),0);
               fread(q,sizeof(struct stu),1,fp);
               printf("\n\nname\tnumber\tage\taddr\n");
               printf("%s\t%d\t%d\t%s\n",q->name,q->num,q->age,q->addr);
               fclose(fp);
               return(0);
           }
```

本程序用随机读出的方法读出第二个学生的数据。程序中定义 boy 为 stu 类型变量，q 为指向 boy 的指针。以读二进制文件方式打开文件，程序用 fseek( )函数移动文件位置指针。其中的 i 值为 1，表示从文件头开始，移动一个 stu 类型的长度，然后读出的数据即为第二个学生的数据。

10.6　文件检测函数

C 语言中常用的文件检测函数有以下几个。

1. 文件结束检测函数 feof 函数

feof 函数调用格式：

```
           feof(文件指针);
```

功能：判断文件是否处于文件结束位置，如果文件结束，则返回值为 1，否则为 0。注意：当返回值为 1 的时候，最近一次读取文件操作已经达到了尾部，如果使用 while(feof(fp))语句判别，如：

```
       while(feof(fp)){
           p=(struct stu *)malloc(sizeof(stu));
           if(!p)exit(-1);
           fread(p,sizeof(struct stu),1,fp);          //当前操作可能让 feof(fp)为 1 达到结尾
           head=dls_store(p,head);                     //可能产生文件结尾时仍然在当做正常记录处理情形
           }
```

就会出现最近一次文件读操作已经达到尾部（在尾部的时候没有正常读出记录数据），而程序仍有可能将尾部错误的数据当做正常记录处理，改进的方法如下：

```
            p=(struct stu *)malloc(sizeof(stu));
            if(!p)exit(-1);
            fread(p,sizeof(struct stu),1,fp);          //先做一次读出文件操作
            while(!feof(fp)){
                head=dls_store(p,head);                //不是文件结尾就正常插入节点
                p=(struct stu *)malloc(sizeof(stu));   //准备下一次插入节点空间
                if(!p)exit(-1);
                fread(p,sizeof(struct stu),1,fp);      //继续读出操作
                }
```

2. 读/写文件出错检测函数

ferror 函数调用格式：

```
ferror(文件指针);
```

功能：检查文件在用各种输入/输出函数进行读/写时是否出错。例如 ferror 返回值为 0 表示未出错，否则表示有错。

3. 文件出错标志和文件结束标志置 0 函数

clearerr 函数调用格式：

```
clearerr(文件指针);
```

功能：本函数用于清除出错标志和文件结束标志，使它们为 0 值。

10.7 综 合 实 例

【例 10.9】 阅读以下程序。

设计创建原始成绩表文件 b1.txt，从文件 b1.txt 中取出成绩，排序后，按降序存放在 b2.txt 中，并输出前五名成绩报表。

包含四条记录的成绩表样式如下：

studentID	studentName	score1	score2	score3	average
201001	Zhang	70	80	90	80.0
201002	Wang	75	65	85	75.0
201003	Ma	73	63	71	69.0
201004	Liu	75	95	85	85.0

【源程序】

```
/*pro10_9.c*/
#include "stdio.h"
#define N 10
struct student
{
    int num;
    char name[20];
    int score[3];
    float average;
};
void sort(struct student stu[]);
void print(FILE *fp, struct student stu[]);
```

```
void printtopfive(FILE *fp, struct student stu[]);
void main( )
{
        struct student s[N];
        int i;
        FILE *fp1,*fp2;
        char ch;
        if((fp1=fopen("c:\\b1.txt","r"))==NULL)
            {
            printf("不能打开文件 c:\\b1.txt");
            exit(1);
            }
        if((fp2=fopen("c:\\b2.txt","w"))==NULL)
            {
            printf("不能打开文件 c:\\b2.txt");
            exit(1);
            }
        for(i=0;i<N;i++)
            {
                fscanf(fp1,"%d%s%d%d%d",&s[i].num,s[i].name,&s[i].score[0],
                        &s[i].score[1],&s[i].score[2]);
                s[i].average=(s[i].score[0]+s[i].score[1]+s[i].score[2])/3.0;
            }
        fprintf(fp2,"原始成绩报表\n");
        print(fp2,s);
        sort(s);
        fprintf(fp2,"排序之后的成绩报表\n");
        print(fp2,s);
        fprintf(fp2,"前五名成绩报表\n");
        printtopfive(fp2,s);
}
void sort(struct student stu[])
{    int i,k,j;
        struct student t;
        for(i=0;i<N-1;i++)
        {    k=i;
            for(j=i+1;j<N;j++)
                {    if(stu[k].average<stu[j].average)k=j; }
                    if(k!=i)
                        {
                            t=stu[i];
                            stu[i]=stu[k];
                            stu[k]=t;
                        }
        }
}
void print(FILE *fp, struct student stu[])
{
        int i;
        fprintf(fp,"StudentID  StudentName  Score1  Score2  Score3  Average\n");
        for(i=0;i<N;i++)
                fprintf(fp,"%-10d%-12s%8d%8d%8d%8.1f\n",stu[i].num,stu[i].name,
```

```
                    stu[i].score[0],stu[i].score[1],stu[i].score[2],stu[i].average);
        }
        void printtopfive(FILE *fp, struct student stu[])
        {
            int i;
            fprintf(fp,"StudentName    Average\n");
            for(i=0;i<5;i++)
                    fprintf(fp,"%-12s%8.1f\n",stu[i].name,stu[i].average);
        }
```

函数 main 中定义了 student 类型数组 s，并从 c:\b1.txt 中读取 N 条记录，保存在 s 中。函数 print(FILE *fp, struct student stu[])的功能是把 stu 数组中的记录写入 fp 所指向的文件。函数 printtopfive(FILE *fp, struct student stu[])的功能是把 stu 数组中的前 5 条记录写入 fp 所指向的文件。

【例 10.10】　阅读以下程序。

本例程序中，定义了结构体变量，存储了学生的学号、姓名和三门课的成绩。所有学生的数据均以二进制方式输出到文件中。

【源程序】

```
/*pro10_10.c*/
#include   <stdio.h>
#define N 5
typedef struct student {
    long sno;
    char name[10];
    float score[3];
} STU;
void fun(char *filename)
{    FILE *fp; int i, j;
     STU s[N], t;
     fp = fopen( filename , "rb");
     fread(s, sizeof(STU), N, fp);
     fclose(fp);
     for (i=0; i<N-1; i++)
       for (j=i+1; j<N; j++)
          if (s[i].sno > s[j].sno)
          {t = s[i]; s[i] = s[j]; s[j] = t;}
     fp = fopen(filename, "wb");
     fwrite(s, sizeof(STU), N,fp);            /*  二进制输出  */
     fclose(fp);
}
main()
{
     STU t[N]={ {10005,"Zhang", 95, 80, 88},
     {10003,"Li", 85, 70, 78},{10002,"Cao", 75, 60, 88},
     {10004,"Fang", 90, 82, 87},{10001,"Ma", 91, 92, 77}}, ss[N];
        int i,j; FILE *fp;
        fp = fopen("student.dat", "wb");
        fwrite(t, sizeof(STU), 5, fp);
        fclose(fp);
        printf("\n\nThe original data :\n\n");
        for (j=0; j<N; j++)
```

```
            {printf("\nNo: %ld Name: %−8s Scores: ",t[j].sno, t[j].name);
                for (i=0; i<3; i++) printf("%6.2f ", t[j].score[i]);
                printf("\n");
            }
            fun("student.dat");
            printf("\n\nThe data after sorting :\n\n");
            fp = fopen("student.dat", "rb");
            fread(ss, sizeof(STU), 5, fp);
            fclose(fp);
            for (j=0; j<N; j++)
            {printf("\nNo: %ld Name: %−8s Scores: ",ss[j].sno, ss[j].name);
                for (i=0; i<3; i++) printf("%6.2f ", ss[j].score[i]);
                printf("\n");
        }
```

函数 fun 的功能是从形参 filename 所指的文件中读入学生数据，并按照学号从小到大排序后，再用二进制方式把排序后的学生数据输出到 filename 所指文件中，覆盖原来的文件内容。

10.8　MATLAB 文件操作

MATLAB 提供了一系列低层输入输出函数，专门用于文件操作。如打开和关闭文件（fopen、fclose）、按格式读/写（fprintf、fscanf、fgetl、fgets）、非格式读/写（fread、fwrite）、文件定位和状态（feof、fseek、ftell、ferror、frewind）等。

10.8.1　文件的打开与关闭

1．打开文件

在读/写文件之前，必须先用 fopen 函数打开或创建文件，并指定对该文件进行的操作方式。fopen 函数的调用格式为：

```
    fid=fopen（文件名，'打开方式'）
```

其中 fid 用于存储文件句柄值，如果返回的句柄值大于 0，则说明文件打开成功。文件名用字符串形式，表示待打开的数据文件。常见的打开方式如下：

'r'：只读方式打开文件（默认的方式），该文件必须已存在。

'r+'：读/写方式打开文件，打开后先读后写，该文件必须已存在。

'w'：打开后写入数据。该文件已存在则更新；不存在则创建。

'w+'：读/写方式打开文件，先读后写。该文件已存在则更新；不存在则创建。

'a'：在打开的文件末端添加数据。文件不存在则创建。

'a+'：打开文件后，先读入数据再添加数据。文件不存在则创建。

另外，在这些字符串后添加一个"t"，如 'rt' 或 'wt+'，则将该文件以文本方式打开；如果添加的是"b"，则以二进制格式打开，这也是 fopen 函数默认的打开方式。

2．关闭文件

文件在进行完读、写等操作后，应及时关闭，以免数据丢失。关闭文件用 fclose 函数，调用格式为：

```
    sta=fclose(fid)
```

该函数关闭 fid 所表示的文件。sta 表示关闭文件操作的返回代码，若关闭成功，返回 0，否则返回–1。如果要关闭所有已打开的文件用 fclose('all')。

10.8.2　二进制文件的读/写操作

1. 写二进制文件

fwrite 函数按照指定的数据精度将矩阵中的元素写入到文件中。其调用格式为：

```
COUNT=fwrite（fid，A，precision）
```

其中 COUNT 返回所写的数据元素个数（可以是默认值），fid 为文件句柄，A 用来存放写入文件的数据，precision 代表数据精度，常用的数据精度有：char、uchar、int、long、float、double 等。默认数据精度为 uchar，即无符号字符格式。

【例 10.11】　将一个二进制矩阵存入磁盘文件中。
【源程序】

```
% proc10_11.m
a=[1 2 3 4 5 6 7 8 9];
fid=fopen('test.bin','wb')        %以二进制数据写入方式打开文件
fwrite(fid,a,'double')
fclose(fid)
```

运行结果：

```
fid =
     3                        %其值大于 0，表示打开成功
ans =
     9                        %表示写入了 9 个数据
ans =
     0                        %表示关闭成功
```

由于本例中使用的是二进制文件，无法用文本编辑器查看其中的内容，但可以注意到在 MATLAB 的当前目录下新建了一个 test.bin 文件。

2. 读二进制文件

fread 函数可以读取二进制文件的数据，并将数据存入矩阵。其调用格式为：

```
[A，COUNT]=fread(fid，size，precision)
```

其中 A 是用于存放读取数据的矩阵、COUNT 是返回所读取的数据元素个数、fid 为文件句柄、size 为可选项，若不选用则读取整个文件内容；若选用则它的值可以是下列值：N（读取 N 个元素到一个列向量）、inf（读取整个文件）、[M，N]（读数据到 M×N 的矩阵中，数据按列存放）。precision 用于控制所写数据的精度，其形式与 fwrite 函数相同。

【例 10.12】　将例 10.11 中保存在磁盘中的数据读入到矩阵。
【源程序】

```
% proc10_12.m
fid=fopen('test.bin','rb')   %以二进制数据读入方式打开文件
[A,count]=fread(fid,9,'double')
fclose(fid)
```

运行结果：

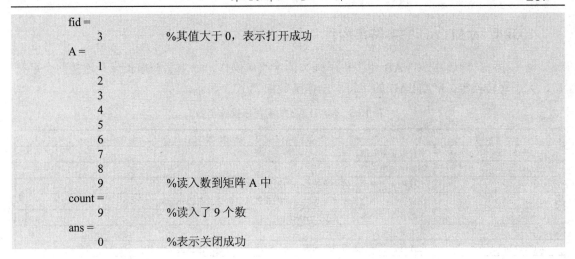

```
fid =
     3                    %其值大于 0，表示打开成功
A =
     1
     2
     3
     4
     5
     6
     7
     8
     9                    %读入数到矩阵 A 中
count =
     9                    %读入了 9 个数
ans =
     0                    %表示关闭成功
```

10.8.3 文本文件的读/写操作

1. 读文本文件

fscanf 函数可以读取文本文件的内容，并按指定格式存入矩阵。其调用格式为：

> [A，COUNT]=fscanf(fid，format，size)

其中 A 用来存放读取的数据，COUNT 返回所读取的数据元素个数，fid 为文件句柄，format 用来控制读取的数据格式，由%加上格式符组成，常见的格式符有：d（整型）、f（浮点型）、s（字符串型）、c（字符型）等，在%与格式符之间还可以插入附加格式说明符，如数据宽度说明等。size 为可选项，决定矩阵 A 中数据的排列形式，它可以取下列值：N（读取 N 个元素到一个列向量）、inf（读取整个文件）、[M，N]（读数据到 M×N 的矩阵中，数据按列存放）。

2. 写文本文件

fprintf 函数可以将数据按指定格式写入到文本文件中。其调用格式为：

> fprintf（fid，format，A）

fid 为文件句柄，指定要写入数据的文件，format 是用来控制所写数据格式的格式符，与 fscanf 函数相同，A 是用来存放数据的矩阵。

【例 10.13】 创建一个字符矩阵并存入磁盘，再读出赋值给另一个矩阵。

【源程序】

```
% proc10_13.m
a='中国梦，华人腾飞之梦';
fid=fopen('chinadream.txt','w');
fprintf(fid,'%s',a);
fclose(fid);
fid1=fopen(' chinadream.txt','rt');
b=fscanf(fid1,'%s')
```

运行结果：

```
b =
     中国梦，华人腾飞之梦！
```

在当前文件夹下将产生一个 chinadream.txt 的文本文件，可以用记事本或者其他文本编辑器打开查看。

10.8.4　MATLAB 的字符串操作

与 C 语言类似，MATLAB 也提供了强大的字符串操作，如求字符串长度、连接两个字符串、大小写转换等，MATLAB 的字符串操作函数如表 10.3 所示。

表 10.3　MATLAB 的字符串操作函数

函数或实例	注　释
a='　a';b='b　b';c='cccc';m=''	字符串变量赋值
length(a)	获取字符串长度
d=strcat(a,c)	连接两个字符串，每个字符串最右边的空格被裁切
e=strvcat(a,b,m)	连接多行，每行长度可不等，自动把非最长字符串最右边补空格
f=char(a,b,m)	连接多行，空字符串会被空格填满
size(f)	求字符串长度
strcmp(str1,str2)	比较两个字符串是否完全相等；是，返回真；否则，返回假
strncmp(str1,str2,n)	比较两个字符串前 n 个字符是否相等；是，返回真；否则，返回假
strcmpi(str1,str2)	比较两个字符串是否完全相等，忽略字母大小写
strncmpi(str1,str2,n)	比较两个字符串前 n 个字符是否相等，忽略字母大小写
isletter(str1)	检测字符串中每个字符时否属于英文字母
isspace(str1)	检测字符串中每个字符是否属于格式字符（空格，回车，制表等）
isstrprop(str1,'alpha')	检测字符串每一个字符是否属于指定的范围
strrep(str1,str2,str3)	把 str1 中所有的 str2 字串用 str3 来替换
strfind(str,patten)	查找 str 中是否有 pattern，若有，返回出现位置；若没有，出现返回空数组
findstr(str1,str2)	查找 str1 和 str2 中，较短字符串在较长字符串中出现的位置，若没有出现返回空数组
strmatch(patten,str)	检查 patten 是否和 str 最左侧部分一致
strtok(str,char)	返回 str 中由 char 指定的字符串前的部分和之后的部分
blanks(n)	创建有 n 个空格组成的字符串
deblank(str)	裁切字符串的尾部空格
strtrim(str)	裁切字符串的开头和尾部的空格、制表、回车符
lower(str)	将字符串中的字母转换成小写
upper(str)	将字符串中的字母转换成大写
sort(str)	按照字符的 ASCII 值对字符串排序
num2str	将数字转换为数字字符串
str2num	将数字字符串转换为数字
mat2str	将数组转换成字符串
int2str	把数值数组转换为整数数字组成的字符数组

关于字符串操作的详细使用方法，读者可以在 MATLAB 命令提示符下输入"help 函数名"的形式查询，例如："help lower"即可查询 lower 函数的使用方法及实例。

10.9　小　　结

1. 文件由数据流形式组成，按编码方式分为二进制文件和 ASCII 文件。

2. C 语言中，用文件指针标识文件，当一个文件被打开时，可取得该文件指针。文件在读/写之前必须打开，读/写结束必须关闭。文件可按只读、只写、读/写、追加四种操作方式打开并指定文件的类型是二进制文件还是文本文件。

3. 文件内部的位置指针可指示当前的读/写位置，移动该指针可以实现对文件随机读/写，文件可按字节、字符串、数据块为单位读/写，文件也可按指定的格式进行读/写。

4. MATLAB 中提供了丰富的文件操作功能，其形式上与 C 语言类似，读者在阅读及理解 MATLAB 文件操作的时候可以参考 C 语言中文件操作相关内容。

习 题 10

一、选择题

1. 下列关于 C 语言数据文件叙述正确的是（　　）。

    A．文件由 ASCII 码字符序列组成，C 语言只能读/写文本文件

    B．文件由二进制数据序列组成，C 语言只能读/写二进制文件

    C．文件由记录序列组成，可按数据的存放形式分为二进制文件或文本文件

    D．文件由数据流形式组成，可按数据的存放形式分为二进制文件或文本文件

2. 在 C 语言文件的读/写方式中，文件（　　）。

    A．只能随机读/写　　　　　　　　　　　B．只能顺序读/写

    C．既可随机读/写，又可顺序读/写　　　　D．只能从文件开头读/写

3. 以读/写方式打开一个已有的文本文件 ABC，fp 是已定义的文件型指针，则用 fopen 函数的正确调用是（　　）。

    A．fp=fopen("ABC", "r");　　　　　　　B．fp=fopen("ABC", "r+");

    C．fp=fopen("ABC", "rb");　　　　　　D．fp=fopen("ABC", "rb+");

4. fgets(str, n, fp)函数从文件中读入一个字符串，以下错误的叙述是（　　）。

    A．字符串读入后会自动加入'\0'

    B．fp 是指向该文件的文件型指针

    C．fgets 函数将从文件中最多读入 n 个字符

    D．fgets 函数将从文件中最多读入 n–1 个字符

5. 若 fp 是指向某文件的指针且已到文件尾，则函数 feof(fp)的返回值是（　　）。

    A．–1　　　　　　B．EOF　　　　　　C．NULL　　　　　　D．非 0 值

6. 函数 fread 的调用形式是 fread(buffer, size, count, fp)，其中 buffer 的含义是（　　）。

    A．存放读入数据的存储区

    B．存放读入数据的地址

    C．读入的数据项的个数

    D．指向所读文件的文件指针

7. 函数调用语句 fseek(fp,–8L,SEEK_CUR);的含义是（　　）。

    A．将文件位置指针从当前位置往前移动 8 字节

    B．将文件位置指针从当前位置往后移动 8 字节

    C．将文件位置指针从文件开头往后移动 8 字节

    D．将文件位置指针从文件尾部往前移动 8 字节

8. fgets(str, n, fp)函数从文件中读入一个字符串，以下错误的叙述是（　　）。

    A．字符串读入后会自动加入'\0'

    B．fp 是指向该文件的文件型指针

    C．fgets 函数将从文件中最多读入 n 个字符

    D．fgets 函数将从文件中最多读入 n–1 个字符

9. 函数 rewind(fp)的作用是（　　）。

A. 使 fp 指定的文件的位置指针重新定位到文件的开始位置

B. 使 fp 指定的文件的位置指针指向文件中所要求的特定位置

C. 使 fp 指定的文件的位置指针指向文件的末尾

D. 使 fp 指定的文件的位置指针自动移至下一个字符位置

10. 以下不能将文件指针移到文件开头位置的函数是（   ）。

    A. fseek(fp,0,SEEK_SET)   B. rewind(fp)

    C. fseek(fp,0,SEEK_END)   D. fseek(fp,–(long)ftell(fp),SEK_CUR)

11. 已知一个文件中存放若干工人档案记录，其数据结构如下：

```
struct a
{    char number[100];
     int age;
     float p[6]; };
```

定义一个数组：struct a number[10];

假定文件已正确打开，不能正确地从文件中读入 10 名工人数据到数组 b 中的是（   ）。

    A. fread(b, sizeof(struct a), 10,fp);   B. for(i=0;i<10;i++)

                                             fread(b[i], sizeof(struct a), 1,fp);

    C. for(i=0;i<10;i++)   D. for(i=0;i<10;i+=2)

           fread(b+i, sizeof(struct a), 1,fp);   fread(b+i, sizeof(struct a), 2,fp);

12. fopen 函数的 mode 取值"w+"和"a+"时都可以写入数据，其差别是（   ）。

A. 取值"w+"时不可以在中间插入数据，而为"a+"时只能在末尾追加数据

B. 若文件不存在，取值"w+"则建立新文件，而为"a+"则报错

C. 若文件存在，取值"w+"时清除原文件数据，而为"a+"时将保存原文件数据

D. 取值"w+"可以操作二进制文件，而为"a+"则不可以

13. 以下程序程序运行后的输出结果是（   ）。

```
#include    <stdio.h>
main()
{   FILE *fp;int i=20,j=30,k,n;
    fp=fopen("d1.dat","w");
    fprintf(fp,"%d\n",i);
    fprintf(fp,"%d\n",j);
    fclose(fp);
    fp=fopen("d1.dat","r");
    fscanf(fp,"%d%d",&k,&n);
    printf("%d,%d\n",k,n);
    fclose(fp);
}
```

    A. 20 30   B. 20 50   C. 30 50   D. 30 20

14. 执行以下程序后，test.txt 文件的内容是（若文件能正常打开）（   ）。

```
#include    <stdio.h>
main()
{   FILE *fp;
    char *s1="Fortran",*s2="Basic";
    if((fp=fopen("test.txt","wb"))==NULL)
    {printf("Can't open test.txt file\n");exit(1);}
```

```
        fwrite(s1,7,1,fp);
        fseek(fp,0,SEEK_SET);
        fwrite(s2,5,1,fp);
        fclose(fp);
    }
```

   A. Basican   B. BasicFortran   C. Basic   D. FortranBasic

15. 以下程序运行后的输出结果是（　　　）。

```
#include   <stdio.h>
main()
{   FILE *fp;int k,n,a[6]={1,2,3,4,5,6};
    fp=fopen("d2.dat","w");
    fprintf(fp,"%d%d%d\n",a[0],a[1],a[2]);
    fprintf(fp,"%d%d%d\n",a[3],a[4],a[5]);
    fclose(fp);
    fp=fopen("d2.dat","r");
    fscanf(fp,"%d%d\n",&k,&n);
    printf("%d%d\n",k,n);
    fclose(fp);
}
```

   A. 12   B. 14   C. 1234   D. 123456

二、程序填空题（根据程序说明，在空白处填上适当内容将程序补充完整）。

1. 以下程序用来判断指定文件是否能正常打开，请填空。

```
#include   <stdio.h>
main()
{   FILE *fp;
    if((fp=fopen("test.txt","wb"))= =  ___①___ )
        printf("未能打开文件！\n");
    else
        printf("打开文件成功！\n");
    fclose(fp);
}
```

2. 设有一文件 cj.dat 存放了 5 个人的成绩（英语、计算机、数学），存放格式为：每人一行，成绩间由逗号分隔。计算三门课平均成绩，统计个人平均成绩大于或等于 90 分的学生人数，请填空。

```
#include   <stdio.h>
main()
{ FILE *fp;
    int num;
    float x , y , z , s1 , s2 , s3 ;
    fp=fopen ("cj.dat",  ___①___  );
    {   fscanf ( ___②___ ,"%f,%f,%f",&x,&y,&z);
        s1=s1+x;
        s2=s2+y;
        s3=s3+z;
        if((x+y+z)/3>=90)
        num=num+1;
    }
    printf("分数高于 90 的人数为：%.2d",num);
    fclose(fp);
}
```

3. 从键盘输入一个以'#'为结束标志的字符串，将它存入指定的文件中，请填空。

```
#include   <stdio.h>
main ( )
{    FILE   *fp;
     char   ch, fn[10];
     printf ("\nInput the file name: ");
     scanf ("%s", fn);
     if( (_____①_____)= =NULL)
         {   printf ("\nCannot create file");
             exit (1 );}
     ch = getchar( );
     while (_____②_____ )
         {   fputc ( ch , fp);
         _____③_____;     }
     fclose ( fp );}
```

4. 文件复制，将文件 C:\file1.txt 内容复制到文件 D:\file2.txt 中，请填空。

```
#include   <stdio.h>
void   file_copy( FILE  *fout, FILE *fin)
{    char k;
     do{
     k=fgetc(_____①_____);
     if( feof(fin))
            break;
     fputc(_____②_____);
     }while( 1 );
}
void   main()
{    FILE   *fp1, *fp2;
     if((fp1=fopen("C:\\file1.txt", "rb"))= =NULL)
        return;
     fp2=  _____③_____;
     file_copy ( fp2,fp1);
     fclose ( fp1);
     fclose (fp2);
}
```

5. 有以下程序，其功能是：以二进制"写"方式打开文件 d1.dat，写入 1～100 这 100 个整数后关闭文件，再以二进制"读"方式打开文件 d1.dat，将这 100 个整数读入到另一个数组 b 中，并打印输出，请填空。

```
#include   <stdio.h>
main()
{   _____①_____;
    int i,a[100],b[100];
    fp=fopen("d1.dat","wb");
    for(i=0;i<100;i++) a[i]=i+1;
    fwrite(a,sizeof(int),100,fp);
    fclose(fp);
    fp=fopen("d1.dat", _____②_____);
    fread(b,sizeof(int),100,fp);
    fclose(fp);
    for(i=0;i<100;i++)
    printf("%d\n",a[i]);
}
```

第 11 章　C++面向对象程序设计基础

11.1　面向对象的基本概念

11.1.1　类和对象

对象是现实世界中一个实际存在的事物（实体）。对象可以是有形的，也可以是无形的。对象既可以很简单，又可以很复杂，复杂的对象可以由若干个简单对象组成。每一个对象都有一个名字以区别于其他对象。常用一组属性来描述对象的静态特征，用一组方法来描述对象的行为。

类是对一组具有相同属性和行为的对象的抽象。类和对象之间是抽象和具体的关系。类是对多个具体对象进行综合抽象的结果；对象是类的具体实现或实例。

在面向对象的程序中，对象之间需要进行交互。对象通过它对外提供的服务在系统中发挥自己的作用。当系统中其他对象请求这个对象执行某个服务时，它就响应这个请求，完成指定的服务所应完成的职责。向对象发出的服务请求称做消息。消息具有三个组成部分：接收消息并提供服务的对象标识、所请求的方法和参数。在程序设计中，消息表现为函数调用。

面向对象的三个基本特征是：封装、继承、多态。

11.1.2　封装

封装的目的是隐藏对象内部的实现细节。对象通过其方法向外部提供服务，用来向外部提供服务的方法也称为外部接口。通过封装，可以将对象的外部接口与内部的实现细节分开。

封装的结果实际上隐藏了复杂性，并提供了代码重用性，减小了开发软件系统的难度。

11.1.3　继承

继承表达的是类之间的关系。这种关系使得某类对象可以继承另外一类对象的特征和能力。

继承机制为程序员提供了一种组织、构造和重用的手段。从来源分，继承可以分为单继承和多继承。单继承是指每个派生类只直接继承一个基类的特征；多继承是指派生类可以直接继承多个基类的特征。

11.1.4　多态

在面向对象的程序设计中，多态性是指不同的对象收到相同的消息时产生多种不同的行为方式。

多态性增加了程序的灵活性。C++支持两种多态性，编译时的多态性和运行时的多态性。编译时的多态性通过函数的重载来实现，运行时的多态性通过虚函数来实现。

11.2　C++概述

C++语言是一门优秀的面向对象的程序设计语言，在计算机科学领域中有着广泛的应用。C++语言是从 C 语言发展演变而来的，以 C 语言中的++运算符来体现它是 C 语言的进步。C++包含 C 语言的所有特征、属性，并添加了面向对象的支持。

注意：C++是计算机程序设计语言，Visual C++是集成开发环境。

11.3　C++面向对象的特性

（1）C++支持数据封装。支持数据封装就是支持数据抽象。在 C++中，类是支持数据封装的工具，对象则是数据封装的实现。

（2）C++类中包含私有成员、公有成员和保护成员。C++类中可定义三种不同访问控制权限的成员。第一种是私有（Private）成员，第二种是公有（Public）成员，第三种是保护（Protected）成员。

（3）C++中通过发送消息来处理对象。C++中通过向对象发送消息来处理对象，每个对象根据所接收到的消息的性质来决定需要采取的行动，以响应这个消息。

（4）C++中允许友元破坏封装性。类中的私有成员一般是不允许该类外面的任何函数访问的，但是友元可打破这条禁令，它可以访问该类的私有成员（包含数据成员和成员函数）。

（5）C++允许函数名和运算符重载。C++允许一个相同的函数名或运算符代表多个不同实现的函数，这就称为函数或运算符的重载，用户可以根据需要定义函数重载或运算符重载。

（6）C++支持继承性，C++中允许单继承和多继承。

（7）C++支持动态联编。C++中可以定义虚函数，通过定义虚函数来支持动态联编。

11.4　C++的词法与规则

1．C++的字符集

C++中含有以下字符：数字、小写字母、大写字母、运算符、特殊字符及其他字符。

2．C++的词法

C++包含以下 6 种词法。

（1）标识符。

（2）关键字。

（3）运算符和分隔符。

（4）字符串。

（5）常量。

（6）注释。

3．书写格式

C++程序书写时，需要注意以下格式：

（1）一般情况下每个语句占用一行。

（2）不同结构层次的语句注意错开对齐。

（3）使用表示结构层次的大括弧。

（4）适当加些空格和空行。

11.5　C++程序结构的组成

C++程序结构的基本组成包括以下几个部分。

（1）预处理命令，C++提供了三类预处理命令：宏定义命令、文件包含命令和条件编译命令。

（2）输入/输出，C++程序中总是少不了输入和输出语句，以实现与程序内部的信息交流。

（3）函数。

（4）语句。

（5）变量。

（6）其他。

11.6　C++程序的开发步骤

C++程序的开发步骤如图 12.1 所示，具体方法如下。

（1）编辑：是指把按照 C++语法规则编写的程序代码通过编译器（Visual C++ 6.0）输入计算机并保存。

（2）编译：将编辑好的 C++源程序通过编译器转换为目标文件（.obj 文件），即生成该源文件的目标代码。

（3）链接：将用户程序生成的多个目标代码文件（.obj）和系统提供的库文件（.lib）中的某些代码连接在一起，生成一个可执行文件（.exe）。

（4）执行：运行生成的可执行文件，在屏幕上显示运行结果。用户可以根据运行结果来判断程序是否出错。

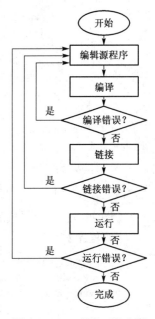

图 12.1　C++程序开发步骤

11.7　C++程序示例

【例 11.1】　从键盘输入圆的半径，计算周长和面积并输出。

【源程序】

```
/*pro11_01.cpp*/
/*————C++程序示例————*/              //注释
#define PI 3.1415926                      //宏定义命令，定义符号常量 PI
#include <iostream.h>                      //文件包含命令
void main( )                               //主函数
{   double length,area,radius;             //定义变量
    cout<<"Please input radius:"<<endl;
    cin>>radius;                           //输入语句
    length=2*PI*radius;
    area=PI*radius*radius;
    cout<<"length="<<length<<endl          //输出语句
        <<"area="<<area<<endl;
}
```

【例 11.2】　编程求 50～100 内的素数。

【源程序】

```
/*pro11_02.cpp*/
#include  <iostream.h>
#include  <math.h>
#define  MIN  51
#define  MAX 100
void  main ( )
{
    int   i,j,k;
    for   (i=MIN;i<=MAX;i+=2)                //素数必是奇数
    {
      k=int (sqrt(double(i)));
      for   (j=2;j<=k;j++)
      if (i%j==0)
         break;
      if (j>=k+1)
         cout<<' '<<i;
    }
    cout<<endl;
}
```

输出结果为：

```
53   59   61   67   71   73   79   83   89   97
```

【例 11.3】　编程从键盘上输入的 10 个数并输出所有正数之和。

【源程序】

```
/*pro11_03.cpp*/
#include  <iostream.h>
void main( )
{
  int num; sum=0;
  cout<<"please input number:";
  for (int i=1;i<=10;i++)
  {
   cin>>num;
   if   (num<0)
       continue;
   sum+=num;
  }
  cout <<"sum="<<sum<<endl;
}
```

11.8　面向对象的程序设计方法

11.8.1　结构化程序设计

结构化程序设计（structured programming）又称为面向过程的程序设计，其概念最早由迪杰斯特拉（E.W.Dijikstra）在 1965 年提出的，是软件发展的一个重要里程碑。

它的主要观点是采用自顶向下、逐步求精的程序设计方法；使用三种基本控制结构构造程序，任何程序都可由顺序、选择、循环三种基本控制结构构造。以模块化设计为中心，将待开发的软件系统划分为若干个相互独立的模块，这样使完成每一个模块的工作变单纯而明确。其特点是结构化程序中的任意基本结构都具有唯一入口和唯一出口，并且程序不会出现死循环。在程序的静态形式与动态执行流程之间具有良好的对应关系。

在结构化程序设计中，问题被看作一系列需要完成的任务，函数（在此泛指例程、函数、过程）用于完成这些任务，解决问题的焦点集中于函数。其中函数是面向过程的，即它关注如何根据规定的条件完成指定的任务。

11.8.2　面向对象程序设计

过去的几十年中，程序设计语言对抽象机制的支持程度不断提高：从机器语言到汇编语言，到高级语言，直到面向对象语言。汇编语言出现后，程序员就避免了直接使用机器语言 0、1 编程，而是利用符号来表示机器指令，从而使得程序的编写更方便。随着程序规模继续增长，出现了 Fortran、C、Pascal 等高级语言，这些高级语言使得编写复杂的程序变得容易，程序员们可以更好地对付日益增加的复杂性。但是，如果软件系统达到一定规模，即使应用结构化程序设计方法，局势仍将变得不可控制。作为一种降低复杂性的工具，面向对象语言产生了，面向对象程序设计也随之产生。

面向对象编程（Object Oriented Programming，OOP，面向对象程序设计）是一种计算机编程架构。OOP 的一条基本原则是计算机程序是由单个能够起到子程序作用的单元或对象组合而成。OOP 达到了软件工程的三个主要目标：重用性、灵活性和扩展性。为了实现整体运算，每个对象都能够接收信息、处理数据和向其他对象发送信息。

11.8.3　结构化方法与面向对象方法的比较

（1）掌握难度：面向对象的设计方法，如 RUP 方法、敏捷方法等，这些知识抽象枯燥、难掌握。而且面象对象方法内容广、概念多、难理解，要经过长期的开发实践才能运用好。相比之下，结构化方法知识内容少，容易上手。

（2）编译器：面向对象方法，通过编译器实现代码的面向对象性。也就是说经过编译器后，代码会被翻译为相对应的结构化代码。所以要熟练开发，还要懂一定的结构化方法做为基础。

（3）执行效率：结构化方法比面向对象方法产生的可执行代码更直接。所以对于一些嵌入式的系统，结构化方法产生的系统更小，运行效率更高。

（4）代码重用性：结构化方法定义的系统接口清晰，当系统对外界接口发生变动时，往往造成系统结构较大变动，难以修改或扩充新的功能接口。结构化方法将数据和操作分离，导致一些可重用的软件构件在特定环境才能应用，降低了软件的可重用性。面向对象方法，在遇到类似的问题时，通过应用抽象继承等技术，来重用代码。

（5）应用范围：结构化方法适用于数据少而操作多的问题。实践证明对于像操作系统这样的以功能为主的系统，结构化方法比较适应。而对于数据库，信息管理等以数据为主操作较少的系统，用面向对象方法要好于结构化方法。

综上所述，软件开发的目标是以最小的代价开发出满足用户需求的软件。为此，根据系统的实际需求，分别针对具体情况选择采用不同的设计方法，可以充分发挥面向对象与结构化方法各自的优势。目前，在大多数软件系统的分析设计过程中，这两种方法都兼而有之。

11.9 小 结

1. 面向对象程序设计方法的应用解决了传统结构化开发方法中客观世界描述工具与软件结构的不一致性问题，缩短了开发周期，解决了从分析和设计到软件模块结构之间多次转换映射的繁杂过程，是一种很有发展前途的系统开发方法。

2. 面向对象设计方法也需要一定的软件基础支持才可以应用。在大型的 MIS 开发中如果不经自顶向下的整体划分，而是一开始就自底向上采用面向对象设计方法开发系统，同样也会造成系统结构不合理、各部分关系失调等问题。所以面向对象设计方法和结构化方法目前仍是系统开发领域相互依存、不可替代的方法。

习 题 11

一、选择题

1. 对建立良好的程序风格，下面描述正确的是（　　）。

 A. 程序应力求简单、清晰、可读性好   B. 符号的命名只要符合语法

 C. 充分考虑程序的执行效率   D. 程序的注释可有可无

2. 在面向对象的方法出现以前，我们都是采用面向（　　）的程序设计方法。

 A. 用户   B. 结构

 C. 过程   D. 以上都不对

3. 结构化程序设计方法的结构不包括（　　）。

 A. 顺序结构   B. 分支结构

 C. 循环结构   D. 跳转结构

4. 结构化程序设计主要强调的是（　　）。

 A. 程序的规模   B. 程序的易读性

 C. 程序的执行效率   D. 程序的可移植性

5. 对象是现实世界中一个实际存在的事物，它可以是有形的也可以是无形的，下面所列举的不是对象的是（　　）。

 A. 椅子   B. 猫

 C. 汽车   D. 苹果的颜色

6. 下面对对象概念描述不正确的是（　　）。

 A. 任何对象都必须有继承性   B. 对象间的通信靠消息传递

 C. 对象是属性和方法的封装体   D. 操作是对象的动态属性

7. 信息隐蔽是通过（　　）实现的。

 A. 抽象性   B. 封装性

 C. 继承性   D. 传递性

8. 面向对象的开发方法中，类与对象的关系是（　　）。

 A. 具体与抽象   B. 抽象与具体

 C. 整体与部分   D. 部分与整体

9. 面向对象的程序设计主要考虑的是提高软件的（　　）。

    A. 可靠性　　　　　　　　　　　　　　B. 可重用性

    C. 可移植性　　　　　　　　　　　　　D. 可修改性

10. 以下（　　）不是面向对象的特征。

    A. 多态性　　　　　　　　　　　　　　B. 过程调用

    C. 封装性　　　　　　　　　　　　　　D. 继承性

二、填空题

1. 结构化程序设计方法的主要原则包括＿＿＿＿、逐步求精、模块化和限制使用 GOTO 语句等 4 条原则）。

2. 根据给定的条件，判断是否需要执行某一相同或相似的程序段，这样的程序结构称为＿＿＿＿。

3. 类是对象的抽象，而一个对象则是其对应类的＿＿＿＿。

4. 类是具有共同属性和服务的一组对象的集合，它为属于该类的全部对象提供了抽象的描述，其内部包括＿＿＿＿和行为两个主要部分。

5. 面向对象方法和技术以＿＿＿＿为核心。

第12章 C/C++与MATLAB混合编程

12.1 软 件 开 发

软件是由计算机程序和程序设计的概念发展演化而来的，是在程序和程序设计发展到一定规模并且逐步商品化的过程中形成的。软件开发经历了程序设计阶段、软件设计阶段和软件工程阶段的演变过程。

（1）程序设计阶段

程序设计阶段出现在 1946—1955 年。此阶段的特点是：无软件的概念，程序设计主要围绕硬件进行开发，规模很小，工具简单，无明确分工（开发者和用户），程序设计追求节省空间和编程技巧，无文档资料（除程序清单外），主要用于科学计算。

（2）软件设计阶段

软件设计阶段出现在 1956—1970 年。此阶段的特点是：硬件环境相对稳定，出现了"软件作坊"的开发组织形式。开始广泛使用产品软件，从而建立了软件的概念。随着计算机技术的发展和计算机应用的日益普及，软件系统的规模越来越庞大，高级编程语言不断出现，应用领域不断拓宽，开发者和用户有了明确的分工，社会对软件的需求量剧增。但软件开发技术没有重大突破，软件产品的质量不高，生产效率低下，从而导致了"软件危机"的产生。

（3）软件工程阶段

自 1970 年起，软件开发进入了软件工程阶段。由于"软件危机"的产生，迫使人们不得不研究、改变软件开发的技术手段和管理方法。从此软件产生进入了软件工程时代。此阶段的特定是：硬件已向巨型化、微型化、网络化和智能化四个方向发展，数据库技术已成熟并广泛应用，第三代、第四代语言已经出现。

软件开发是根据用户要求建造出软件系统或者系统中的软件部分的过程。软件开发是一项包括需求捕捉、需求分析、设计、实现和测试的系统工程。软件一般是用某种程序设计语言来实现的。通常采用软件开发工具可以进行开发。软件分为系统软件和应用软件。软件并不只是包括可以在计算机上运行的程序，与这些程序相关的文件一般也被认为是软件的一部分。

如图 12.1 所示，为软件开发的流程，软件设计思路和方法的一般过程，包括设计软件的功能和实现的算法和方法、软件的总体结构设计和模块设计、编程和调试、程序联调和测试以及编写、提交程序。

具体来说，设计一个软件的流程应该包括：需求分析、概要设计、详细设计、编码、测试，以及软件交付几个阶段。

（1）需求分析

向用户初步了解需求，然后列出要开发的系统的大功能模块，每个大功能模块有哪些小功能模块，定义相关界面和界面功能，并向用户反复确认需求。

（2）概要设计

概要设计需要对软件系统的设计进行考虑，包括系统的基本处理流程、系统的组织结构、模块划分、功能分配、接口设计、运行设计、数据结构设计和出错处理设计等，为软件的详细设计提供基础。

图 12.1　软件开发流程

（3）详细设计

在详细设计中，描述实现具体模块所涉及的主要算法、数据结构、类的层次结构及调用关系，需要说明软件系统各个层次中的每一个程序（每个模块或子程序）的设计考虑，以便进行编码和测试。应当保证软件的需求完全分配给整个软件。详细设计应当足够详细，能够根据详细设计报告进行编码。

（4）编码

在软件编码阶段，开发者根据详细设计中对数据结构、算法分析和模块实现等方面的设计要求，开始具体的程序编写工作，分别实现各模块的功能，从而实现对目标系统的功能、性能、接口、界面等方面的要求。

（5）测试

由于 Bug 总是存在于每一个较大的软件之中，在软件交付用户使用之前，需要进行大量的测试，以尽可能发现和修改软件中隐藏的 Bug。软件测试有很多种：按照测试执行方，可以分为内部测试和外部测试；按照测试范围，可以分为模块测试和整体联调；按照测试条件，可以分为正常操作情况测试和异常情况测试；按照测试的输入范围，可以分为全覆盖测试和抽样测试。

（6）软件交付

在软件测试证明软件达到要求后，软件开发者应向用户提交开发的目标安装程序、数据库的数据字典、《用户安装手册》、《用户使用指南》、《需求报告》、《设计报告》、《测试报告》等双方合同约定的产物。

12.2　混合编程概念

MATLAB 是当今最优秀的科技应用软件之一，在许多科学领域中成为计算机辅助设计与分析、算法研究与应用开发的基本工具与首选平台。然而 MATLAB 作为一种解释性语言，与 C/C++相比，具有一定的局限性，如运行效率低下等。可以结合这两种编程语言的优点进行混合编程，实现比较复杂的功能。

混合编程的方式有多种，本章介绍在 C 语言中调用 MATLAB 接口函数实现混合编程。在 C 语言中调用 MATLAB 接口需要引用 MATLAB 计算引擎（engine.h），MATLAB 的计算引擎应用就是利用 MATLAB 提供的一组接口函数，在用户开发的 C/C++语言应用程序中，通过某种通信机制后台调用 MATLAB 应用程序以完成复杂的系统任务。

在 VC++ 6.0 中添加 MATLAB 引擎步骤如下：

（1）通过菜单工程/选项，打开设置属性页，进入 Directories 页面，在目录下拉列表框中选择 Include files，添加路径"C:\MATLAB\extern\include"（假定 MATLAB 安装在 C:\MATLAB 目录）。

（2）选择 Library files，添加路径"C:\MATLAB\extern\lib\win32\microsoft\msvc60"。

（3）通过菜单工程/设置，打开工程设置属性页，进入 Link 页面，在 Object/library modules 编辑框中，添加文件名 libmx.lib libmat.lib libeng.lib。

【例 12.1】　设计程序，在 C/C++语言中调用 mesh 函数来绘制高斯矩阵的曲面，如图 12.2 所示。

【源程序】

```c
#include <stdio.h>
#include "engine.h"
void main()
{    Engine *ep;
    int status = 0;
    //打开计算引擎
    ep = engOpen(NULL);
    if( ep == (Engine *)NULL ){
        printf("错误：无法打开 MATLAB 计算引擎\n" );
        exit(-1);
    }
    //执行 MATLAB 指令
    engEvalString(ep,"mesh(peaks);");
    getchar();
    //关闭 MATLAB 计算引擎
    status = engClose(ep);
    if(status != 0){
        printf("无法正常关闭 MATLAB 计算引擎\n");
        exit(-1);
    }
}
```

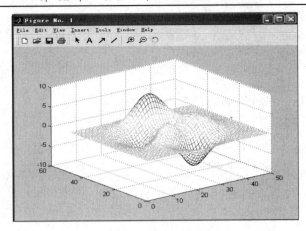

图 12.2　混合编程效果

12.3　混合编程开发实例

通过前面的学习，我们应该能发现，C/C++与 MATLAB 各有其特长。相对来说，C/C++在界面和进程控制等方面比 MATLAB 强，而 MATLAB 在数值计算和仿真方面功能强大，如果能够将两者的优势综合起来，就一定能获得最佳效果。本节我们就以一个实例来示范如何混合使用 C/C++与 MATLAB 来编写一个实用小软件，具体内容来自前面章节中的综合实例一节。本实例仅作为读者了解软件开发示范之用，实际的软件开发比本例复杂得多。

（1）需求分析

运用 C/C++与 MATLAB 混合编程技术，编写一个具有友好的人机界面，具备一般的数值计算和数据分析的功能，并在必要的情况下，以图形的形式进行数据输出。

（2）概要设计

基于 C/C++和 MATLAB 各自的优缺点，本设计使用 C/C++进行数据输入的设计，使用 MATLAB 进行菜单的实现、数据处理及输出。

（3）详细设计

本例详细设计略。

（4）编码

以下是本实例的源代码，分为 MATLAB 和 C 两部分：

【MATLAB 源代码】

```
function varargout = pjimage(varargin)
%        pjimage.fig 的 PJIMAGE M-file
%
%        H = PJIMAGE 返回 PJIMAGE 的句柄或者返回已存在的标记
%
%        PJIMAGE('CALLBACK',hObject,eventData,handles,...) 在 PJIMAGE.M 中
%        调用本地函数 CALLBACK
%
%        PJIMAGE('Property','Value',...) 创建了一个新的 PJIMAGE
%
%        关于 GUI 的有关操作参见 GUIDE 的工具菜单. 选择 "GUI allows only one
%        instance to run (singleton)"
%
```

```matlab
%           参见: GUIDE, GUIDATA, GUIHANDLES
%           Last Modified by Moses.Wang v2.5 30-July-2013 15:12:10
% Begin initialization code - DO NOT EDIT
gui_Singleton = 1;
gui_State = struct('gui_Name',          mfilename, ...
                        'gui_Singleton',   gui_Singleton, ...
                        'gui_OpeningFcn', @pjimage_OpeningFcn, ...
                        'gui_OutputFcn',   @pjimage_OutputFcn, ...
                        'gui_LayoutFcn',   [] , ...
                        'gui_Callback',     []);
if nargin && ischar(varargin{1})
    gui_State.gui_Callback = str2func(varargin{1});
end
if nargout
    [varargout{1:nargout}] = gui_mainfcn(gui_State, varargin{:});
else
    gui_mainfcn(gui_State, varargin{:});
end
% End initialization code - DO NOT EDIT
% --- Executes just before pjimage is made visible.
function pjimage_OpeningFcn(hObject, eventdata, handles, varargin)
% This function has no output args, see OutputFcn.
% hObject        handle to figure
% eventdata    reserved - to be defined in a future version of MATLAB
% handles        structure with handles and user data (see GUIDATA)
% varargin       command line arguments to pjimage (see VARARGIN)
% Choose default command line output for pjimage
handles.output = hObject;
% Update handles structure
guidata(hObject, handles);
set(handles.m_image,'Enable','off');%打开文件之前关闭图像处理菜单栏
% UIWAIT makes pjimage wait for user response (see UIRESUME)
% uiwait(handles.figure_pjimage);
setappdata(handles.figure_pjimage,'img_src',0); %共享源文件
setappdata(handles.figure_pjimage, 'bSave' ,false);%添加两个应用程序数据
setappdata(handles.figure_pjimage, 'bChanged' ,false);
setappdata(handles.figure_pjimage, 'fstSave' , true );
setappdata(handles.figure_pjimage, 'fstPath' ,0);
set(handles.tbl_save, 'Enable' , 'off' );
set(handles.m_file_save, 'Enable' , 'off' );
% --- Outputs from this function are returned to the command line.
function varargout = pjimage_OutputFcn(hObject, eventdata, handles)
% varargout    cell array for returning output args (see VARARGOUT);
% hObject        handle to figure
% eventdata    reserved - to be defined in a future version of MATLAB
% handles        structure with handles and user data (see GUIDATA)
% Get default command line output from handles structure
varargout{1} = handles.output;
% ------------------------------------------------------------------
function m_file_Callback(hObject, eventdata, handles)
% hObject        handle to m_file (see GCBO)
% eventdata    reserved - to be defined in a future version of MATLAB
```

```matlab
% handles       structure with handles and user data (see GUIDATA)
% --------------------------------------------------------------
function m_file_open_Callback(hObject, eventdata, handles)
% hObject       handle to m_file_open (see GCBO)
% eventdata     reserved - to be defined in a future version of MATLAB
% handles       structure with handles and user data (see GUIDATA)
%    打开工具栏功能
%    打开文件函数
[filename, pathname] = uigetfile( ...
{'*.bmp;*.jpg;*.png;*.jpeg', 'Image Files (*.bmp;*.jpg;*.png;*.jpeg)'; ...
      '*.*',                    'All Files (*.*)'}, ...
       'Pick an Image');
 axes(handles.axes_src);              %当前操作坐标抽是 axes_src
 fpath=[pathname filename];           %文件名和目录名组合成一个路径
 %  imshow(imread(fpath))             %imread 读入图片，imshow 显示
 img_src=imread(fpath);
 imshow(img_src);                     %imread 读入图片，imshow 显示
setappdata(handles.figure_pjimage,'img_src',img_src);%共享 img_src
set(handles.m_image,'Enable','on');      %打开文件之后打开显示图像处理功能菜单
set(handles.tbl_save, 'Enable' , 'on' );
set(handles.m_file_save, 'Enable' , 'on' );


% --------------------------------------------------------------
function m_file_save_Callback(hObject, eventdata, handles)
% hObject       handle to m_file_save (see GCBO)
% eventdata     reserved - to be defined in a future version of MATLAB
% handles       structure with handles and user data (see GUIDATA)
%   保存键功能
img_src=getappdata(handles.figure_pjimage,'img_src'); %得到共享 img_src
[filename,pathname] =uiputfile({'*.bmp','BMPfiles';'*.jpg;','JPG files'},'Pickan Image');
if isequal(filename,0)||isequal(pathname,0)
     return;%如果单击了"取消"
else
     fpath=fullfile(pathname,filename)%获得全路径的另一种方法
end
img_src=getappdata(handles.figure_pjimage,'img_src');%取得打开图片的数据
imwrite(img_src,fpath);%保存图片
% --------------------------------------------------------------
function m_file_exit_Callback(hObject, eventdata, handles)
% hObject       handle to m_file_exit (see GCBO)
% eventdata     reserved - to be defined in a future version of MATLAB
% handles       structure with handles and user data (see GUIDATA)
%    退出键的功能
bChanged=getappdata(handles.figure_pjimage, 'bChanged' ); % 获得是否更改
bSave=getappdata(handles.figure_pjimage, 'bSave' ); % 获得是否保存
if bChanged==true && bSave==false, % 更改了，而没保存时
btnName=questdlg( ' 您已经更改了图片，但没有保存。要保存吗 ?',' 提示 ','保存 ',' 不保存 ');
                 % 用提问对话框
switch btnName,
case ' 保存 ',% 执行 axes_dst_menu_save_Callback 的功能
feval(@axes_dst_menu_save_Callback,handles.axes_dst_menu_save,eventdata,handles);
case ' 不保存 ',% 什么也不做
```

```
end
end

h=findobj( 'Tag' , 'figure_im2bw' ); % 查找是否打开设置图像二值化参数窗口
if ～isempty(h), % 若找到，则关闭
close(h);
end
close(findobj( 'Tag' , 'figure_pjimage' )); % 查找关闭主窗口
% ------------------------------------------------------------------
function m_image_Callback(hObject, eventdata, handles)
% hObject        handle to m_image (see GCBO)
% eventdata    reserved - to be defined in a future version of MATLAB
% handles        structure with handles and user data (see GUIDATA)
% ------------------------------------------------------------------
function m_image_2bw_Callback(hObject, eventdata, handles)
% hObject        handle to m_image_2bw (see GCBO)
% eventdata    reserved - to be defined in a future version of MATLAB
% handles        structure with handles and user data (see GUIDATA)
%    图像二值化菜单栏
h=im2bw_args;              %打开控制条
setappdata(handles.figure_pjimage, 'bChanged' ,true);%处理后修改，处理数据为 true
% ------------------------------------------------------------------
function axes_dst_menu_save_Callback(hObject, eventdata, handles)
% hObject        handle to axes_dst_menu_save (see GCBO)
% eventdata    reserved - to be defined in a future version of MATLAB
% handles        structure with handles and user data (see GUIDATA)
[filename, pathname] = uiputfile({ '*.bmp' , 'BMP files' ; '*.jpg;' , 'JPGfiles' }, 'Pick an Image' );
if isequal(filename,0) || isequal(pathname,0)
    return ;
else
fpath=fullfile(pathname, filename);
end
img_dst=getimage(handles.axes_dst);
imwrite(img_dst,fpath);
setappdata(handles.figure_pjimage, 'bSave ' ,true);
% ------------------------------------------------------------------
function axes_dst_menu_Callback(hObject, eventdata, handles)
% hObject        handle to axes_dst_menu (see GCBO)
% eventdata    reserved - to be defined in a future version of MATLAB
% handles        structure with handles and user data (see GUIDATA)
% ------------------------------------------------------------------
function tbl_open_ClickedCallback(hObject, eventdata, handles)
% hObject        handle to tbl_open (see GCBO)
% eventdata    reserved - to be defined in a future version of MATLAB
% handles        structure with handles and user data (see GUIDATA)
feval(@m_file_open_Callback,handles.m_file_open,eventdata,handles);
% ------------------------------------------------------------------
function tbl_save_ClickedCallback(hObject, eventdata, handles)
% hObject        handle to tbl_save (see GCBO)
% eventdata    reserved - to be defined in a future version of MATLAB
% handles        structure with handles and user data (see GUIDATA)
fstSave=getappdata(handles.figure_pjimage, 'fstSave' );
```

```
if (fstSave==true)
    [filename, pathname] = uiputfile({ '*.bmp' , 'BMPfiles' ; '*.jpg;' , 'JPG files' }, 'Pick an Image' );
if isequal(filename,0) || isequal(pathname,0)
return ;
else
fpath=fullfile(pathname, filename);
end
img_dst=getimage(handles.axes_dst);
imwrite(img_dst,fpath);
setappdata(handles.figure_pjimage, 'fstPath' ,fpath);
setappdata(handles.figure_pjimage, 'bSave' ,true);
setappdata(handles.figure_pjimage, 'fstSave' ,false);
else
img_dst=getimage(handles.axes_dst);
fpath=getappdata(handles.figure_pjimage, 'fstPath' );
imwrite(img_dst,fpath);
end
```

【C 语言源代码】

```
/*处理实验数据*/
/*功能: */
/* 1.求平均值*/
/* 2.求标准差*/
/* 3.找出并剔除坏值*/
/* 4.求残差*/
/* 5.判断累进性误差*/
/* 6.判断周期性误差*/
/* 7.求合成不确定度*/
/* 8.得出被测数据的最终结果*/

#include<math.h>
#include<stdio.h>
#include<stdlib.h>
#include<conio.h>
#define    MAX    20
typedef    struct    wuli{
               float    d[MAX];
               char    name[10];
               int      LEN;
               float    ccha[MAX];            /*残差数组*/
               float    avg;                  /*data 的平均值*/
               double   sx;                   /*标准偏差 Sx*/
               double   DU;                   /*总不确定度*/
}wulidata;
wulidata    *InputData();
void    average(wulidata    *wl);
void    YCZhi(wulidata     *wl);
void    CanCha(wulidata    *wl);
void    BZPianCha(wulidata    *wl);           /*标准偏差*/
void    BQDdu(wulidata    *wl);               /*总不确定度*/
void    rage(wulidata    *wl);
void    output(wulidata    *wl);
```

```
/*-------------------------------------------------*/
void    line()
{
    int    i;
    printf("\n");
    for(i=0;i<74;i++)
    printf("=");
    printf("\n");
}
/*-------------------------------------------------*/
wulidata    *InputData()
{
    int i=0,k;
    float da;
    char Z=0;
    wulidata    *wl;
    wl=(wulidata    *)malloc(sizeof(wulidata));
    printf("请为你要处理的数据起一个名字：");
    scanf("%s",wl->name);
    printf("\n 下面请你输入数据%s 具体数值，数据不能超过 MAX 个\n",wl->name);
    printf("当 name='#'时输入结束\n");
    do{
        printf("%s%d=",wl->name,i+1);
        scanf("%f",&da);
        wl->d[i]=da;
        i++;
        if(getchar()=='#') break;
                }while(wl->d[i-1]!=0.0&&i<MAX);
    wl->LEN=i-1;
    do{
        printf("你输入的数据如下：\n");
        for(i=0;i<wl->LEN;i++)
            printf("%s%d=%f\t",wl->name,i+1,wl->d[i]);
        printf("\n 你是否要作出修改(Y/N)?");
        while(    getchar()!='\n');
                Z=getchar();

        if(    Z=='y'||Z=='Y')
        {
                printf("你须要修改哪一个元素，请输入其标号 i=(1～%d)\n",wl->LEN);
                while(    getchar()!='\n');
                    scanf("%d",&k);
                printf("\n%s%d=",wl->name,k);
                scanf("%f",&(wl->d[k-1]));
        }
        else    if(Z=='n'||Z=='N')
                printf("OK!下面开始计算。\n");

        }while(Z!='N'&&Z!='n');
        return(wl);
}
    /*-------------------------------------------------*/
```

```
void    average(wulidata    *wl)
{
        float    ad,sum=0;
        int    i;
        for(i=0;i<wl->LEN;i++)
        {
                sum=sum+(wl->d[i]);
        }
        ad=sum/(wl->LEN);
        wl->avg=ad;
}
/*----------------------------------------------------------*/
void    CanCha(wulidata    *wl)
{
                int    i;
                for(i=0;i<wl->LEN;i++)
                    wl->ccha[i]=(wl->d[i])-(wl->avg);
}

    /*----------------------------------------------------------*/
void    YCZhi(wulidata    *wl)/*检查并剔除异常值*/
{
        int    i,j;
        float g,YCZhi;
        double temp,CCha;
                printf("下面开始检查并提出异常值！\n");
        do{
        printf("当前共有%d 个数，数据如下：\n",wl->LEN);
        for(i=0;i<wl->LEN;i++)
                printf("%s%d=%f\t",wl->name,i+1,wl->d[i]);
        j=-1;
        CCha=0.0;
        printf("\n 请输入 g 的值\ng=");
        scanf("%f",&g);
        for(i=0;i<wl->LEN;i++)
        {
                temp=fabs((wl->d[i])-(wl->avg));
                if((temp>g*(wl->sx))&&(temp>CCha))
                {
                        YCZhi=wl->d[i];
                        CCha=temp;
                        j=i;
                }
        }
        if(j>=0){
                printf("找到异常值为%s%d=%f，将它剔除。\n",wl->name,(j+1),wl->d[j]);
                for(i=j;i<wl->LEN-1;i++)
        wl->d[i]=wl->d[i+1];
        wl->LEN--;
        }
        else
        printf("本次未找到异常数据，数据中异常数据已剔除完毕！\n");
}while(j>=0);
```

```
        printf("当前共有%d 个数，数据如下：\n",wl->LEN);
         for(i=0;i<wl->LEN;i++)
             printf("%s%d=%f\t",wl->name,i+1,wl->d[i]);
}
/*-----------------------------------------------------------*/
void    BZPianCha(wulidata    *wl)/*标准偏差*/
{
                double    sum;
                int    i;
                sum=0.0;
                for(i=0;i<wl->LEN;i++)
                     sum=sum+pow(wl->d[i],2);
                     sum=sum-wl->LEN*pow(wl->avg,2);
                wl->sx=sqrt(sum/(wl->LEN-1));
}
/*-----------------------------------------------------------*/
void leijinxwc(wulidata    *wl)/*判断累进性误差*/
{
        double M,sum1,sum2,temp;
        int i;
        sum1=sum2=0.0;
        temp=wl->ccha[0];
        for (i=1;i<=wl->LEN;i++)
        if (temp<wl->ccha[i])
             temp=wl->ccha[i];
        if(wl->LEN%2==0)                /*数据为偶数个时*/
        {for(i=0;i<(wl->LEN/2);i++)
        {sum1=sum1+ wl->ccha[i];}
        for (i=(wl->LEN/2);i<wl->LEN;i++)
        {sum2=sum2+wl->ccha[i];}
        M=fabs(sum1-sum2);

            if(M>temp)
        printf("存在累进性误差\n");
        else printf("不存在累进性误差\n");}
        else                         /*数据为奇数个时*/
        { for(i=0;i<(((wl->LEN)-1)/2);i++)
         {sum1=sum1+ wl->ccha[i];}
         for (i=((wl->LEN)+1)/2;i<wl->LEN;i++)
         {sum2=sum2+wl->ccha[i];}
         M=fabs(sum1-sum2);
         if(M>temp)
         printf("存在累进性误差\n");
         else printf("不存在累进性误差\n");}
}
/*-----------------------------------------------------------*/
void zhouqixwc(wulidata    *wl)/*判断周期性误差*/
{ double sum=0;
   int i;
   for(i=0;i<wl->LEN-1;i++)
   sum=sum+(wl->ccha[i])*(wl->ccha[i+1]);
   if(fabs(sum)>(sqrt(wl->LEN-1))*pow(wl->sx,2))
```

```
        printf("存在周期性误差\n");
        else printf("不存在周期性误差\n");
}


/*-----------------------------------------------------*/
void    BQDdu(wulidata    *wl)/*总不确定度*/
{

        float A,B,Q,k1,k2,y;
        printf("请输入系统不确定度百分比 y：");
        scanf("%f",&y);
        printf("请输入系统误差分布系数 k1：");
        scanf("%f",&k1);
        printf("请输入平均值随机误差分布系数 k2：");
        scanf("%f",&k2);
        printf("%lf\n",(double)((wl->avg)*y));
        printf("%f\n",(wl->sx)/sqrt(wl->LEN));
        Q=((wl->avg)*y)/k1;
        A=(double)pow((wl->sx)/sqrt(wl->LEN),2);
        B=(double)pow(Q,2);
        wl->DU=(double)k2*(sqrt(A+B));
}


/*------------------------------------------------------------*/
void    rage(wulidata    *wl)
{
    printf("计算得到所求数值的范围应取%f～%f。\n",(wl->avg-wl->DU),(wl->avg+wl->DU));
}
/*------------------------------------------------------------*/
void    output(wulidata    *wl)
{
        int    i;
        printf("\n");
        line();
        printf("你输入的数据如下：\n");
        for(i=0;i<wl->LEN;i++)
        {printf("%s%d=%f\t",wl->name,i+1,wl->d[i]);}
    printf("\n");
        printf("\n\t 数据%s 的平均值(A)%s=%f",wl->name,wl->name,wl->avg);
        line();
        printf("数据的残差如下:\n");
        for(i=0;i<wl->LEN;i++)
        {printf("△%s%d=%s%d-(A)%s=%f\t\t",
                wl->name,i+1,wl->name,i+1,wl->name,wl->ccha[i]);}
    line();
    printf("求得标准偏差 Sx\n");
        printf("Sx=%f",wl->sx);
        printf("\n");
        printf("总不确定度△=k2* √A＾2＋B＾2 \n");
        printf("%s 的总不确定度△=%lf\n\n",wl->name,wl->DU);

}
/*============================================================*/
```

```
int main()
{
    wulidata    *Hua=NULL;

    Hua=InputData();

    average(Hua);
    BZPianCha(Hua);/*标准偏差*/
YCZhi(Hua);
    average(Hua);
BZPianCha(Hua);
CanCha(Hua);
    leijinxwc(Hua);
    zhouqixwc(Hua);
    BQDdu(Hua);/*总不确定度*/

    output(Hua);
rage(Hua);
    getch();
    return 0;
}
```

12.4 小 结

C/C++在界面和进程控制等方面比 MATLAB 优势明显，而在数值计算和仿真方面则是 MATLAB 功能更强，其强大的函数库涵盖了各个领域。使用 C/C++与 MATLAB 混合编程，集成两者的优点，可以开发出高效实用的应用软件。

附录 A　C 语言常用库函数

　　库函数由编译程序根据一般用户的需要编制，提供用户使用的一组程序，并不是 C 语言的一部分。每一种 C 编译系统都提供了一批库函数，不同的编译系统所提供的库函数的数目和函数名及函数功能是不完全相同的。ANSI C 标准提出了一批建议提供的标准库函数，考虑到通用性，本附录列出 C 语言部分常用库函数。

1. 数学函数

　　数学函数如表 A.1 所示，使用数学函数时，应该在源文件中使用命令：

```
#include "math.h"
```

表 A.1　数学函数

函 数 名	函数与形参类型	功　　能	返　回　值
acos	double　acos(x) double　x	计算 arccos(x)的值 −1<=x<=1	计算结果
asin	double　asin(x) double　x	计算 arcsin(x)的值 −1<=x<=1	计算结果
atan	double　atan(x) double　x	计算 arctan(x)的值	计算结果
atan2	double　atan2(x,y) double　x,y	计算 arctan(x/y)的值	计算结果
cos	double　cos(x) double　x	计算 cos(x)的值 x 的单位为弧度	计算结果
cosh	double　cosh(x) double　x	计算 x 的双曲余弦 cosh(x)的值	计算结果
exp	double　exp(x) double　x	求 e^x 的值	计算结果
fabs	double　fabs(x) double　x	求 x 的绝对值	计算结果
floor	double　floor(x) double　x	求出不大于 x 的最大整数	该整数的双精度实数
fmod	double　fmod(x,y) double　x,y	求整除 x/y 的余数	返回余数的双精度实数
frexp	double frexp(val,eptr) double　val int　　*eptr	把双精度数 val 分解成数字部分（尾数）和以 2 为底的指数，即 val=x*2^n, n 存放在 eptr 指向的变量中	数字部分 x 0.5<=x<1
log	double　log(x) double　x	求 $\log_e x$ 即 lnx	计算结果
log10	double　log10(x) double　x	求 $\log_{10} x$	计算结果
modf	double modf(val,iptr) double　val int　　*iptr	把双精度数 val 分解成数字部分和小数部分，把整数部分存放在 ptr 指向的变量中	val 的小数部分
pow	double　pow(x,y) double　x,y	求 x^y 的值	计算结果
sin	double　sin(x) double　x	求 sin(x)的值 x 的单位为弧度	计算结果
sinh	double　sinh(x) double　x	计算 x 的双曲正弦函数 sinh(x)的值	计算结果
sqrt	double　sqrt (x) double　x	计算 $\sqrt{x}$,x>=0	计算结果
tan	double　tan(x) double　x	计算 tan(x)的值 x 的单位为弧度	计算结果
tanh	double　tanh(x) double　x	计算 x 的双曲正切函数 tanh(x)的值	计算结果

2. 字符函数

字符函数如表 A.2 所示，在使用字符函数时，应在源文件中使用命令：

```
#include "ctype. h"
```

表 A.2　字符函数

函 数 名	函数和形参类型	功　　能	返　回　值
isalnum	int　isalnum(ch) int　ch	检查 ch 是否为字母或数字	是字母或数字返回 1；否则返回 0
isalpha	int　isalpha(ch) int　ch	检查 ch 是否为字母	是字母返回 1；否则返回 0
iscntrl	int　iscntrl(ch) int　ch	检查 ch 是否为控制字符(其 ASCII 码在 0 和 0xlF 之间)	是控制字符返回 1；否则返回 0
isdigit	int　isdigit(ch) int　ch	检查 ch 是否为数字	是数字返回 1；否则返回 0
isgraph	int　isgraph(ch) int　ch	检查 ch 是否是可打印字符(其 ASCII 码在 0x21 和 0x7e 之间)，不包括空格	是可打印字符返回 1；否则返回 0
islower	int　islower(ch) int　ch	检查 ch 是否是小写字母（a～z）	是小字母返回 1；否则返回 0
isprint	int　isprint(ch) int　ch	检查 ch 是否是可打印字符(其 ASCII 码在 0x21 和 0x7e 之间)，不包括空格	是可打印字符返回 1；否则返回 0
ispunct	int　ispunct(ch) int　ch	检查 ch 是否是标点字符(不包括空格)，即除字母、数字和空格以外的所有可打印字符	是标点返回 1；否则返回 0
isspace	int　isspace(ch) int　ch	检查 ch 是否为空格、跳格符（制表符）或换行符	是则返回 1；否则返回 0
issupper	int　isalsupper(ch) int　ch	检查 ch 是否是大写字母（A～Z）	是大写字母则返回 1；否则返回 0
isxdigit	int　isxdigit(ch) int　ch	检查 ch 是否为一个 16 进制数字（即 0～9，或 A 到 F，a～f）	是则返回 1；否则返回 0
tolower	int　tolower(ch) int　ch	将 ch 字符转换为小写字母	返回 ch 对应的小写字母
toupper	int　touupper(ch) int　ch	将 ch 字符转换为大写字母	返回 ch 对应的大写字母

3. 字符串函数

字符串函数如表 A.3 所示，使用字符串中函数时，应该在源文件中使用命令：

```
#include "string. h"
```

表 A.3　字符串函数

函 数 名	函数和形参类型	功　　能	返　回　值
memchr	void memchr(buf, chc, ount) void *buf;charch; unsigned int count;	在 buf 的前 count 个字符里搜索字符 ch 首次出现的位置	返回指向 buf 中 ch 第一次出现的位置指针；若没有找到 ch，则返回 NULL
memcmp	int memcmp(buf1, buf2, count) void *buf1, *buf2; unsigned int count;	按字典顺序比较由 buf1 和 buf2 指向的数组的前 count 个字符	buf1<buf2，为负数 buf1=buf2，返回 0 buf1>buf2，为正数
memcpy	void *memcpy(to, from, count) void *to, *from; unsigned int count;	将 from 指向的数组中的前 count 个字符复制到 to 指向的数组中，from 和 to 指向的数组不允许重叠	返回指向 to 的指针
memove	void *memove(to, from, count) void *to, *from; unsigned int count;	将 from 指向的数组中的前 count 个字符复制到 to 指向的数组中，from 和 to 指向的数组不允许重叠	返回指向 to 的指针
memset	void *memset(buf, ch, count) void *buf; char ch; unsigned int count;	将字符 ch 复制到 buf 指向的数组前 count 个字符中	返回 buf
strcat	char *strcat(str1, str2) char *str1, *str2;	把字符 str2 接到 str1 后面，取消原来 str1 最后面的串结束符'\0'	返回 str1
strchr	char *strchr(str1, ch) char *str; int ch;	找出 str 指向的字符串中第一次出现字符 ch 的位置	返回指向该位置的指针,如果找不到,则应返回 NULL

函 数 名	函数和形参类型	功　能	返 回 值
strcmp	int *strcmp(str1，str2) char *str1，*str2;	比较字符串 str1 和 str2	str1<str2，为负数 str1=str2，返回 0 str1>str2，为正数
strcpy	char *strcpy(str1，str2) char *str1，*str2;	把 str2 指向的字符串复制到 str1 中	返回 str1
strlen	unsigned intstrlen(str) char *str;	统计字符串 str 中字符的个数（不包括终止符'\0'）	返回字符个数
strncat	char *strncat(str1,str2，count) char *str1，*str2; unsigned int count;	把字符串 str2 指向的字符串中最多count 个字符连到串 str1 后面，并以null 结尾	返回 str1
strncmp	int strncmp(str1，str2，count) char *str1，*str2; unsigned int count;	比较字符串 str1 和 str2 中至多前 count个字符	str1<str2，为负数 str1=str2，返回 0 str1>str2，为正数
strncpy	char *strncpy(str1，str2，count) char *str1，*str2; unsigned int count;	把 str2 指向的字符串中最多前 count个字符复制到串 str1 中	返回 str1
strnset	void *setnset(buf，ch，count) char *buf; char ch; unsigned int count;	将字符 ch 复制到 buf 指向的数组前count 个字符中	返回 buf
strset	void *setnset(buf，ch) void *buf; char ch;	将 buf 所指向的字符串中的全部字符都变为字符 ch	返回 buf
strstr	char *strstr(str1，str2) char *str1，*str2;	寻找 str2 指向的字符串在 str1 指向的字符串中首次出现的位置	返回 str2 指向的字符串首次出现的地址。否则返回 NULL

4．输入/输出函数

输入/输出函数如表 A.4 所示，在使用输入/输出函数时，应该在源文件中使用命令：

```
#include "stdio. h"
```

表 A.4　输入/输出函数

函 数 名	函数和形参类型	功　能	返 回 值
clearerr	void clearer(fp) FILE *fp	清除文件指针错误指示器	无
close	int close(fp) int fp	关闭文件（非 ANSI 标准）	关闭成功返回 0，不成功返回–1
creat	int creat(filename，mode) char *filename; int mode	以 mode 所指定的方式建立文件（非ANSI 标准）	成功返回正数，否则返回–1
eof	int eof(fp) int fp	判断 fp 所指的文件是否结束	文件结束返回 1，否则返回 0
fclose	int fclose(fp) FILE *fp	关闭 fp 所指的文件，释放文件缓冲区	关闭成功返回 0，不成功返回非 0
feof	int feof(fp) FILE *fp	检查文件是否结束	文件结束返回非 0，否则返回 0
ferror	int ferror(fp) FILE *fp	测试 fp 所指的文件是否有错误	无错返回 0; 否则返回非 0
fflush	int fflush(fp) FILE *fp	将 fp 所指的文件的全部控制信息和数据存盘	存盘正确返回 0; 否则返回非 0
fgets	char *fgets(buf，n，fp) char *buf; int n; FILE *fp	从 fp 所指的文件读取一个长度为(n –1)的字符串，存入起始地址为 buf 的空间	返回地址 buf；若遇文件结束或出错则返回 EOF
fgetc	int fgetc(fp) FILE *fp	从 fp 所指的文件中取得下一个字符	返回所得到的字符;出错返回 EOF
fopen	FILE *fopen(filename,mode) char *filename，*mode	以 mode 指定的方式打开名为 filename的文件	成功，则返回一个文件指针；否则返回 0
fprintf	int fprintf(fp，format，args，…) FILE *fp; char *format	把 args 的值以 format 指定的格式输出到fp 所指的文件中	实际输出的字符数
fputc	int fputc(ch，fp) char ch; FILE *fp	将字符 ch 输出到 fp 所指的文件中	成功则返回该字符;出错返回 EOF

续表

函 数 名	函数和形参类型	功　　能	返　回　值
fputs	int fputs(str，fp) char str；FILE *fp	将 str 指定的字符串输出到 fp 所指的文件中	成功则返回 0；出错返回 EOF
fread	int fread(pt，size，n，fp) char *pt； unsigned size，n；FILE *fp	从 fp 所指定文件中读取长度为 size 的 n 个数据项，存到 pt 所指向的内存区	返回所读的数据项个数，若文件结束或出错返回 0
fscanf	int fscanf(fp，format，args，…) FILE *fp；char *format	从 fp 指定的文件中按给定的 format 格式将读入的数据送到 args 所指向的内存变量中（args 是指针）	输入的数据个数
fseek	int fseek(fp，offset，base) FILE *fp；long offset；int base	将 fp 指定的文件的位置指针移到以 base 所指出的位置为基准、以 offset 为位移量的位置	返回当前位置；否则，返回−1
siell	FILE *fp； long ftell(fp);	返回 fp 所指定的文件中的读/写位置	返回文件中的读/写位置；否则，返回 0
fwrite	int fwrite(ptr，size，n，fp) char *ptr；unsigned size，n；FILE *fp	把 ptr 所指向的 n*size 字节输出到 fp 所指向的文件中	写到 fp 文件中的数据项的个数
getc	int getc(fp) FILE *fp;	从 fp 所指向的文件中读出下一个字符	返回读出的字符；若文件出错或结束则返回 EOF
getchar	int getchat( )	从标准输入设备中读取下一个字符	返回字符；若文件出错或结束则返回−1
gets	char *gets(str) char *str	从标准输入设备中读取字符串存入 str 指向的数组	成功则返回 str，否则返回 NULL
open	int open(filename，mode) char *filename； int mode	以 mode 指定的方式打开已存在的名为 filename 的文件（非 ANSI 标准）	返回文件号（正数）；如果打开失败则返回−1
printf	int printf(format，args，…) char *format	在 format 指定的字符串的控制下，将输出列表 args 的指针输出到标准设备	输出字符的个数；若出错则返回负数
prtc	int prtc(ch，fp) int ch；FILE *fp;	把一个字符 ch 输出到 fp 所指的文件中	输出字符 ch；若出错则返回 EOF
putchar	int putchar(ch) char ch;	把字符 ch 输出到 fp 标准输出设备	返回换行符；若失败则返回 EOF
puts	int puts(str) char *str;	把 str 指向的字符串输出到标准输出设备；将'\0'转换为回车行	返回换行符；若失败则返回 EOF
putw	int putw(w，fp) int i； FILE *fp;	将一个整数 i（即一个字）写到 fp 所指的文件中（非 ANSI 标准）	返回读出的字符；若文件出错或结束则返回 EOF
read	int read(fd，buf，count) int fd；char *buf； unsigned int count;	从文件号 fp 所指定的文件中读 count 字节到由 buf 指示的缓冲区（非 ANSI 标准）	返回真正读出的字节个数，如果文件结束则返回 0，出错则返回−1
remove	int remove(fname) char *fname;	删除以 fname 为文件名的文件	成功则返回 0；出错则返回−1
rename	int remove(oname，nname) char *oname，*nname;	把 oname 所指的文件名改为由 nname 所指的文件名	成功则返回 0；出错则返回−1
rewind	void rewind(fp) FILE *fp;	将 fp 指定的文件指针置于文件头，并清除文件结束标志和错误标志	无
scanf	int scanf(format，args，…) char *format	从标准输入设备按 format 指示的格式字符串规定的格式，输入数据给 args 所指示的单元。args 为指针	读入并赋给 args 数据个数。如果文件结束则返回 EOF；若出错则返回 0
write	int write(fd，buf，count) int fd；char *buf； unsigned count;	从 buf 指示的缓冲区输出 count 个字符到 fd 所指的文件中（非 ANSI 标准）	返回实际写入的字符数，如果出错则返回−1

5．动态存储分配函数

在使用动态存储分配函数时，应该在源文件中使用命令：

```
#include "stdlib.h"
```

表 A.5　动态存储分配函数

函 数 名	函数和形参类型	功　　能	返　回　值
callloc	void *calloc(n，size) unsigned n; unsigned size;	分配 n 个数据项的连续内存空间，每个数据项的大小为 size	分配内存单元的起始地址。如果不成功，返回 0
free	void free(p) void *p;	释放 p 所指的内存区	无
malloc	void *malloc(size) unsigned SIZE;	分配 size 字节的内存区	所分配的内存区地址，如果内存不够，返回 0
realloc	void *reallod(p，size) void *p; unsigned size;	将 p 所指的已分配的内存区的大小改为 size，size 可以比原来分配的空间大或小	返回指向该内存区的指针。若重新分配失败，返回 NULL

6. 其他函数

"其他函数"是指 C 语言的标准库函数，由于不便归入某一类，所以单独列出。使用这些函数时，应该在源文件中使用命令：

```
#include "stdlib．h"
```

表 A.6　其他函数

函 数 名	函数和形参类型	功　　能	返　回　值
abs	int abs(num) int num	计算整数 num 的绝对值	返回计算结果
atof	double atof(str) char *str	将 str 指向的字符串转换为一个 double 型的值	返回双精度计算结果
atoi	int atoi(str) char *str	将 str 指向的字符串转换为一个 int 型的值	返回转换结果
atol	long atol(str) char *str	将 str 指向的字符串转换为一个 long 型的值	返回转换结果
exit	void exit(status) int status;	中止程序运行。将 status 的值返回调用的过程	无
itoa	char *itoa(n，str，radix) int n，radix; char *str	将整数 n 的值按照 radix 进制转换为等价的字符串，并将结果存入 str 指向的字符串	返回一个指向 str 的指针
labs	long labs(num) long num	计算整数 num 的绝对值	返回计算结果
ltoa	char *ltoa(n，str，radix) long int n; int radix; char *str;	将长整数 n 的值按照 radix 进制转换为等价的字符串，并将结果存入 str 指向的字符串	返回一个指向 str 的指针
rand	int rand( )	产生 0 到 RAND_MAX 之间的伪随机数。RAND MAX 在头文件中定义	返回一个伪随机（整）数
random	int random(num) int num;	产生从 0 到 num 之间的随机数	返回一个随机（整）数
rand_omize	void randomize( )	初始化随机函数，使用时包括头文件 time.h	
strtod	double strtod(start，end) char *start; char **end	将 start 指向的数字字符串转换成 double，直到出现不能转换为浮点的字符为止，剩余的字符串符给指针 end。 *HUGE_VAL 是 turboC 在头文件 math.H 中定义的数学函数溢出标志值	返回转换结果。若未转换则返回 0。若转换出错则返回 HUGE_VAL，表示上溢，或返回–HUGE_VAL 表示下溢
strtol	Long int strtol(start，end，radix) char *start; char **end; int radix;	将 start 指向的数字字符串转换成 long，直到出现不能转换为长整型数的字符为止，剩余的字符串赋给指针 end。 转换时，数字的进制由 radix 确定。 *LONG_MAX 是 turboC 在头文件 limits.h 中定义的 long 型可表示的最大值	返回转换结果。若未转换则返回 0。若转换出错则返回 LONG_MAX，表示上溢，或返回–LONG_MAX 表示下溢
system	int system(str) char *str;	将 str 指向的字符串作为命令传递给 DOS 的命令处理器	返回所执行命令的退出状态

附录 B　MATLAB 函数表

1．MATLAB 主包函数指令表

表 B.1　MATLAB 主包函数指令表

函　数	意　义	函　数	意　义
general	通用指令	graph2d	二维图形
ops	运算符和特殊算符	graph3d	三维图形
lang	编程语言结构	specgraph	特殊图形
elmat	基本矩阵和矩阵操作	graphics	句柄绘图
elfun	基本数学函数	uitools	图形用户界面
specfun	特殊数学函数	strfun	字符串函数
matfun	矩阵函数和数值线性代数	iofun	文件输入/输出流
datafun	数据分析和傅立叶变换	timefun	时间和日期函数
audio	音频支持	datatype	数据类型
polyfun	插补与多项式函数	demos	演示函数
funfun	数值泛函函数和 ODE 解算器	symbolic	符号函数

2．常用指令（General purpose commands）

表 B.2.1　通用信息查询（General information）

函　数	意　义	函　数	意　义
demo	演示程序	info	MATLAB 和 MathWorks 公司的信息
help	在线帮助指令	subscribe	MATLAB 用户注册
helpbrowser	超文本文档帮助信息	ver	MATLAB 和 TOOLBOX 的版本信息
helpdesk	超文本文档帮助信息	version	MATLAB 版本
helpwin	打开在线帮助窗	whatsnew	显示版本新特征

表 B.2.2　工作空间管理（Managing the workspace）

函　数	意　义	函　数	意　义
clear	从内存中清除变量和函数	save	把内存变量存入磁盘
exit	关闭 MATLAB	who	列出工作内存中的变量名
load	从磁盘中调入数据变量	whos	列出工作内存中的变量细节
pack	合并工作内存中的碎块	workspace	工作内存浏览器
quit	退出 MATLAB		

表 B.2.3　管理指令和函数（Managing commands and functions）

函　数	意　义	函　数	意　义
edit	矩阵编辑器	pcode	生成 P 码文件
edit	打开 M 文件	type	显示文件内容
inmem	查看内存中的 P 码文件	what	列出当前目录上的 M、MAT、MEX 文件
mex	创建 MEX 文件	which	确定指定函数和文件的位置
open	打开文件		

表 B.2.4　搜索路径的管理（Managing the seach path）

函　数	意　义	函　数	意　义
addpath	添加搜索路径	path	控制 MATLAB 的搜索路径
rmpath	从搜索路径中删除目录	pathtool	修改搜索路径

表 B.2.5　指令窗控制（Controlling the command window）

函　数	意　义	函　数	意　义
beep	产生 beep 声	format	设置数据输出格式
echo	显示命令文件指令的切换开关	more	命令窗口分页输出的控制开关
diary	储存 MATLAB 指令窗操作内容		

表 B.2.6　操作系统指令（Operating system commands）

函　数	意　义	函　数	意　义
cd	改变当前工作目录	isunix	MATLAB 为 Unix 版本则为真
computer	计算机类型	mkdir	创建目录
copyfile	文件拷贝	pwd	改变当前工作目录
delete	删除文件	unix	执行 unix 指令并返还结果
dir	列出的文件	vms	执行 vms dcl 指令并返还结果
dos	执行 dos 指令并返还结果	web	打开 web 浏览器
getenv	给出环境值	!	执行外部应用程序
ispc	MATLAB 为 PC（Windows）版本则为真		

3. 运算符和特殊算符（Operators and special characters)

表 B.3.1　算术运算符　（Arithmetic operators)

符　号	意　义	符　号	意　义
+	加（arith）	.^	数组乘方（arith）
−	减（arith）	\	反斜杠或左除（slash）
*	矩阵乘（arith）	/	斜杠或右除（slash）
.*	数组乘（arith）	./或.\	数组除（slash）
^	矩阵乘方（arith）	kron	张量积

表 B.3.2　关系运算符（Relational operators）

符　号	意　义	符　号	意　义
==	等号（relop 或 eq）	>	大于（relop 或 gt）
~=	不等号（relop 或 ne）	<=	小于或等于（relop 或 le）
<	小于（relop 或 lt）	>=	大于或等于（relop 或 ge）

表 B.3.3　逻辑操作（Logical operators）

符　号	意　义	符　号	意　义
&	逻辑与（relop 或 and）	xor	异或
|	逻辑或（relop 或 or）	any	有非零元素则为真
~	逻辑非（relop 或 not）	all	所有元素均非零则为真

表 B.3.4　特殊算符（Special characters）

符　号	意　义	符　号	意　义
:	冒号（colon）	%	注释号（punct）
( )	园括号（paren）	!	调用操作系统命令（punct）
[ ]	方括号（paren）	=	赋值符号（punct）
{ }	花括号（paren）	'	引号（punct）
@	创建函数句柄（punct）	'	复数转置号(ctranspose)
.	小数点（punct）	.'	转置号（transpose）
.	构架域的关节点（punct）	[,]	水平串接（horzcat）
..	父目录（punct）	[;]	垂直串接（vertcat）
...	续行号（punct）	( ), { }, .	下标赋值(subsasgn)
,	逗号（punct）	( ), { }, .	下标标识(subsref)
;	分号（punct）	subsindex	下标标识

4．编程语言结构（Programming language constructs）

表 B.4.1　控制语句（Control flow）

函　数	意　义	函　数	意　义
break	终止最内循环	for	按规定次数重复执行语句
case	同 switch 一起使用	if	条件执行语句
catch	同 try 一起使用	otherwise	可同 switch 一起使用
continue	将控制转交给外层的 for 或 while 循环	return	返回
else	同 if 一起使用	switch	多个条件分支
elseif	同 if 一起使用	try	try-cathch 结构
end	结束 for，while，if 语句	while	不确定次数重复执行语句

表 B.4.2　计算运行（Evaluation and execution）

函　数	意　义	函　数	意　义
assignin	跨空间赋值	evalin	跨空间计算串表达式的值
builtin	执行内建的函数	feval	函数宏指令
eval	字符串宏指令	run	执行脚本文件
evalc	执行 MATLAB 字符串		

表 B.4.3　脚本文件、函数及变量（Scripts, function, and variables）

函　数	意　义	函　数	意　义
exist	检查变量或函数是否被定义	iskeyword	若是关键字则为真
function	函数文件头	mfilename	正在执行的 M 文件的名字
global	定义全局变量	persistent	定义永久变量
isglobal	若是全局变量则为真	script	MATLAB 命令文件

表 B.4.4　宗量处理（Augument handling）

函　数	意　义	函　数	意　义
inputname	实际调用变量名	nargoutchk	输出变量个数检查
nargchk	输入变量个数检查	varargin	输入宗量
nargin	函数输入宗量的个数	varargout	输出宗量
nargout	函数输出宗量的个数		

表 B.4.5　信息显示（Message display）

函　数	意　义	函　数	意　义
disp	显示矩阵和文字内容	lasterr	最后一个错误信息
display	显示矩阵和文字内容的重载函数	lastwarn	最后一个警告信息
error	显示错误信息	sprintf	按格式把数字转换为串
fprintf	把格式化数据写到文件或屏幕	warning	显示警告信息

表 B.4.6　交互式输入（Interactive input）

函　数	意　义	函　数	意　义
input	提示键盘输入	uicontrol	创建用户界面控制
keyboard	激活键盘做为命令文件	uimenu	创建用户界面菜单
pause	暂停		

5. 基本矩阵函数和操作(Elementary matrices and matrix manipulation)

表 B.5.1　基本矩阵（Elementary matrices）

函　数	意　义	函　数	意　义
eye	单位阵	rand	均匀分布随机阵
linspace	线性等分向量	randn	正态分布随机阵
logspace	对数等分向量	repmat	铺放模块数组
meshgrid	用于三维曲面的分格线坐标	zeros	全零矩阵
ones	全 1 矩阵	:	矩阵的援引和重排

表 B.5.2　矩阵基本信息（Basic array information）

函　数	意　义	函　数	意　义
disp	显示矩阵和文字内容	length	确定向量的长度
isempty	若是空矩阵则为真	logical	将数值转化为逻辑值
isequal	若对应元素相等则为 1	ndims	数组 A 的维数
islogical	若是逻辑数则为真	size	确定矩阵的维数
isnumeric	若是数值则为真		

表 B.5.3　矩阵操作（Matrix manipulation）

函　数	意　义	函　数	意　义
blkdiag	块对角阵串接	ind2sub	据单下标换算出全下标
diag	创建对角阵，抽取对角向量	reshape	矩阵变维
end	数组的长度，即最大下标	rot90	矩阵逆时针旋转 90 度
find	找出非零元素 1 的下标	sub2ind	据全下标换算出单下标
fliplr	矩阵的左右翻转	tril	抽取下三角阵
flipud	矩阵的上下翻转	triu	抽取上三角阵
flipdim	交换对称位置上的元素		

表 B.5.4　特殊变量和常数（Special variables and constants）

函　数	意　义	函　数	意　义
ans	最新表达式的运算结果	isnan	若为非数则为真
eps	浮点相对误差	NaN 或 nan	非数
i, j	虚数单位	pi	3.1415926535897....
inf 或 Inf	无穷人	realmax	最大浮点数
isfinite	若是有限数则为真	realmin	最小正浮点数
isinf	若是无穷大则为真	why	一般问题的简明答案

表 B.5.5　特殊矩阵（Specialized matrices）

函　数	意　义	函　数	意　义
compan	伴随矩阵	magic	魔方阵
gallery	一些小测试矩阵	pascal	Pascal 矩阵
hadamard	Hadamard 矩阵	rosser	典型对称特征值实验问题
hankel	Hankel 矩阵	toeplitz	Toeplitz 矩阵
hilb	Hilbert 矩阵	vander	Vandermonde 矩阵
invhilb	逆 Hilbert 矩阵	wilkinson	Wilkinson's 对称特征值实验矩阵

6. 基本数学函数（Elementary math functions）

表 B.6.1　三角函数（Trigonometric）

函　　数	意　　义	函　　数	意　　义
acos	反余弦	cos	余弦
acosh	反双曲余弦	cosh	双曲余弦
acot	反余切	cot	余切
acoth	反双曲余切	coth	双曲余切
acsc	反余割	csc	余割
acsch	反双曲余割	csch	双曲余割
asec	反正割	sec	正割
asech	反双曲正割	sech	双曲正割
asin	反正弦	sin	正弦
asinh	反双曲正弦	sinh	双曲正弦
atan	反正切	tan	正切
atanh	反双曲正切	tanh	双曲正切
atan2	四象限反正切		

表 B.6.2　指数函数（Exponential）

函　　数	意　　义	函　　数	意　　义
exp	指数	nextpow2	最近邻的 2 的幂
log	自然对数	pow2	2 的幂
log10	常用对数	sqrt	平方根
log2	以 2 为底的对数		

表 B.6.3　复数函数（Complex）

函　　数	意　　义	函　　数	意　　义
abs	绝对值	imag	复数虚部
angle	相角	isreal	若是实数矩阵则为真
complex	将实布和须布构成复数	real	复数实部
conj	复数共轭	unwrap	相位角 360 度线调整
cplxpair	复数阵成共轭对形式排列		

表 B.6.4　圆整和求余函数（Rounding and remainder）

函　　数	意　　义	函　　数	意　　义
ceil	朝正无穷大方向取整	rem	求余数
fix	朝零方向取整	round	四舍五入取整
floor	朝负无穷大方向取整	sign	符号函数
mod	模数求余		

表 B.6.5　特殊函数（Specialized math functions）

函　　数	意　　义	函　　数	意　　义
cart2pol	直角坐标变为柱（或极）坐标	isprime	若是质数则为真
cart2sph	直角坐标变为球坐标	POL2CART	柱（或极）坐标变为直角坐标
cross	向量叉积	sph2cart	球坐标变为直角坐标
dot	向量内积		

7. 矩阵函数和数值线性代数（Matrix functions - numerical linear algebra）

表 B.7.1　矩阵分析（Matrix analysis）

函　数	意　义	函　数	意　义
det	行列式的值	rank	秩
norm	矩阵或向量范数	rref	转换为行阶梯形
normest	估计 2 范数	trace	迹
null	零空间	subspace	子空间的角度
orth	值空间		

表 B.7.2　线性方程（Linear equations）

函　数	意　义	函　数	意　义
chol	Cholesky 分解	lscov	已知协方差的最小二乘解
cholinc	不完全 Cholesky 分解	nnls	非负最小二乘解
cond	矩阵条件数	pinv	伪逆
condest	估计 1-范数条件数	qr	QR 分解
inv	矩阵的逆	rcond	LINPACK 逆条件数
lu	LU 分解	\ 、 /	解线性方程
luinc	不完全 LU 分解		

表 B.7.3　特性值与奇异值（Eigenvalues and singular values）

函　数	意　义	函　数	意　义
condeig	矩阵各特征值的条件数	polyeig	多项式特征值问题
eig	矩阵特征值和特征向量	qz	广义特征值
eigs	多个特征值	schur	Schur 分解
gsvd	归一化奇异值分解	svd	奇异值分解
hess	Hessenberg 矩阵	svds	多个奇异值
poly	特征多项式		

表 B.7.4　矩阵函数（Matrix functions）

函　数	意　义	函　数	意　义
expm	矩阵指数	funm	计算一般矩阵函数
expm1	矩阵指数的 Pade 逼近	logm	矩阵对数
expm2	用泰勒级数求矩阵指数	sqrtm	矩阵平方根
expm3	通过特征值和特征向量求矩阵指数		

表 B.7.5　因式分解（Factorization utility）

函　数	意　义	函　数	意　义
cdf2rdf	复数对角型转换到实块对角型	rsf2csf	实块对角型转换到复数对角型
balance	改善特征值精度的平衡刻度		

8. 数据分析和傅立叶变换（Date analysis and Fourier transforms）

表 B.8.1　基本运算（Basic operations）

函　数	意　义	函　数	意　义
cumprod	元素累计积	min	最小值
cumsum	元素累计和	prod	元素积
cumtrapz	累计积分	sort	由小到大排序
hist	统计频数直方图	sortrows	由小到大按行排序
histc	直方图统计	std	标准差
max	最大值	sum	元素和
mean	平均值	trapz	梯形数值积分
median	中值	var	求方差

表 B.8.2　有限差分（Finite differences）

函　数	意　义
del2	五点离散 Laplacian
diff	差分和近似微分
gradient	梯度

表 B.8.3　相关（Correlation）

函　数	意　义
corrcoef	相关系数
cov	协方差矩阵
subspace	子空间之间的角度

表 B.8.4　滤波和卷积（Filtering and convolution）

函　数	意　义	函　数	意　义
conv	卷积和多项式相乘	deconv	解卷和多项式相除
conv2	二维卷积	filter	一维数字滤波器
convn	N 维卷积	filter2	二维数字滤波器
detrend	去除线性分量		

表 B.8.5　傅立叶变换（Fourier transforms）

函　数	意　义	函　数	意　义
fft	快速离散傅立叶变换	ifft	离散傅立叶反变换
fft2	二维离散傅立叶变换	ifft2	二维离散傅立叶反变换
fftn	N 维离散傅立叶变换	ifftn	N 维离散傅立叶反变换
fftshift	重排 fft 和 fft2 的输出	ifftshift	反 fftshift

9.　音频支持（Audio support）

表 B.9.1　音频硬件驱动（Audio hardware drivers）

函　数	意　义	函　数	意　义
sound	播放向量	waveplay	利用系统音频输出设配播放
soundsc	自动标刻并播放	vaverecor	利用系统音频输入设配录音

表 B.9.2　音频文件输入输出（Audio file import and export）

函　数	意　义	函　数	意　义
auread	读取音频文件（.au）	wavread	读取音频文件（.wav）
auwrite	创建音频文件（.au）	wavwrite	创建音频文件（.wav）

表 B.9.3　工具（Utilities）

函　数	意　义	函　数	意　义
lin2mu	将线性信号转换为 μ-律编码的信号	mu2lin	将 μ-律编码信号转换为线性信号

10.　插补与多项式函数（Interpolation and polynomials）

表 B.10.1　数据插补（Data interpolation）

函　数	意　义	函　数	意　义
griddata	分格点数据	interp1q	快速一维插补
griddata3	三维分格点数据	interp2	二维插补
griddatan	多维分格点数据	interp3	三维插补
interpft	利用 FFT 方法一维插补	interpn	N 维插补
interp1	一维插补	pchip	hermite 插补

表 B.10.2　样条插补（Spline interpolation）

函　数	意　义	函　数	意　义
ppval	计算分段多项式	spline	三次样条插补

表 B.10.3　多项式（Polynomials）

函　　数	意　　义	函　　数	意　　义
conv	多项式相乘	polyint	积分多项式分析
deconv	多项式相除	polyval	求多项式的值
poly	由根创建多项式	polyvalm	求矩阵多项式的值
polyder	多项式微分	residue	求部分分式表达
polyfit	多项式拟合	roots	求多项式的根

11.　数值泛函函数和 ODE 解算器（Function functions and ODE solvers）

表 B.11.1　优化和寻根（Optimization and root finding）

函　　数	意　　义
fminbnd	非线性函数在某区间中极小值
fminsearch	单纯形法求多元函数极值点指令
fzero	单变量函数的零点

表 B.11.2　优化选项处理（Optimization option handling）

函　　数	意　　义	函　　数	意　　义
optimget	从 OPTIONS 构架中取得优化参数	optimset	创建或修改 OPTIONS 构架

表 B.11.3　数值积分（Numerical intergration）

函　　数	意　　义
dblquad	二重（闭型）数值积分指令
quad	低阶法数值积分
quadl	高阶法数值积分

表 B.11.4　绘图（Plotting）

函　　数	意　　义	函　　数	意　　义
ezcontour	画等位线	ezplot3	绘制 3 维曲线
ezcontourf	画填色等位线	ezpolar	采用极坐标绘图
ezmesh	绘制网格图	ezsurf	画曲面图
ezmeshc	绘制含等高线的网格图	ezsurfc	画带等位线的曲面图
ezplot	绘制曲线	fplot	画函数曲线图

表 B.11.5　内联函数对象（Inline function object）

函　　数	意　　义	函　　数	意　　义
argnames	给出函数的输入宗量	formula	函数公式
char	创建字符传输组或者将其他类型变量转化为字符串数组	inline	创建内联函数

表 B.11.6　差微分函数解算器（Differential equation solvers）

函　　数	意　　义	函　　数	意　　义
ode113	变阶法解方程	ode23t	解适度刚性微分方程
ode15s	变阶法解刚性方程	ode23tb	低阶法解刚性微分方程
ode23	低阶法解微分方程	ode45	高阶法解微分方程
ode23s	低阶法解刚性微分方程		

12. 二维图形函数（Two dimensional graphs）

表 B.12.1　基本平面图形（Elementary X-Y graphs）

函　数	意　义	函　数	意　义
loglog	双对数刻度曲线	polar	极坐标曲线图
plot	直角坐标下线性刻度曲线	semilogx	X 轴半对数刻度曲线
plotyy	双纵坐标图	semilogy	Y 轴半对数刻度曲线

表 B.12.2　轴控制（Axis control）

函　数	意　义	函　数	意　义
axes	创建轴	hold	图形的保持
axis	轴的刻度和表现	subplot	创建子图
box	坐标形式在封闭式和开启式之间切换	zoom	二维图形的变焦放大
grid	画坐标网格线		

表 B.12.3　图形注释（Graph annotation）

函　数	意　义	函　数	意　义
gtext	用鼠标在图上标注文字	texlabel	将字符串转换为 Tex 格式
legend	图例说明	title	图形标题
plotedit	图形编辑工具	xlabel	X 轴名标注
text	在图上标注文字	ylabel	Y 轴名标注

表 B.12.4　硬拷贝（Hardcopy and printing）

函　数	意　义
orient	设置走纸方向
print	打印图形或把图存入文件
printopt	打印机设置

13. 三维图形函数（Three dimensional graphs）

表 B.13.1　基本三维图形（Elementary 3-D plots）

函　数	意　义	函　数	意　义
fill3	三维曲面多边形填色	plot3	三维直角坐标曲线图
mesh	三维网线图	surf	三维表面图

表 B.13.2　色彩控制（Color control）

函　数	意　义	函　数	意　义
alpha	透明色控制	graymon	设置默认图形窗口为单色显示屏
brighten	控制色彩的明暗	hidden	消隐
caxis	（伪）颜色轴刻度	shading	图形渲染模式
colordef	用色风格	whitebg	设置图形窗口为白底
colormap	设置色图		

表 B.13.3　光照模式（Lighting）

函　数	意　义	函　数	意　义
diffuse	漫反射表面系数	specular	漫反射
light	灯光控制	surfnorm	表面图的法线
lighting	设置照明模式	surfl	带光照的三维表面图
material	使用预定义反射模式		

表 B.13.4　色图（Color maps）

函　数	意　义	函　数	意　义
autumn	红、黄浓淡色	jet	变异 HSV 色图
bone	蓝色调灰度图	lines	采用 plot 绘线色
colorcube	三浓淡多彩交错色	pink	淡粉红色图
cool	青和品红浓淡色图	prism	光谱色图
copper	线性变化纯铜色调图	spring	青、黄浓淡色
flag	红-白-兰-黑交错色图	summer	绿、黄浓淡色
gray	线性灰度	vga	16 色
hot	黑-红-黄-白交错色图	white	全白色
hsv	饱和色彩图	winter	蓝、绿浓淡色

表 B.13.5　轴的控制（Axis control）

函　数	意　义	函　数	意　义
axes	创建轴	pbaspect	坐标框的 PlotBoxAspectRatio 属性
axis	轴的刻度和表现	subplot	创建子图
box	坐标形式在封闭式和开启式之间切换	xlim	X 轴范围
daspect	轴的 DataAspectRatio 属性	ylim	Y 轴范围
grid	画坐标网格线	zlim	Z 轴范围
hold	图形的保持	zoom	二维图形的变焦放大

表 B.13.6　视角控制（Viewpoint control）

函　数	意　义
rotate3d	旋动三维图形
view	设定 3-D 图形观测点
viewmtx	观测点转换矩阵

表 B.13.7　图形注释（Graph annotation）

函　数	意　义	函　数	意　义
colorbar	显示色条	title	图形标题
gtext	用鼠标在图上标注文字	xlabel	X 轴名标注
plotedit	图形编辑工具	ylabel	Y 轴名标注
text	在图上标注文字	zlabel	Z 轴名标注

表 B.13.8　硬拷贝（Hardcopy and printing）

函　数	意　义	函　数	意　义
orient	设置走纸方向	printopt	打印机设置
print	打印图形或把图存入文件	verml	将图形保存为 VRML2.0 文件

14.　特殊图形（Specialized graphs）

表 B.14.1　特殊平面图形（Specialized 2-D graphs）

函　数	意　义	函　数	意　义
area	面域图	fill	多边形填色图
bar	直方图	fplot	函数曲线图
barh	水平直方图	hist	统计频数直方图
comet	彗星状轨迹图	PARETO	Pareto 图
compass	从原点出发的复数向量图	pie	饼形统计图
errorbar	误差棒棒图	plotmatrix	散点图阵列
ezplot	画二维曲线	SCATTER	散点图
ezpolar	画极坐标曲线	stairs	阶梯形曲线图
feather	从 X 轴出发的复数向量图	stem	火柴杆图

表 B.14.2　等高线及二维半图形（Contour and 2-1/2D graphs）

函　数	意　义	函　数	意　义
clabel	给等高线加标注	ezcontour	画等位线
contour	等高线图	ezcontourf	画填色等位线
contourf	等高线图	pcolor	用颜色反映数据的伪色图
contour3	三维等高线	voronoi	Voronoi 图

表 B.14.3　特殊三维图形（Specialized 3-D graphs）

函　数	意　义	函　数	意　义
bar3	三维直方图	meshz	带零基准面的三维网线图
bar3h	三维水平直方图	pie3	三维饼图
comet3	三维彗星动态轨迹线图	ribbon	以三维形式绘制二维曲线
ezgraph3	通用指令	scatter3	三维散点图
ezmesh	画网线图	stem3	三维离散杆图
ezmeshc	画带等位线的网线图	surfc	带等高线的三维表面图
ezplot3	画三维曲线	trimesh	三角剖分网线图
ezsurf	画曲面图	trisurf	三角剖分曲面图
ezsurfc	画带等位线的曲面图	waterfall	瀑布水线图
meshc	带等高线的三维网线图		

表 B.14.4　内剖及向量视图（Volume and vector visualization）

函　数	意　义	函　数	意　义
coneplot	锥体图	quiver3	三维方向箭头图
contourslice	切片等位线图	slice	切片图
quiver	矢量场图		

表 B.14.5　图像显示及文件处理（Image display and file I/O）

函　数	意　义	函　数	意　义
brighten	控制色彩的明暗	image	显示图像
colorbar	色彩条状图	imagesc	显示亮度图像
colormap	设置色图	imfinfo	获取图像文件的特征数据
contrast	提高图像对比度的灰色图	imread	从文件读取图像的数据阵(和伴随色图)
gray	线性灰度	imwrite	把强度图像或真彩图像写入文件

表 B.14.6　影片和动画（Movies and animation）

函　数	意　义	函　数	意　义
capture	当前图的屏捕捉	movie	播放影片动画
frame2im	将影片动画转换为编址图像	moviein	影片动画内存初始化
getframe	获得影片动画图像的帧	rotate	旋转指令
im2frame	将编址图像转换为影片动画		

表 B.14.7　颜色相关函数（Color related function）

函　数	意　义
spinmap	颜色周期性变化操纵

表 B.14.8　三维模型函数（Solid modeling）

函　数	意　义	函　数	意　义
cylinder	圆柱面	sphere	球面
patch	创建块	surf2patch	将曲面数据转换为块数据

15．句柄图形（Handle graphics）

表 B.15.1　图形窗的产生和控制（Figure window creation and control）

函　　数	意　　义	函　　数	意　　义
clf	清除当前图	openfig	打开图形
close	关闭图形	refresh	刷新图形
figure	打开或创建图形窗口	shg	显示图形窗
gcf	获得当前图的柄		

表 B.15.2　轴的产生和控制（Axis creation and control）

函　　数	意　　义	函　　数	意　　义
axes	在任意位置创建轴	gca	获得当前轴的柄
axis	轴的控制	hold	图形的保持
box	坐标形式在封闭式和开启式之间切换	ishold	若图形处保持状态则为真
caxis	控制色轴的刻度	subplot	创建子图
cla	清除当前轴		

表 B.15.3　句柄图形对象（Handle graphics objects）

函　　数	意　　义	函　　数	意　　义
axes	在任意位置创建轴	rectangle	创建方
figure	创建图形窗口	surface	创建面
image	创建图像	text	创建图形中文本
light	创建光	uicontextmenu	创建现场菜单对象
line	创建线	uicontrol	用户使用界面控制
patch	创建块	uimenu	用户使用菜单控制

表 B.15.4　句柄图形处理（Handle graphics operations）

函　　数	意　　义	函　　数	意　　义
copyobj	拷贝图形对象及其子对象	get	获得对象特性
delete	删除对象及文件	getappdat	获得应用程序定义数据
drawnow	屏幕刷新	isappdata	检验是否应用程序定义数据
findobj	用规定的特性找寻对象	reset	重设对象特性
gcbf	"正执行回调操作"的图形的柄	rmappdata	删除应用程序定义数据
gcbo	"正执行回调操作"的控件图柄指令	set	建立对象特性
gco	获得当前对象的柄	setappdata	建立应用程序定义数据

表 B.15.5　工具函数（Utilities）

函　　数	意　　义
closereq	关闭图形窗请求函数
ishandle	若是图柄代号则为真
newplot	下一个新图

表 B.15.6　图形用户界面工具（Graphical user interface tools）

函　　数	意　　义	函　　数	意　　义
align	对齐用户控件和轴	menuedit	菜单编辑
cbedit	编辑回调函数	propedit	属性编辑
ginput	从鼠标得到图形点坐标	uicontrol	创建用户界面控制
guide	设计 GUI	uimenu	创建用户界面菜单
menu	创建菜单		

16．字符串（Character string）

表 B.16.1　通用字符串函数（General）

函　数	意　义	函　数	意　义
blanks	空格符号	deblank	删除最后的空格
cellstr	通过字符串数组构建字符串的元胞数组	double	把字符串变成 ASCII 码值
char	创建字符传输组或者将其他类型变量转化为字符串数组	eval	执行串形式的 MATLAB 表达式

表 B.16.2　字符串查询（String tests）

函　数	意　义	函　数	意　义
iscellstr	若是字符串组成的元胞数组则为真	isspace	串中是空格则为真
ischar	若是字符串则为真	isstr	若是字符串则为真
isletter	串中是字母则为真		

表 B.16.3　字符串操作（String operations）

函　数	意　义	函　数	意　义
base2dec	x-进制串转换为十进制整数	strcmp	比较字符串
bin2dec	二进制串转换为十进制整数	strcmpi	比较字符串（忽略大小写）
dec2base	十进制整数转换为 X 进制串	strings	MATLAB 中的字符串
dec2bin	十进制整数转换为二进制串	strjust	字符串的对齐方式
dec2hex	十进制整数转换为 16 进制串	strmatch	逐行搜索串
findstr	在一个串中寻找一个子串	strncmp	比较字符串的前 N 个字符
hex2dec	16-进制串转换为十进制整数	strncmpi	比较字符串的前 N 个字符（忽略大小写）
hex2num	16-进制串转换为浮点数	strrep	用另一个串代替一个串中的子串
int2str	将整数转换为字符串	strtok	删除串中的指定子串
lower	把字符串变成小写	strvcat	创建字符串数组
mat2str	将数组转换为字符串	str2mat	将字符串转换为含有空格的数组
num2str	把数值转换为字符串	str2num	将字符串转换为数值
strcat	把多个串连接成长串	upper	把字符串变成大写

17．文件输入/输出（File input/output）

表 B.17　文件输入/输出函数

函　数	意　义	函　数	意　义
clc	清除指令窗口	load	从磁盘中调入数据变量
disp	显示矩阵和文字内容	pause	暂停
fprintf	把格式化数据写到文件或屏幕	sprintf	写格式数据到串
home	光标返回行首	sscanf	在格式控制下读串
input	提示键盘输入		

18．时间和日期（Time and dates）

表 B.18　时间和日期函数

函　数	意　义	函　数	意　义
clock	时钟	now	当前时钟和日期
cputime	MATLAB 占用 CPU 时间	pause	暂停
date	日期	tic	秒表起动
etime	用 CLOCK 计算的时间	toc	秒表终止和显示

19．数据类型（Data types and structures）

表 B.19.1　数据类型（Data types）

函　数	意　义	函　数	意　义
cell	创建元胞变量	JavaObject	调用 Java 对象的构造函数
char	创建字符传输组或者将其他类型变量转化为字符串数组	single	转变为单精度数值
double	转化为 16 位相对精度的浮点数值对象	sparse	创建稀疏矩阵
function handle	函数句柄	struct	创建构架变量
inline	创建内联函数	uint8（unit16、unit32）	转换为 8（16、32）位无符号整型数
JavaArray	构建 Java 数组	int8（nit16、nit32）	转换为 8（16、32）位符号整型数
JavaMethod	调用某个 Java 方法		

表 B.19.2　多维数组函数（Multi - dimensional array functions）

函　数	意　义	函　数	意　义
cat	把若干数组串接成高维数组	permute	广义非共轭转置
ndims	数组 A 的维数	shiftdim	维数转换
ndgrid	为 N-D 函数和插补创建数组	squeeze	使数组降维
ipermute	广义反转置		

表 B.19.3　元胞数组函数（Cell array functions）

函　数	意　义	函　数	意　义
cell	创建元胞变量	deal	把输入分配给输出
celldisp	显示元胞数组内容	iscell	若是元胞则为真
cellfun	元胞数组函数	num2cell	把数值数组转换为元胞数组
cellplot	图示元胞数组的内容	struct2cell	把构架数组转换为元胞数组
cell2struct	把元胞数组转换为构架数组		

表 B.19.4　构架函数（Structure functions）

函　数	意　义	函　数	意　义
fieldnames	获取构架的域名	rmfield	删除构架的域
getfield	获取域的内容	setfield	指定构架域的内容
isfield	若为给定构架的域名则为真	struct	创建构架变量
isstruct	若是构架则为真		

表 B.19.5　函数句柄函数（Function handle functions）

函　数	意　义	函　数	意　义
@	创建函数句柄	func2str	将函数句柄数组转换为字符串
functions	列举函数句柄对应的函数	str2func	将字符串转换为函数句柄

表 B.19.6　面向对象编程（Object oriented programming functions）

函　数	意　义	函　数	意　义
class	查明变量的类型	isobject	若是对象则为真
isa	若是指定的数据类型则为真	methods	显示类的方法名
inferiorto	级别较低	substruct	创建构架总量
isjava	若是 java 对象则为真	superiorto	级别较高

20. 示例（Examples and demonstrations）

表 B.20 示例函数

函　数	意　义	函　数	意　义
demo	演示程序	intro	幻灯演示指令
flow	无限大水体中水下射流速度数据	peaks	产生 peaks 图形数据

21. 符号工具包（Symbolic math toolbox）

表 B.21.1 微积分（Calculus）

函　数	意　义	函　数	意　义
diff	求导数	jacobian	Jacobian 矩阵
limit	求极限	symsum	符号序列的求和
int	计算积分	taylor	Taylor 级数

表 B.21.2 线性代数（Linear algebra）

函　数	意　义	函　数	意　义
det	行列式的值	poly	特征多项式
diag	创建对角阵，抽取对角向量	rank	秩
eig	矩阵特征值和特征向量	rref	转换为行阶梯形
expm	矩阵指数	svd	奇异值分解
inv	矩阵的逆	tril	抽取下三角阵
jordan	Jordan 分解	triu	抽取上三角阵
null	零空间		

表 B.21.3 化简（Simplification）

函　数	意　义	函　数	意　义
collect	合并同类项	simple	运用各种指令化简符号表达式
expand	对指定项展开	simplify	恒等式简化
factor	进行因式或因子分解	subexpr	运用符号变置置换子表达式
horner	转换成嵌套形式	subs	通用置换指令
numden	提取公因式		

表 B.21.4 方程求解（Solution of equation）

函　数	意　义	函　数	意　义
compose	求复函数	fsolve	解非线性方程组
dsolve	求解符号常微分方程	lsqnonlin	解非线性最小二乘问题
finverse	求反函数	solve	求解方程组
fminunc	拟牛顿法求多元函数极值点		

表 B.21.5 变量精度（Variable precision arithmetic）

函　数	意　义	函　数	意　义
digits	设置今后数值计算以 n 位相对精度进行	vpa	给出数值型符号结果

表 B.21.6 积分变换（Integral transforms）

函　数	意　义	函　数	意　义
fourier	Fourier 变换	iztrans	Z 反变换
ifourier	Fourier 反变换	laplace	Laplace 变换
ilaplace	Laplace 反变换	ztrans	Z 变换

表 B.21.7　转换（Conversions）

函　　数	意　　义	函　　数	意　　义
char	把符号对象转化为字符串数组	poly2sym	将多项转换为符号多项式
double	把符号常数转化为 16 位相对精度的浮点数值对象	sym2poly	将符号多项式转换为系数向量

表 B.21.8　基本操作（Basic operation）

函　　数	意　　义	函　　数	意　　义
ccode	符号表达式的 C 码表达式	pretty	习惯方式显示
findsym	确认表达式中符号"变量"	sym	定义基本符号对象
fortran	符号表达式的 Fortran 表达式	syms	定义基本符号对象
latex	符号表达式的 LaTex 表示		

表 B.21.9　串处理函数（String handling utilities）

函　　数	意　　义
isvarname	检查是否为有效的变量名
vectorize	将字符串表达式或内联函数对象向量化

表 B.21.10　图形应用（Pedagogical and graphical applications）

函　　数	意　　义	函　　数	意　　义
ezcontour	画等位线	ezpolar	画极坐标曲线
ezcontourf	画填色等位线	ezsurf	画曲面图
ezmesh	画网线图	ezsurfc	画带等位线的曲面图
ezmeshc	画带等位线的网线图	funtool	函数计数器
ezplot	绘制符号表达式的图形	rsums	Riemann 求和
ezplot3	画三维曲线	taylortool	Taylor 级数计数器

表 B.21.11　Maple 接口（Access to Maple）

函　　数	意　　义	函　　数	意　　义
maple	进入 MAPLE 工作空间计算	mhelp	查阅 Maple 中的库函数及其调用方法
mfun	对 MAPLE 中若干经典特殊函数实施数值计算	procread	把按 MAPLE 格式写的源程序读入 MAPLE 工作空间
mfunlist	能被 mfun 计算的 MAPLE 经典特殊函数列表		

22.　其他

表 B.22.1　其他函数

函　　数	意　　义	函　　数	意　　义
bode	波特图	rlocus	跟轨迹
butter	ButterWorth 低通滤波器	setstr	把 ASCII 码翻译成串
gplot	拓扑图	sim	运行 SIMULINK 模型
hostid	MATLAB 服务中心识别号	ss	利用状态方程四对组生成 LTI 对象
impulse	冲激响应	simulink	打开 SIMULINK 集成窗口
issparse	若是稀疏矩阵则为真	ssdata	从 LTI 对象获取状态方程四对组
lsim	任意输入下的响应	startup	启动 MATLAB 时的自动执行 M 文件
ltiview	响应分析的图形用户界面	step	单位阶跃响应
matlabrc	MATLAB 的主启动文件	tf	利用传递函数二对组生成 LTI 对象
mbuild	独立可执行文件编译器预配置及创建	tfdata	从 LTI 对象获取传递函数二对组
mcc	编译宏指令	zpk	利用零极点增益三对组生成 LTI 对象
mex	把 C 码文件编译成 MEX 文件	zpkdata	从 LTI 对象获取零极点增益三对组
minreal	消去传递函数分子、分母公因子	lookfor	关键词检索
nyquist	Nyquist 图	notebook	创建或打开 M-book 文件

参 考 文 献

[1] 陈国良. 计算思维导论. 北京：高等教育出版社，2012

[2] 夏耘，黄小瑜.计算思维基础. 北京：电子工业出版社，2012

[3] （美）J. Glenn Brookshear . 计算机科学概论(第 11 版). 北京：人民邮电出版社，2011

[4] 张亮等. MATLAB 与 C/C++混合编程. 北京：人民邮电出版社，2005

[5] 刘维. 精通 Matlab 与 C/C++混合程序设计. 北京：北京航空航天大学出版社，2005

[6] （美）Stanley B. Lippman Barbara E. Moo Josée LaJoie. C++ Primer 中文版（第 4 版）. 北京：人民邮电出版社，2006

[7] （美）克尼汉，（美）里奇. 徐宝文，李志译. C 程序设计语言（第 2 版）. 北京：机械工业出版社，2004

[8] （美）斯特朗斯特鲁普（Stroustrup.B.）. 裘宗燕译. C++程序设计语言. 北京：机械工业出版社，2004

[9] 谭浩强. C 程序设计（第三版）. 北京：清华大学出版社，2005

[10] （美）赫伯特·希尔特. 王子恢等译. C 语言大全（第四版）. 北京：电子工业出版社，2001

[11] 刘沛玮，汪晓平. C 语言高级实例解析. 北京：清华大学出版社，2004

[12] （美）H.M.Deitel 等. 薛万鹏等译. C 程序设计教程. 北京：机械工业出版社，2000

[13] 苏小红，陈惠鹏，孙志岗. C 语言大学实用教程. 北京：电子工业出版社，2004

[14] （美）David Conger 等. 谯谊，刘红伟等译. C++游戏开发. 北京：机械工业出版社，2007

[15] 尹泽明，丁春利. 精通 Matlab6. 北京：清华大学出版社，2002

反侵权盗版声明

电子工业出版社依法对本作品享有专有出版权。任何未经权利人书面许可，复制、销售或通过信息网络传播本作品的行为；歪曲、篡改、剽窃本作品的行为，均违反《中华人民共和国著作权法》，其行为人应承担相应的民事责任和行政责任，构成犯罪的，将被依法追究刑事责任。

为了维护市场秩序，保护权利人的合法权益，我社将依法查处和打击侵权盗版的单位和个人。欢迎社会各界人士积极举报侵权盗版行为，本社将奖励举报有功人员，并保证举报人的信息不被泄露。

举报电话：（010）88254396；（010）88258888

传　　真：（010）88254397

E-mail：　dbqq@phei.com.cn

通信地址：北京市万寿路 173 信箱

　　　　　电子工业出版社总编办公室

邮　　编：100036